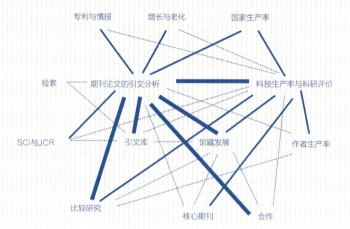

专利与情报　　　增长与老化　　　国家生产率

检索　　期刊论文的引文分析　　　　　科技生产率与科研评价

SCI与JCR　　　引文库　　　馆藏发展　　　作者生产率

比较研究　　　核心期刊　　合作

中国社会科学院创新工程学术出版资助项目

人文社会科学领域
文献计量学研究

BIBLIOMETRICS IN SOCIAL
SCIENCES AND HUMANITIES

蒋颖 著

社会科学文献出版社
SOCIAL SCIENCES ACADEMIC PRESS (CHINA)

序

　　本书是一本专门针对人文社会科学的文献计量学研究著作，是蒋颖研究馆员承担的中国社会科学院重大课题的最终成果。在专书面世之前，她嘱我作序，我即允诺，不敢怠慢，断断续续花了将近两周的时间把全书读完，才敢动笔写点感想。虽然花了点时间，但能够先睹为快，静下心来读一本好书，学习自己所不太熟悉的领域的知识，仍不失为一件幸事。之所以不敢妄言写序，更不敢妄加评论，是因为始终只能以一个学习者的身份来阅读本书。书读完了，总会有一点读后感，那就冒昧谈一点从门外看文献计量学研究的感想。归纳起来，给我印象最深的有如下几个方面：

一　国内外相关研究成果的全面梳理与分析

　　就学术研究而言，这部分内容其实非常重要。对相关文献的梳理、综述和分析研究，是学者从事个人研究的基础。如果没有对他人研究成果的了解，不清楚别人研究了什么、研究到什么程度，有哪些问题还没有研究或者研究还不够，怎么能选定自己的研究方向和研究重点呢？又如何能确定自己的创新点和突破点呢？文献调研不充分，不仅不能从他人的研究中获得启示，还有可能造成研究中的低水平重复。本书作者对此的把握是好的，她对现有国内外文献进行了系统梳理、综述和分析。据不完全统计，所涉文献超过400种（次）。这一不可或缺的工作贯穿写作的全过程，为本项研究的成功奠定了可靠的基础。书中随处可见的言之有据，引证规范，不仅体现了严谨的治学态度和卓有成效的治学方法，也为其他学者进行进一步的研究提供了比较详尽的文献参考。

二 本书对面向人文社会科学的文献计量学中的重要问题一一做了剖析，为在人文社会科学领域进行文献计量学研究及实践提供了有益思考

近年来，信息通信技术和网络技术的发展，科学研究成果数量的激增及其对学术评价的相应需求，大大刺激了文献计量学研究及实践的发展，同时催生了许多相关领域和问题的研究，对这门学科及其应用的关注日增。肯定也好，否定也罢，抑或褒贬兼而有之，文献计量学作为一门学科，其理论发展及应用实践，自然成为图书馆学情报学界、管理学界甚至全社会关注的对象。本书实事求是地讨论和分析了学术界特别是人文社会科学界关心的许多相关的重要问题，诸如人文社会科学领域中文献交流的特点、用于计量分析的数据和数据源的问题、用于学术评价的文献计量方法与同行专家评议的关系问题、期刊评价与核心期刊问题、作为一个新兴研究领域的网络计量学、可视化技术研究进展及其在文献计量学中的应用问题，以及面向人文社会科学的文献计量学的发展趋势问题等。作者还以个别学科作为样板，对其进行了文献计量学的实证分析。这些分析和研究，有助于澄清一些对文献计量学的误读，有利于我们科学地、恰如其分地认识和评价文献计量学的作用。

三 实事求是的科学研究态度和具有说服力的论证

长期从事某个学科研究的学者，往往容易形成一种习惯性的"学科偏好"，有时会造成在进行相关问题的研究或评价时不够客观，特别是在把文献计量方法用于学术评价时，更易简单化和绝对化，难以跳出自我的圈子。近年来，学术界确实有一种放大文献计量学作用的趋势，在学术评价中过度使用和依赖文献计量方法，出现了简单化和唯一化甚至实用主义的现象，使文献计量

学承受了不能承受之重，从而饱受诟病。

蒋颖同志多年从事文献计量学研究，但却能以一种科学的态度来对待该学科的研究并得出实事求是的结论。本书在回顾文献计量学产生和发展历程的基础上，客观地分析了"技术驱动和评价驱动"两大促进文献计量学研究及实践发展的因素，充分肯定了文献计量学的一系列积极作用。作者是赞同在人文社会科学领域的学术评价中采用文献计量学方法的，指出，"引文分析是文献计量学的核心方法之一"，可以"利用引文来测度学术影响力"（p. 101）；"文献计量学可以从宏观角度揭示科学文献的分布特点以及文献增长和老化规律，为科研管理和决策提供有关学科发展的宏观定量描述"（p. 103）；作者认为，文献计量学方法如果使用得当，"是可以在学术评价中发挥一定作用的"。作者从评价主体、评价对象、评价类型、评价的主要内容和评价层次五个方面分析了文献计量学的优长，指出："与同行评议相比，文献计量学方法的优势在于客观、宏观和全面。相对于同行评议的主观性，文献计量学方法可以较容易避免人情或其他个人因素；相对于专家感知的印象，能够提供更加清晰的全景式定量描述，超越个人视野的限制，弥补同行评议的不足"（p. 104）。

但与此同时，作者也批评了夸大和滥用文献计量学方法的现象，指出："由于人文社会科学研究对象的复杂性、研究范式的多样性，以及各地区的文化差异性和多元性，导致对研究成果的价值判断的影响因素十分复杂。同自然科学相比，人文社会科学学术成果的评价难度更大。"（p. 98）作者从七个方面分析了人文社会科学领域中文献计量学方法的局限性，如指出文献的引证动机并非都是对文献的肯定；不同学科的引用规律不同，不能简单比较；文献计量学方法属于统计规律，并不适合评价个体；在非正式学术交流情况下，仅靠文献计量学方法难以提供完整的评价信息；数据质量和方法会直接影响到评价结果的可信度；由于人文社会科学领域学术交流的特殊性，不宜随意套用自然科学领域中成功应用的文献计量学方法，以及文献计量学指标在学术评价中的使用有可能改变学者的学术行为等（pp. 104 – 106）。

作者从五个方面批评了对文献计量学的误解和误用，如以刊评文、不合理使用指标、忽视文献计量学的适用范围、把量化方法等同于文献计量学方法、认为定量评价会导致学术造假和腐败等，并分析了由此带来的不良影响

（pp. 142 – 144）。

为此，作者特别强调文献计量学在学科战略情报分析中的作用，主张用文献计量学的方法来进行学科战略情报分析，"反映学术成果之间的内在联系"，"揭示学科发展的历史和变化规律"，描述学科结构，分析合作关系，探究研究前沿，"进行科学生产力的国际比较"等。

四　本书提出的一些重要论点和结论值得相关学术机构和学术管理部门重视

本书集中反映了作者多年从事文献计量学研究的思考，阅读全书，不难发现这部用心之作中的多处有分量的论述。除了上面已提到的外，还有一些值得我们重视。如在讲到数据库重复建设的问题时指出："中国大陆、中国台湾都存在引文数据库重复建设的问题。尤其是中国大陆地区，目前在建的人文社会科学引文数据库有四个，其中大量核心内容是重复的，CSSCI 和 CHSSCD 重叠的部分更多。国外数据库中，WoS 与 Scopus 之间的重复量也不少。这不但造成人力、物力方面的浪费，同时也出现了多种相似而又有所差异、有时又很不相同的统计结果，给使用者造成很大困惑。"（p.88）

文献计量学作为一门"数据密集型学科"，其数据质量是数据库的生命，也是文献计量学统计是否可靠的关键，作者在书中多次强调数据的质量控制问题，如在论述数据清洗问题时归纳分析了六大难点和问题：作者姓与名的鉴别问题（特别是外文数据）；作者与单位名称的匹配问题；机构更名问题；机构及被引期刊名称的全称、简称的统一问题；机构的层级处理问题（会直接影响到结果的统计）；引文与来源文献匹配时发生的错误问题（导致匹配不上）（p.92）。这些问题都是会直接影响到学术评价可靠性的一些关键性因素。为此作者特别强调：在未来发展中，文献计量学数据质量控制将"变得更加重要"；指出"虽然大数据时代数据来源更加丰富，但是这也同时意味着数据质量的参差不齐，因此特别需要注意数据质量控制问题"，因此应"防止文献计量学数据和方法的滥用"（pp. 348 – 349）。

文献计量学方法和同行评议之间的关系问题，在学术评价中这二者之间的度如何掌握？这一直是困扰科研管理部门和学术界的一个难题。本书对文献计量学方法和同行评议各自的优长和不足，以及对二者之间的关系做了恰如其分的分析，对文献计量学指标体系也一一做了评析，特别是作者在论述选择和构建指标体系时应注意的五个方面的问题，更是言之成理；富有辩证思想，值得我们重视（p. 115）。

核心期刊也一直是学术界一个饱受争议的问题。作者对此进行了较详尽的讨论，除了指出核心期刊的积极意义外，更指出，如果这个问题处理不好，定会造成负面影响，所做分析可圈可点："问题在于对核心期刊的绝对化和不合理使用导致了核心期刊的负面效应。特别是期刊管理部门在政策制定过程中，如果过分强调核心期刊的概念，就会抹杀期刊的特色，使期刊的发展趋同化，成为核心期刊指标下的工业化产品；核心期刊产生的马太效应会影响新刊、小刊、非核心期刊的发展，按照核心期刊来分配资源会使得非核心期刊没有生存空间；此外，由此而产生的期刊恶意竞争，在一定程度上偏离了期刊的学术价值取向。"（pp. 202 - 203）

作者对文献计量学中的一些较新的领域和前沿领域如"网络计量学"（Webometrics）和文献计量学研究中的可视化技术的研究也着力较多，特别是涉及链接分析方法、网络引文分析部分的内容，以及涉及可视化常用工具的评析等，均不乏亮点。而面向学科的文献计量学分析，尽管是个案，却为我们更实际理解文献计量学方法在具体学科领域的应用提供了鲜活的例子。

在本书结尾部分，作者特别强调："学科的理论发展方向是一个非常值得重视的问题"，"文献计量学的理论、方法、应用三个方面中，方法和应用都将有较大发展，但该学科的生命力不但取决于数据、方法、工具，更取决于学科的理论发展。在这个数据驱动的时代，当全社会都在使用数据进行各种分析和决策时，我们既要从其他学科学习新的方法和工具，同时，也要注意到本学科与其他学科之间的界限日益模糊，如何保持本学科的理论发展与学科特色成为学科发展的首要问题"（p. 348）。这里提出了一个重要问题。文献计量学作为一门实用性、工具性很强的学科，在人们的期望、赞扬和批评声中发展到今天，无疑取得了很多成绩，但也确实面临着诸多挑战和亟待解决的问题，因此我们需要有更多的理论思考和理论探索，也需要有更多的自省精神，否则学科的健康发展就会受到制约。本书向学术界，也是向作者自己提出了这个问题。答案也需要从未来的不断探索和思考中去寻找。

本书作者是一位学有专攻的中年学者，硕士毕业于北京大学图书馆学情报学系（现信息管理系），后到中科院从事引文数据库建设工作，1997年作为人才引进到中国社会科学院文献信息中心（图书馆）。来我单位不久，有人给我送来了她的几篇学术论文，读后有眼前一亮的感觉，感到在治学方法、研究思路及学术规范等多方面都显示出较强的实力。她先后担任网络系统部副主任、主任、中心主任（图书馆馆长）助理、中心（图书馆）副主任（副馆长）等行政职务。在行政管理工作之余，她一直坚持学术研究，孜孜以求，取得了较突出的成绩。但是这些成绩的取得不是偶然的。她多年关注国内外文献计量学的研究进展，在完成本书之前已经有了不少前期相关研究成果，其中有的还在社科院的优秀科研成果评奖活动中获奖。在2006年全国社科规划办编辑出版的《国家哲学社会科学"十·五"研究状况与"十一·五"发展趋势》一书中，她被列为图书馆·情报与文献学学科名下"文献计量学"研究领域的代表学者之一。该书指出，他们"在知识信息组织中的计量方法、网络信息计量理论与实践研究等方面……发表了有创建的学术论文，不断将文献计量研究推向深入"。作者没有因为这些成绩的取得而就此止步。本书是她一系列相关研究的延续、深入和扩展，是她在多年研究基础上的又一用心之作。当然，也不是说本书在所有方面都已达到尽善尽美的程度，比如，文献梳理和分析是本书一大长处和特色，但相比之下，个人观点的阐述就稍嫌薄弱，显得分量不够协调。虽然不乏点睛之笔，但有些复杂的问题毕竟不是三言两语就能说清楚的。文献计量学尤其是人文社会科学领域的文献计量学是一个十分复杂的问题，围绕该问题的争议也很多，远非一两本书就能穷尽其所有的理论及应用问题。也许正是这一点，为我们未来的不断深入研究提供了理由。

作为与蒋颖同志共事多年，并对她的治学经历有所了解的老同事，在本书付梓之时，写下了一点读后感，权当致贺和序言。不妥之处，敬希批评。

黄长著

2013年初春　于北京

前　言

1987 年，北京大学的丁学东老师开设了"文献计量学"这门课程，布拉德福定律、洛特卡定律、齐夫定律……，在丁老师生动的讲解下是那么奇妙，我一下就被吸引住了，从此与文献计量学结下不解之缘。20 多年来，虽未能始终从事文献计量学的研究工作，但是却对这个领域一直保持关注和兴趣。

2004 年，遵中国社会科学院图书馆馆长黄长著老师之命接手中国社会科学院 A 类重大课题"人文社会科学领域文献计量学的理论与应用"。由于之前一直关注自然科学领域的文献计量分析，很少涉足人文社会科学，也听到一些对人文社会科学领域文献计量学方法的争议，觉得有必要全面了解这个领域国内外发展情况，完成一篇文献综述，为以后的计量分析打好基础。但是随着对文献阅读的逐步深入，发现这不是一篇短短的文献综述可以写清楚的，因而最后下决心以一本书的形式来介绍文献计量学在人文社会科学领域研究和应用的历史和现状。

由于俗务缠身，研究工作经常被打断，再加上个人的愚钝，致使工作进展缓慢。从 2004 年接手课题，到 2011 年年底课题结项，又经过一年的修改，终于在 2013 年年初将书稿交付出版社。

写作的过程实际上是一个系统学习的过程。

最初的困难在于资料匮乏。2004 年，文献计量学在自然科学领域早已得到广泛应用，但是在人文社会科学领域却几乎是个空白，能找到的资料寥寥可数。于是利用引文检索中"滚雪球"的方式，从既有文献中找出相关引文的全文内容，并不断扩充。这样，手里的文献慢慢多了起来。在本书的写作过程中，学科情况也发生了很大变化，文献计量学在人文社会科学领域的研究及应用逐步展开，受到技术发展及学术评价两大驱动力的影响，各种研究、试验、应用乃至批评都越来越多。相应地，各类型研究成果也日益丰富。在文献的阅读和消化理解过程中，整个领域研究的现状逐渐由模糊变得清晰，最后终于勾勒出一个相对完整的轮廓。

文献计量学这门学科从 20 世纪建立以来，有了很大发展，在图书馆管理、科研管理与评价、情报研究、科学学研究中发挥了重要的作用。然而，文献计量学研究和应用的主要领域是以期刊为文献基础的自然科学和医学领域，对人文社会科学领域的研究相对较少。由于学科的差异，期刊引文数据库能够反映科技文献交流活动的主要层面，但是却只能反映社会科学的一部分、人文学科的冰山一角。近年来文献计量学虽然在人文社会科学领域的研究有了一定发展，但却十分有限，人们对这一领域的认识依然非常模糊。另一方面，因为学术评价的需要，有关管理部门对文献计量学方法的关注度迅速上升，随着定量方法在学术评价中的使用，各种质疑和反对声此起彼伏，其中尤以学术界为甚。但是令人欣慰的是，随着信息技术和文献计量学方法的进步以及数据的日趋丰富，制约人文社会科学领域文献计量学研究的各种问题将会逐步解决，这个领域将迎来更大的发展。

本书对人文社会科学领域文献计量学的研究现状、研究热点以及发展制约因素进行了较为详细的分析和介绍。其中，第一章为人文社会科学领域文献计量学研究概述，阐述了文献计量学的发展、人文社会科学领域文献计量学研究的特点及关注的热点问题；第二章分析了人文社会科学领域的文献交流特点，特别指出了该领域文献计量学研究的特殊性；第三章较为详细地介绍了人文社会科学领域文献计量分析的各类数据源，并对其特点和优劣进行了分析比较；第四章到第七章分别列出了当前的一些研究热点，包括人文社会科学学术评价、期刊评价与核心期刊研究、网络计量学研究、可视化技术等；第八章以三项实证分析为例，开展了面向学科的文献计量学研究；第九章阐述了人文社会科学领域文献计量学的发展趋势及存在的挑战。

本书实际上仅仅是对国内外人文社会科学领域文献计量学研究和应用状况的梳理和介绍，试图将该领域的整体轮廓和研究热点呈现给读者，追求的目标是较为真实、全面地反映近十几年来的学科发展情况，包括存在的问题以及争议，同时将搜集到的所有资料提供详细确切的出处，力求翔实、准确，为读者及自己今后的研究打下一个良好的文献基础。对于当前的研究和应用中存在的问题，本书更多地进行了分析和揭示，至于问题的解决之道，还需要进行后续的深入研究和更为理性的思考。希望有更多的学者参与到这方面的研究中来，以科学、理智的心态关注文献计量学在人文社会科学领域的发展。

在课题研究和书稿写作过程中，得到了多方面的支持和帮助。

首先感谢中国社会科学院，本书作为中国社会科学院 A 类重大课题"人文社会科学领域文献计量学的理论与应用"的研究成果之一，它的正式出版得到了中国社会科学院创新工程出版资助项目的大力支持。

衷心感谢中国社会科学院学部委员黄长著老师的信任，他将一个主持重大课题的机会交给我，并一直给予鼓励和鞭策。黄老师自始至终关注着课题的进展，对课题报告提出很多重要的修改意见，最后还在工作繁忙、身体不适的情况下挤出时间认真研读书稿并作序。这种不遗余力提携后人的做法，令我非常感动，他一丝不苟的研究态度也是我终身学习的榜样。希望这本书能作为一份合格的答卷，不辜负黄老师对我的信任。

北京大学的徐克敏、丁学东老师将我带入文献计量学领域的大门，中国科学院国家科学图书馆的孟连生、金碧辉、纪昭民研究员帮助我从一个学生转变为文献计量学研究者。十余年来，中国社会科学院图书馆杨沛超馆长在工作和研究方面给予我很多指导和帮助。在课题结项过程中，北京大学的赖茂生教授、中国科学院国家科学图书馆的孟连生研究员、中国社会科学院的邵小鸥和王砚峰研究馆员均提出了中肯的修改意见，使本书避免了很多谬误。中国社会科学院经济研究所魏众研究员在本书第八章"中国经济转型与发展的国际研究"和"'中国问题研究'的文献计量学分析"两项实证分析中贡献了很多智慧。我的同事及课题组成员姜晓辉、郑海燕研究员在课题研究过程中给予了有力支持，孔青青帮助我完成了很多课题管理的繁琐工作。本书的出版也与社会科学文献出版社杨云编辑的辛勤劳动分不开。值此付梓之际，特向以上帮助过我的人表示最诚挚的谢意。在书稿写作过程中，参考了大量文献资料，从中汲取了国内外学者思想的精华，在此向所有引文作者致以深深的感谢。

由于个人水平所限，虽数易其稿，但是谬误与疏漏之处在所难免，诚望专家和读者批评指正。

蒋　颖

2013 年 3 月于北京

CONTENTS **目 录**

第一章　人文社会科学领域文献计量学研究概述……………………… 1

　第一节　文献计量学的发展 ……………………………………………… 1

　第二节　人文社会科学领域文献计量学研究的特点 …………………… 6

　第三节　人文社会科学领域文献计量学研究的热点问题 ……………… 11

第二章　人文社会科学领域文献计量学研究的特殊性 …………… 21

　第一节　人文社会科学研究的特点 …………………………………… 21

　第二节　人文社会科学学术文献交流的特点 ………………………… 25

　第三节　人文社会科学领域文献计量学研究的特殊性 ……………… 35

第三章　人文社会科学文献计量分析的数据基础 ………………… 38

　第一节　文献计量学数据源概况 ……………………………………… 38

　第二节　各类型数据源简介 …………………………………………… 43

　第三节　数据来源的分析比较 ………………………………………… 71

　第四节　数据源建设中的问题及发展趋势 …………………………… 86

　第五节　数据的合理使用 ……………………………………………… 89

第四章　人文社会科学的文献计量学评价………………………… 96

　第一节　学术评价与同行评议 ………………………………………… 96

第二节　文献计量学与学术评价 …………………………………………… 101

第三节　常用的文献计量学评价指标 ……………………………………… 109

第四节　部分国家的文献计量学研究

　　　　——来自于基金会或科研管理机构的报告 ………………………… 115

第五节　文献计量学在国内外人文社会科学学术评价中的应用 ………… 121

第六节　争论与思考 ………………………………………………………… 136

第五章　期刊评价与核心期刊研究 ………………………………………… 146

第一节　核心期刊概念的产生及发展 ……………………………………… 146

第二节　期刊评价方法及测度指标 ………………………………………… 160

第三节　国内外核心期刊遴选与评价实践 ………………………………… 174

第四节　关于核心期刊和期刊评价的思考 ………………………………… 196

第六章　网络计量学研究 …………………………………………………… 204

第一节　网络计量学的缘起及发展 ………………………………………… 204

第二节　链接分析的基本概念与理论基础 ………………………………… 213

第三节　网络链接的动机和行为 …………………………………………… 221

第四节　描述万维网结构 …………………………………………………… 225

第五节　网络信息资源评价 ………………………………………………… 228

第六节　网络引文分析 ……………………………………………………… 236

第七节　数据的搜集途径 …………………………………………………… 242

第八节　网络计量学研究中的问题 ………………………………………… 247

第七章　文献计量学研究中的可视化技术 ………………………………… 248

第一节　可视化技术概述 …………………………………………………… 248

第二节　文献计量学领域的可视化研究与应用 …………………………… 250

第三节　可视化过程及测度方法 ·························· 253

第四节　文献计量学分析可视化的常用工具 ·············· 260

第五节　可视化方法在文献计量学领域的应用 ············· 262

第八章　面向学科的文献计量学分析 ·············· 285

第一节　1995～2004 年文献计量学研究的共词分析 ········ 286

第二节　中国经济转型与发展的国际研究 ·················· 301

第三节　"中国问题研究"的文献计量学分析 ·············· 314

第九章　人文社会科学领域文献计量学的发展趋势及挑战 ········ 336

参考文献 ··· 350

第一章
人文社会科学领域文献计量学研究概述

第一节 文献计量学的发展

文献计量学是图书馆学情报学领域中的一门重要的分支学科，从 20 世纪建立以来，有了很大发展，在图书馆管理、科研管理与评价、情报研究、科学学研究中发挥了重要的作用。与此同时，随着信息技术的不断进步，"文献"的概念被扩展，各种类型的数字资源成为文献的重要组成部分，文献计量学的学科结构也发生了变化，出现了"网络计量学"等新的研究领域。

1922 年，休姆（E. W. Hulme）提出"统计书目学"（Statistical Bibliography）一词，认为它是通过简单的文献计数并用常规统计方法揭示人类文明进程的定量研究手段[①]。1948 年，印度著名图书馆学家阮冈纳赞（S. R. Ranganathan）提出了图书馆计量学（Librametrics）的概念。但是这些名词都没有普及，直到 1969 年，普理查德（A. Pritchard）主张用"文献计量学"（Bibliometrics）这个概念来代替"统计书目学"一词，这个术语一经面世，就得到了图书馆学情报学领域的普遍认可。

同年，前苏联的纳利莫夫（Nalimov）提出了"科学计量学"（Scientometrics）。随着学科的发展，又陆续出现了"情报（信息）计量学"（Informetrics）、"网络计量学"（Webometrics）等用于不同目的的学科名称。文献计量学与科学计量学、情报（信息）计量学的含义既有重复也有一些不

---

① 丁学东：《文献计量学基础》，北京大学出版社，1993，第 5 页。

同，为表述方便，如无特别说明，本书使用"文献计量学"一词代表包含科学计量学、情报（信息）计量学、网络计量学所在的研究领域。

从国际学术期刊的创办、学术会议的召开和专业学会的成立可以充分说明文献计量学及其相关学科的成长和发展历程。

1978 年，匈牙利的贝克（M. T. Beck）、前苏联的多布罗夫（G. M. Dobrov）、美国的加菲尔德（E. Garfield）和普赖斯（D. Price）等在匈牙利创立了《科学计量学》（Scientometries）杂志，该杂志的创刊标志着科学计量学的成熟与独立。1997 年，《网络计量学》（Cybermetrics）电子期刊创刊，由西班牙马德里科学信息及文献中心（Centro de Informacion y Documentacion Cientifica，CINDOC）编辑出版。2007 年，《信息计量学杂志》（Journal of Informetrics）创刊，由爱思唯尔（Elsevier）公司出版，该刊 2008 年获得全球学术与专业出版者协会（ALPSP）最佳新期刊奖，并被"社会科学引文索引"（Social Sciences Citation Index，SSCI）数据库收录。

1987 年，第一届国际文献计量学及情报检索理论会议（The First International Conference on Bibliometrics and Theoretical Aspects of Information Retrieval）在比利时召开。此后，该会议每两年召开一次，会议名称略有变化。1993 年的第四次会议在德国柏林召开，会议名称为"第四次国际文献计量学、信息计量学和科学计量学大会"（4th International Conference on Bibliometrics, Informetrics and Scientometrics），会上成立了国际科学计量学和信息计量学学会（International Society for Scientometrics and Informetrics，ISSI）。此后的会议都称为 ISSI 会议，一般两年一次，第十三届 ISSI 会议于 2011 年在南非召开。

1998 年，在德国柏林召开了"第一届科学计量学、信息计量学柏林会议"（The First Berlin Workshop on Scientometrics and Informetrics）。2000 年，德国科学计量学家克雷奇默（Hildrun Kretschmer）与中国科学计量学家梁立明、印度科学计量学家昆德拉（Ramesh Kundra）联合发起成立了"全球国际合作研究组织"（COLLNET），专门以科学合作为对象进行研究。次年，召开"第二届科学计量学、信息计量学柏林会议暨第一届 COLLNET 会议"。2012 年在韩国首尔召开了"第八届国际网络计量学、信息计量学和科学计量学暨第十三届 COLLNET 会议"。

随着文献计量学研究的深入，产生了一大批有各个学科背景和深厚学术造诣的文献计量学专家。

普赖斯出生于英国，长期任美国耶鲁大学科学史与医学史系教授，他发现了文献的指数增长律与逻辑增长律，并提出普赖斯定律、普赖斯指数和最大引文年限的概念，其著作《巴比伦以来的科学》、《小科学、大科学》影响深远。

普赖斯所取得的成就促进了科学计量学的诞生。1983 年，普赖斯去世。为了纪念他的卓越贡献，人们设立了普赖斯奖，用于奖励那些在文献计量学研究领域有突出贡献的学者。普赖斯奖被认为是文献计量学领域的最高奖项。

1984 年，首届奖项颁给了《科学引文索引》的创始人尤金·加菲尔德博士。此后的普赖斯奖得主情况见表 1-1，他们都是文献计量学领域的代表人物。到 2011 年，共有十个国家的 25 人获奖，其中美国 8 人，匈牙利 4 人，英国 3 人，荷兰 3 人，比利时 2 人，丹麦、前苏联、捷克、德国、法国、瑞典各 1 人（其中一人为德/匈两国身份）。

由表 1-1 中可以看出文献计量学研究的主要地区是美国及欧洲国家，很多文献计量学专家具有多学科背景，其中也不乏人文社会科学的研究背景，如前苏联的纳利莫夫（Nalimov）是语言学家，B. C. 布鲁克斯获得过语言学的博士学位，默顿（Merton）是科学社会学家，而荷兰的雷迭斯多夫（Leydesdorff）获得了社会学博士学位。不过获奖学者的研究领域多数为自然科学，对人文社会科学文献的专门研究相对较少。

我们知道，《科学引文索引》的出现刺激了文献计量学的发展，为研究者提供了大量的规范数据作为定量分析的基础。但也正因为如此，这门学科的主要研究和应用领域是以期刊为文献基础的自然科学和医学，对工程技术和人文社会科学的相关研究则相对较少。随着专利文献数据库的发展，文献计量学家们有条件对工程技术领域进行较为深入的文献计量学分析。但是，由于在人文社会科学领域（特别是人文领域），图书是学术交流的主要文献类型之一，几个较为成熟的引文库均以期刊为基础，近年虽然出现了图书引文索引，但由于其面世时间尚短、规模较小而未得到实际应用。因此，人文社会科学领域的文献计量学研究受到很大限制。到目前为止，文献计量学的研究对象依然以自然科学为主，关于人文社会科学的研究和应用依然不够深入和广泛。

表 1-1 历届普赖斯奖得主及其学科背景

年度	获奖者	国　别	学科背景
1984	加菲尔德（Eugene Garfield）	美国	本科学习化学专业，获图书馆学专业硕士学位后在一家制药企业工作过
1985	莫劳夫奇克（Michael J. Moravcsik）	美国	本科物理专业，获理论物理博士学位
1986	布劳恩（Tibor Braun）	匈牙利	既是科学计量学家，又是分析化学教授
1987	纳利莫夫（Vasiliy V. Nalimov） 斯莫尔（Henry Small）	前苏联 美国	纳利莫夫是语言学家、数学家和控制论专家
1988	纳林（Francis Narin）	美国	科技评价方面的权威
1989	B. C. 布鲁克斯（Bertram C. Brookes） 弗拉希（Jan Vlachy）	英国 捷克	B. C. 布鲁克斯获得过语言学的博士学位
1993	舒伯特（András Schubert）	匈牙利	化学工程师，研究物理化学的理论模型
1995	范拉恩（Anthony F. J. van Raan） 默顿（Robert K. Merton）	荷兰 美国	范拉恩最初的专业是数学、物理和天文学。默顿是科学社会学家
1997	欧文（John Irvine） 马丁（Ben Martin） 格里菲斯（Belver C. Griffith）	英国 英国 美国	格里菲斯获得了实验心理学领域的硕士和博士学位
1999	格伦策尔（Wolfgang Glänzel） 莫德（Henk F. Moed）	德国/匈牙利 荷兰	莫德原来是一位数学家
2001	埃格赫（Leo Egghe） 鲁索（Ronald Rousseau）	比利时 比利时	埃格赫和鲁索都是数学博士
2003	雷迭斯多夫（Loet Leydesdorff）	荷兰	生物化学和哲学硕士，以及社会学博士
2005	英沃森（Peter Ingwersen） 怀特（Howard D. White）	丹麦 美国	英沃森和怀特都获得了图书馆学博士学位
2007	麦凯恩（Katherine W. McCain）	美国	生物学硕士和信息研究博士
2009	温克勒（Péter Vinkler） 齐特（Michel Zitt）	匈牙利 法国	温克勒是化学博士，齐特是管理学博士
2011	佩尔松（Olle Persson）	瑞典	专业是图书馆学情报学

资料来源：1984～2003 年数据来自王炼、武夷山《方法移植对科学计量学研究的方法论启示》，《科学学研究》2006 年第 4 页，2005 年以来的信息来于《科学计量学》期刊①②③④。

① "Peter Ingwersen, Howard D. White Win the 2005 Derek John de Solla Price Medal", *Scientometrics* Vol. 65, No. 3 (2005)：265 - 266.

② "Katherine W. McCain Wins the 2007 Derek John de Solla Price Medal", *Scientometrics* Vol. 74, No. 1 (2007)：5 - 6.

③ "Péter Vinkler and Michel Zitt Win the 2009 Derek John de Solla Price Medal", *Scientometrics*, Vol. 81, No. 1 (2009)：1 - 5.

④ "Olle Persson Wins the 2011 Derek John de Solla Price Medal", *Scientometrics*. Vol. 90, No. 2 (2012)：327 - 330.

虽然如此，学者们对于人文社会科学领域文献计量学的探索却并未停止，在近年还有了更多的发展，也取得了一系列研究成果，在各国都有不同程度的应用。

20 世纪 70 年代，以斯莫尔、S. 科尔（S. Cole）和 J. R. 科尔（J. R. Cole）等为代表的文献计量学专家利用文献计量学方法开展了一些研究，这些研究显示了引文分析方法在社会科学领域的适用性。斯莫尔首次利用引文数据对社会科学领域各专业勾画出学科结构图；贾斯珀斯（J. M. F. Jaspars）和阿克曼斯（E. Ackermans）曾经利用期刊之间的引文模型确定社会心理学是如何完满地作为心理学与社会学之间的联结；林（Lin）使用相同的模型研究了社会学期刊和机构之间的关系；J. R. 科尔和朱克曼（H. Zuckerman）利用引文数据探讨了科学社会学研究的相关问题。此外，巴斯（Bath）大学的 INFROSS 项目利用期刊和参考文献年代分布之间的关系，大范围地研究信息传输模式和社会科学需求①。

近年来，在全球化趋势加强、数字化信息迅速增长，以及文献计量学在学术评价中大量应用的大背景下，学术界对人文社会科学领域的文献计量学研究也正在加强，许多国家的基金会都设立了相关课题进行研究。

中国文献计量学研究开始得相对较晚，发展过程大体可划分为三个阶段：第一阶段是 20 世纪 70 年代末期到 80 年代中期的文献计量学初创阶段，第二阶段是 20 世纪 80 年代中期到 90 年代中期理论研究发展阶段，第三阶段是 20 世纪 90 年代中期以后的文献计量学广泛应用阶段。早期的研究者主要来自于科学学和情报学界。近十几年来，文献计量学在学术评价和期刊评价方面的应用增多，许多科研管理、期刊管理和出版领域的研究者都开始进行文献计量学研究。早期的研究基本以自然科学为主。随着中文人文社会科学引文数据库的建设，特别是"中国社会科学引文索引"（Chinese Social Sciences Citation Index，CSSCI）的建设和应用，推动了中国文献计量学的发现，产生了一批人文社会科学方面的文献计量学研究成果。

---

① 尤金·加菲尔德：《引文索引法的理论及应用》，侯汉清等译，北京图书馆出版社，2004，第114页。

第二节　人文社会科学领域文献计量学研究的特点

人文社会科学领域文献计量学研究受到信息技术和学术评价两大驱动力的推动，在近十几年来有了长足的进步：技术方法迅速发展，不断开发出新的指标和工具；网络的普及应用催生了网络计量学这一新兴学科，拓展了与其他学科的关系；数据源的不完整成为有待解决的基础问题。与此同时，科研评价功能在得到管理部门重视的同时，也遭到学术界的抨击。

一　技术驱动和评价驱动

信息技术和学术评价是文献计量学发展的两大驱动力。

互联网的发展催生了网络计量学，拓展了文献计量学的研究范围；网络资源的增长极大地丰富了数据来源；计算机技术的进步提供了更多的软件工具。这些变化都促使文献计量学研究更加广泛和深入。

网络计量学是随着互联网的发展而新兴的一个研究领域。经过十多年的发展，网络计量学有了长足的进步，成为文献计量学相关领域中一个有发展潜力的分支学科。

技术驱动促使数据源更加丰富。传统的引文数据库建设方兴未艾，迅速发展；国内外多种大型文摘/全文数据库成为人文社会科学文献计量学分析的又一数据源选择；搜索引擎提供了大量有用信息；自动标引的引文索引系统揭示了网络文献及其引用关系。这些数据源都拓展了数据范围，在一定程度上弥补了期刊引文数据收录范围不足的缺陷，扩大了在人文社会科学领域进行文献计量学研究的可能性。

各种软件工具的开发大大提高了数据处理的效率。技术进步促进了更多软件工具的产生，如可视化软件、统计分析软件、数据清理软件等，它们改善了数据整理方式，强化了统计分析功能，提供了更加丰富的可视化表现形式。

总之，技术发展降低了文献计量学分析的门槛，提高了数据搜集、处理和统计分析的效率，缩短研究周期，提升了研究深度和广度，有力地促进了文献计量学的学科发展。

学术评价是文献计量学发展的另一重要驱动力。

学术评价促使管理部门对文献计量学方法的关注度上升。近年越来越多国家的科研资助机构或者管理机构纷纷启动相关研究项目，对于文献计量学方法在人文社会科学领域的应用进行探索性研究，研究结果直接影响到国家对学术评价方法的选择和决策。学术评价促进了引文库的建设，多个数据库明确提出其建设目的是为了揭示学术影响，为学术评价提供相关信息。学术评价促进了各种评价指标和评价报告甚至很多大学和期刊排行榜的诞生。学术评价还使相关研究论文数量激增，2010 年《自然》杂志的一篇文章认为有关定量研究的文献量在 20 年间增长了十倍，文章引用了美国印第安纳大学教授博伦（Johan Bollen）的话："我们现在正在发生计量学的寒武纪生命大爆发"[1][2]。

二　用于学术评价的争议

随着定量方法在学术评价中的使用，各种质疑和反对声此起彼伏，其中尤以学术界为甚。质疑主要围绕着对 SSCI 等引文数据库用于学术评价、"以刊评文"的现象，以及由此而带来的学术不公、重数量轻质量，甚至学术失范、学术腐败等问题。

在中国大陆，刘明总结了现行学术评价定量化取向的八大弊端：激励短期行为、助长本位主义、强化长官意志、滋生学术掮客、扼杀学者个性、推动全民学术、诱发资源外流、误识良莠人才[3]。2010 年，在"学术批评网"上开始了被称之为"CSSCI 风波"的大讨论。

在中国台湾，台湾政治大学法律系教授郭明政撰写了题为《以 SSCI 及 TSSCI 为名的学术大屠杀——废文弃法的文化大革命》的文章，针对台湾地区教育界以 SSCI 和 TSSCI（台湾社会科学引文索引，英文名称为 Taiwan Social Science

---

① Richard Van Noorden, "A Profusion of Measures", *Nature* (2010): 864 – 866.

② 大约 6 亿年前，在地质学上被称作寒武纪的开始，绝大多数无脊椎动物门在几百万年的很短时间内出现了。这种几乎是"同时"地、"突然"地出现在寒武纪地层中门类众多的无脊椎动物化石（节肢动物、软体动物、腕足动物和环节动物等），而在寒武纪之前更为古老的地层中长期以来却找不到动物化石的现象，被古生物学家称为"寒武纪生命大爆发"，简称"寒武爆发"。——来自百度百科：http://baike.baidu.com/view/116841.htm [2011 – 12 – 7]

③ 刘明：《学术评价制度批判》，长江文艺出版社，2006，第 48～56 页。

Citation Index，TSSCI）为评价手段带来的过分强调国际化的问题进行抨击。

在欧洲地区，欧洲人文引文索引（European Reference Index for the Humanities，ERIH）期刊初选目录提出后，遭到 63 个期刊编辑部的联名抵制，这些编辑部发表公开信，拒绝被收入 ERIH。

与此相对应，文献计量学家们则始终保持了冷静的头脑。多数文献计量学专家并不是一味强调文献计量学方法的有效性，而是通过对这种方法的理论分析和实证研究，得出在一定条件下合理使用文献计量学方法的建议。他们明确指出这种方法的局限性和适用性，同时也清晰地描绘出它可以发挥的作用。

随着量化评价和文献计量学方法过度应用于学术评价，一些弊端逐渐显现出来，科研管理部门也开始对此进行反思和校正。自然科学领域率先利用文献计量学方法进行学术评价，也较早开始反省和进行纠正。2003 年 5 月，科技部、教育部、中国科学院、中国工程院和国家自然科学基金委员会五部委联合发布《关于改进科学技术评价工作的决定》。八年之后的 2011 年 11 月 7 日，教育部也下发了《关于进一步改进高等学校哲学社会科学研究评价的意见》。教育部提出，要从根本上改变简单以成果数量评价人才、评价业绩的做法，摒弃简单以出版社和刊物的不同判断研究成果质量的做法。教育部还明确提出反对各种简单化的科研排名①。

随着讨论的逐步深入，文献计量学方法在学术评价中的应用正在逐步走向理性。

三 基础问题有待解决

数据源是文献计量学研究与应用中重要而基础的问题。由于人文社会科学的学科特点，当前没有一种数据源能满足人文社会科学文献计量学分析的大部分要求，数据源成为制约学科发展的瓶颈问题。在人文社会科学文献计量学研究中，学者们花费很多时间专门进行数据的研究和比较。

目前，文献计量学测度的多是以期刊为基础的文献交流系统的状况。在人

---

① 教育部：《关于进一步改进高等学校哲学社会科学研究评价的意见》，教社科 [2011] 4 号，2011。http：//www. moe. edu. cn/publicfiles/business/htmlfiles/moe/A13_zcwj/201111/126301. html. [2011－11－11]

文社会科学领域，以社会科学引文索引（SSCI）和艺术与人文引文索引（Arts & Humanities Citation Index，A&HCI）是常用的数据源。它们具有数据回溯时间长、收录引文数据较为规范，以及系统功能强大等特点。但是，这两个引文数据库也存在期刊覆盖面不足、对英美国家的英文期刊收录较多、国际性内容多、区域性内容少等问题。此外，来源文献中不包括期刊以外的其他类型文献也是制约人文社会科学领域引文分析的重要因素。因此，国外学者普遍认为，利用 SSCI 和 A&HCI 为基础进行人文社会科学部分学科的文献计量分析时，数据的代表性不够。

随着汤森路透图书引文索引（Book Citation Index，BkCI）的推出、SSCI 和 A&HCI 非英语数据的增加及各国家和地区引文数据库的建设，将逐步解决现有引文库的语种、文献类型及地区覆盖面收录不足的问题，各种新兴数据源也能够提供更多的补充或替代内容，数据源问题有望得到改善。

四　开发新指标

随着数据和技术的发展，不断有新的文献计量学测度指标被开发出来。新指标主要分为以下几类：

1. 传统指标的变形

很多新指标是传统指标的变形。例如影响因子是最重要的期刊评价指标，影响因子的数据统计年代通常为两年，但是有些学科文献的引用高峰来得比较晚，两年的数据就显得覆盖面不足。因此《期刊引证报告》（Journal Citation Reports，JCR）从 2009 年版开始，不但提供了两年的影响因子，同时也提供了五年影响因子，把数据统计年代扩展为五年。五年影响因子更适合描述人文社会科学学科期刊的篇均被引量。

2. 衡量集总数据的指标

为了便于在学科内部与其他期刊和总体状况进行比较，有人开发出衡量集总数据的指标。如 JCR 提供了学科类指标，包括中值影响因子、学科集合影响因子、学科集合即年指标、学科集合被引半衰期等。

3. 标准化的指标

有些指标因为未经标准化处理而不能进行横向比较。为此，很多学者对指标进行标准化处理，形成了新的指标。例如，影响因子对于学科依赖性较强，不同学科之间影响因子差异很大，因此不能进行跨学科的影响因子比较。拉米雷斯（Ramírez）等提出了再标准化影响因子（Renomailised Impact Factor），埃格赫和鲁索提出了用来衡量全球期刊的平均影响力的全球影响因子和相对影响因子的概念①。相对影响因子（Relative Impact Factor，RIF）测度在一个期刊集合中（如某学科的期刊、某国家的期刊等）某刊相对于整体而言的影响因子。荷兰莱顿大学提出的皇冠指标（Crown Indicator）也是经过标准化处理的，可进行不同国家或不同学科引文影响力的比较。

4. 其他指标

2005 年，美国物理学家赫希（J. E. Hirsch）提出的 h 指数从论文数量和论文被引频次两个角度来评价科学家个人的研究绩效。

受到 Google 的 PageRank 算法的启发，Scopus 和 JCR 分别提供了两个新的期刊评价指标——SJR（SCImago Journal Rank）和特征因子（Eigenfactor）。

此外，一些网络指标，如万维网下载量、数据库使用统计等指标也被用于文献计量学分析。

五　与其他学科的交互影响

随着网络信息的急速增长，网络计量学应运而生，成为文献计量学和信息计量学领域的新的学科分支。文献计量学的研究范围从传统纸质文献拓展到数字资源。

文献计量学与其他学科有着很多联系。它本身就是跨学科研究，研究对象涉及各学科。同时，还借鉴了其他学科的研究理论和方法，受到数学、统计学、社会学，甚至物理学的影响：例如网络计量学在理论方面，吸收了社会学中复杂网络、小世界等相关理论及思想；在方法方面，利用统计学方法、社会网络分析方法进行分析，引进社会网络理论的中心度测量方法等测度指标；在分析工具方面，社会网络分析软件和 SPSS 等都是文献计量学经常使用的软件工具。

---

① Leo Egghe, Ronald Rousseau, "A General Framework for Relative Impact Indicators", *Canadian Journal of Information and Library Science* Vol. 27, No. 1 (2003): 29 – 48.

文献计量学也对其他学科产生一定影响，如受到引文思想的启发，美国开发出针对网页重要性的 PageRank 算法，用于 Google 对检索结果的排序。另外的重大影响主要在学术评价、期刊评价和科研管理领域。

第三节　人文社会科学领域文献计量学研究的热点问题

近十几年来人文社会科学领域的文献计量学研究主题主要涉及以下几方面：学术评价、期刊评价是近期的研究热点，也是在学术界引起广泛争议的话题；网络计量学作为一个新兴的研究领域，引起了人们的极大关注；可视化技术的研究和应用为进一步深入揭示和形象展示文献计量学研究成果提供了更加先进的手段；面向学科的文献计量学分析是文献计量学的重要应用。除以上内容之外，文献计量学研究的基础——数据库的建设与发展是学者们高度重视的问题，由于人文社会科学领域的文献特点，这个主题显得尤为重要。

一　数据源的开发与研究

全面、翔实、可靠的数据来源是进行文献计量学分析研究的基础。在人文社会科学领域，由于文献形式的多样性，除了一般引文分析的基础数据——引文数据库之外，还要充分依靠其他一些可以进行定量分析的数据源。

引文数据库是最常用的数据来源。目前使用最广泛、影响力最大的是汤森路透公司的社会科学引文索引（SSCI）和艺术与人文引文索引（A&HCI）。这两个数据库拥有较大的期刊量、国际性的收录原则、高质量的数据和很长的年代跨度，是目前进行国际性引文分析的最佳工具。

然而，受到人文社会科学文献的离散性和索引收录范围的限制，这两个数据库在收录的期刊数量和文种上覆盖面不足，所以一些国家和地区又开发了自己的引文索引，除中国大陆地区南京大学和中国社会科学院文献信息中心分别开发了中文社会科学引文索引（CSSCI）和中国人文社会科学引文数据库（Chinese Humanities and Social Sciences Citation Database，CHSSCD）之外，海外也有一些地区正在建立自己的引文数据库。台湾地区出于学术评价的需要，也于 20 世纪末开始建立台湾社会科学引文索引和台湾人文学引文索引（Taiwan Humanities Citation Index，THCI）。欧洲学者非常重视引文数据库的开发，他们认为应当建立欧洲自己的引文数据库。目前，欧洲人文引文索引正在建设之中。此外，一些国家还建立了专业引文索引，如波兰社会学引文索引（Polish Sociology Citation Index）等。

以上是传统的引文索引，是专门为了进行引文分析和文献检索而建立的，数据质量较高，具有较为强大的统计分析功能。

另外一类引文数据库是从文摘数据库发展而来的，最典型的是爱思唯尔公司开发的 Scopus 数据库，该库在题录数据库基础上增加了引文数据，并提供了针对引文的检索功能，因此期刊收录范围广，但是目前该库的数据回溯时间还不够长。

此外，还有一些文摘数据库也可以作为文献计量分析的基础数据。如剑桥科学文摘有 100 多个文摘数据库，这些数据库收录范围比引文库更广、数据量更大、数据的时间范围更长，具有较高的标引质量，其中很多都提供了叙词或经过规范的关键词，虽然不能进行引文分析，但是可以对来源文献进行统计，以及进行深度的主题分析。这类数据库中有的还收录了图书、报告等文献类型，可以弥补期刊引文数据库的不足，全面反映人文社会科学的现状。部分文摘数据库对于论文是有选择的，可以进行论文摘转率统计。

随着网络技术的发展，一些搜索引擎也提供了文献的引用信息，如 Google Scholar。由于它界面简单，可以免费使用，而且检出的引文量还比较多，所以有时也被作为搜集引文数据的一种工具。但是由于缺少对引文的细致加工，没有公开数据收录范围、时间跨度和更新频率，因此还不能作为一种严格意义上的数据源。另外一些搜索引擎，如 Altavista 等，提供了检索网页链接数量的功能，常被用来搜集网络计量分析的相关数据。

一些进行自动引文标引的系统也具备了类似的功能，如 CiteSeer、RePEc、Citebase，等等。其中 RePEc 是一个规模较大的经济学数据库系统，它的一个服务平台 CitEc 具有引文分析功能。但是该系统建设引文数据的目的是通过引用关系增加整个系统的可用性，改善系统的检索效果，还不宜直接利用它来进行评价性计量分析。

此外，还有图书馆的书目数据库、图书馆流通数据、电子资源的使用统计、搜索引擎的检索日志，甚至有关文献利用的专门调查数据等，都可以作为人文社会科学领域文献计量分析的基础数据。

虽然有如此多的数据源，但是依然没有一种数据源可以满足人文社会科学领域文献计量分析的大部分要求。因此，我们应当详细了解每一种数据源的特点，掌握它收录的文献类型、内容的时间跨度、语种范围、数据质量，以及适用范围等信息，针对研究的内容和采用的方法决定选择何种数据源。有时为了弥补数据的缺陷，需要同时使用几种数据源，必要时还需结合一些专门的调查数据共同进行分析。

二　学术评价研究

早在 20 世纪 20 年代前后，人们就开始利用出版物和引文来评价科学活动。随着现代科学走入大科学时代，政府对科学研究的投入越来越大，科学研究的社会影响越来越广泛，科学研究的绩效评估工作也变得越来越困难、越来越昂贵和越来越重要。在这样的背景下，各种科学评估指标应运而生，并在国际间迅速蔓延开来，产生了巨大影响。其中，文献计量学相关指标受到很大关注。

从当前的实际情况看，部分国家在评价体系中采用了文献计量学指标，而另外一些国家的评价方法仍以同行评议为主。文献计量学指标只适用于部分学科，有时仅作为基础资料供评价者进行参考，同行评议仍然是国际上多数国家进行人文社会科学评价的最主要方法。然而，尽管在各国科研管理机构的评价制度中，文献计量学方法使用得还不是很广泛，但是在实际的科研活动中，文献计量学的相关指标还是直接或间接渗透到单位对科研人员的聘用、升职等很多方面。

文献计量学方法在学术评价中的应用一直是个有争议的话题。在人文社会科学领域，人们对利用文献计量学方法进行学术评估的争议更大。专家们也一再提示，要谨慎利用文献计量学方法进行与经费、职位等直接有关的学术评价。但是，这并不意味着否定文献计量学方法在学术评估中的作用。通过理论分析和实证研究，国外的学者目前已经达成如下共识：

（1）人文社会科学文献的分布和利用规律不同于自然科学。文献类型的多样性、语言的离散性、研究主题本地化等特点，导致文献的国际化趋势没有自然科学强，英语也不总是学术研究的通用语言。因此仅仅利用以英文期刊为基础的引文数据不能全面揭示全球人文社会科学研究的特点。

（2）社会科学领域中部分学科（如经济学、社会学等）的文献特点与自然科学较为接近，因而比较适合利用引文数据进行学术评价，而以图书为主的人文领域则不宜利用目前的期刊引文数据库来评价。

（3）可以利用文献计量方法在宏观层面进行绩效评估和比较，但是对于微观层面的使用则要谨慎。

（4）分析时除了利用引文数据库之外，还要充分依靠其他一些可以进行定量分析的数据源。

（5）文献计量方法经常要结合其他评价方法如同行评议、问卷调查等一同进行，尽量避免只使用文献计量学指标或仅仅使用单一的文献计量学指标进行评估。

文献计量学指标的利用有很多先决条件，不满足条件的滥用必然导致评价结果的不合理。目前存在着一些对文献计量学方法的误用，这些误用导致了学术界对计量方法的误解，这是该方法在学术界受到强烈抨击的重要原因。

三 核心期刊研究

对核心期刊的早期研究基本上围绕着图书馆馆藏建设进行。但是近年来，由于学术评价中越来越多地利用了核心期刊的评价指标，因而核心期刊早已不仅仅局限在图书情报相关学科，逐步渗透到期刊管理、科研管理等多个领域，甚至成为整个学术界的热门话题。

核心期刊的概念源于布拉德福对期刊的分区。早期的研究侧重于从数学角度对布拉德福定律进行验证、解释及对其局限性的分析，近期则更多地进行核心期刊的遴选实践，以及各种评价和测度指标的开发和应用。

海外的期刊评价开始得很早，形成了较为成熟、稳定的方法。最有影响的是汤森路透对其系列引文数据库来源期刊的选择，以及 JCR 的期刊统计指标。中国大陆地区核心期刊的遴选实践始于 20 世纪 80 年代对外文科技核心期刊的遴选。1992 年，北京大学《中文核心期刊要目总览》出版了国内第一部包含人文社会科学及自然科学各学科的中文核心期刊目录。从此，中文核心期刊研究和遴选工作成为核心期刊领域的主流工作，全国开始了大规模、全学科的核心期刊目录遴选。人文社会科学领域的核心期刊表在 21 世纪得到迅速发展，出现了由不同机构制作出的多种不同的核心期刊表。近年来，台湾地区教育部门也很重视利用引文方法进行学术论文排名，因此台湾地区也开始建设自己的引文数据库，主要目的是用于学术评价。1999 年开始建立的台湾社会科学引文索引，其来源期刊经过严格筛选，可以作为台湾地区社会科学的核心期刊。

由于一些机构将核心期刊作为定量评价的重要手段，用于个人的职称评聘和年度考核，因而遭到学术界的抨击。很多学者对于核心期刊的负面效应都进行过激烈的批评，其核心是反对"以刊评文"。

当前核心期刊研究的另一个重要方面是期刊的测度和评价指标。期刊的定量评价指标包括引文相关指标、文摘量、索引量、图书馆流通指标等多种指标体系，其中使用得最多的是引文指标，包括从引文数据库中统计得来的各种关于来源文献和被引文献的指标。随着文献计量学研究的深入和技术手段的发展，又有一些不同于以往的全新指标出现，如期刊的 h 指数、SJR 和特征因子等。

四　网络计量学的发展

网络计量学是随着互联网发展而新兴的一个研究领域。

1997 年，阿尔明（T. C. Almind）和英格沃森在一篇论文中首次提出了 Webometrics 的概念[①]。同年，*Cybermetrics* 电子期刊在西班牙马德里科学信息及文献中心创刊，该刊的创办是网络计量学这一研究领域正式确立其地位的标志。

经过十多年的发展，网络计量学有了长足的进步，成为文献计量学相关领域中一个有发展潜力的分支学科。

---

① T. C. Almind, P. Ingwersen, "Informetric Analyses on the World Wide Web: Methodological Approaches to 'Webometrics'", *Journal of Documentation*, Vol. 53, No. 4 (1997): 404 – 426.

当前，网络计量学研究的主要问题包括以下几方面：

1. 链接分析

链接分析方法是网络计量学中的重要分析方法，是目前的研究热点。链接分析包括与传统引文分析相似的超链接解析和应用计算机理论以及图论理论进行的万维网拓扑结构研究。此外，还包括一些对链接目的的研究。塞沃尔提出了社会科学的链接分析研究理论框架①。

2. 网络链接的动机和行为

对于一般的网站而言，最为常见的链接目的是相关资源导航。在学术网络空间中，内容与链接之间的关系有着与普通商业网站不同的内涵，其链接与文献引用相似度更高，因而更具有研究价值。目前对网络链接目的的研究也主要集中在学术网络中。同引文链接相比，网络链接的情况更加复杂，有更多的不确定性，引用类型更加松散和多样化，各学科有不同的链接特点和习惯，链接数量不能直接反映机构的学术水平。

3. 描述万维网结构

探索网络信息资源的分布、增长、老化规律是网络计量学研究的重要内容。在网络计量学研究中，学者们也证明了网络空间中指数定律的存在，文献计量学的三大定律——布拉德福定律、齐夫定律、洛特卡定律在网络资源中仍然适用。此外，近年来利用社会网络方法的研究日益增多，学者们应用社会网络理论来测度网页的位置和距离。

4. 网络信息资源评价

网络信息资源评价是网络计量学研究的重要应用。近年来利用网络计量学研究方法进行网络信息资源评价的实践很多，有些还延伸到对大学网站的评价乃至对大学的评价中。对网络资源的评价可以分为定性评价和定量评价两种方法②。定性评价大多从网络资源内容的权威性、准确性、客观性、时效性、覆盖面、实用性等方面进行。定量评价的主要方法是链接分析方法，包括最常见的利用入链数和网络影响因子来进行网站影响力评价，利用 Google 的

---

① M. Thelwall, "Interpreting Social Science Link Analysis Research: A Theoretical Framework", *Journal of the American Society for Information Science* Vol. 57, No. 1（2006）：60 – 68.

② 蒋颖：《因特网学术资源评价：标准和方法》，《图书情报工作》1998 年第 11 期。

PageRank 方法对网页重要性和相关性进行排序等。

5. 网络引文研究

传统的引文分析仅限于对正式出版的核心期刊收录的相关内容的研究，新兴的链接分析包含了大量学术性或非学术性网络信息，而网络引文分析则针对学术领域中的网络正式出版物和灰色文献开展范围更广的引文研究。

总之，网络计量学是一个新兴的、发展较快的领域，相关研究论文数量在不断增长，但是从目前的研究和实践现状来看，它还不是一个成熟的学科，一些基本问题还没有解决，如基本理论框架还不成熟、过多地借鉴了其他学科的研究方法，数据获取困难，并难于进行重复验证等。

五 可视化技术的研究和应用

可视化技术可以把抽象的数据和复杂的公式用形象的图形（图像）表示出来，增强数据和结论的表现力，同时作为一种分析工具，还可以发现数据中存在的隐性关系和规则。

文献计量学作为以数据为基础的研究领域，一直非常重视数据的可视化表现。特别是引文索引出现以后，文献计量学专家掌握了大量可供分析的数据，用图形和图像方式表现分析结果成为该领域的尖端技术，数据的统计分析和可视化工作也逐步从手工转移到计算机。进入 21 世纪，随着数字资源的发展和可视化工具的开发，可视化技术的应用达到了更高的水平。文献计量学专家们在研究中越来越多地使用了各种更加复杂、显示效果更好的可视化技术，有些机构还开发了一些专门用于文献计量的可视化软件。目前，用图形或图像来揭示文献、作者、期刊、学科之间的关系和展示学科结构、表现科学发展历史已经成为文献计量学常用的手段。信息可视化技术在文献计量学领域得到了长足的发展，也形成了一定的研究规模。

（1）在可视化方法方面发展迅速。可视化核心技术——降维方法方面，除了传统的多维尺度、因子分析和主成分分析等方法之外，又出现了更多的算法，如潜在语义分析、寻径网络标度、自组织特征映射图、三角测量、力矢量布局算法等。

（2）图像的表现方法也有了很多新的方式。如可以进行视图转换，制作可视化图形或进行交互动作设计；可以进行位置探查，利用可视化结构中的位置来揭示附加的数据信息；可以进行视点控制，利用放大、摇动和裁剪视点来进行视图变换；还有一种是"总体＋细节"图，这种图提供了多个视图，可以将数据的整体模型和用户关系的一些细节同时呈现在用户面前。

（3）在工具软件方面，研究者们开发了大量的可视化工具。除了一些通用统计软件如 SPSS、SAS 和 Stata 等可用于绘图以外，还出现了一些专门的文献计量学可视化软件，如加菲尔德的引文编年图软件 HistCite、陈超美开发的 CiteSpace 等。此外还可以利用社会网络软件如 UCINET、Pajek，以及一些国外实验室开发的免费软件如 VxInsight、Theme scape 等。

可视化方法利用得当可以提高数据表现力，进行内容的深度挖掘，如里德（E. Reid）和陈炘钧（H. Chen）利用多种视图来揭示国际恐怖主义研究领域中的知识结构、核心作者、机构、出版物、基本概念，并以多种视图来表现其相互之间的关系[①]；欧盟 2004 年发布的报告利用了多张图表来显示各国在经济学领域的影响力[②]；周萍（P. Zhou）等利用 Pajek 软件绘制出中国社会科学期刊交流结构，对政治学、马克思主义、图书馆学情报学和经济学等几个领域的引文模式与国际同行进行了比较分析[③]。

然而随着可视化工具的日益普及应用，也出现了过度使用可视化技术的情况，国内一些期刊编辑也认为目前的部分论文中，可视化图形用得太多，但是没有起到应有的揭示和深化分析作用，只是作为论文的一种装饰，甚至可能还存在误用的情况。因此，如何利用好可视化工具也是未来面临的一个重要问题。

六　其他方面

除了以上研究热点，还有一些主题也是人文社会科学领域文献计量学研究

---

① E. F. Reid, Hsinchun Chen, "Mapping the Contemporary Terrorism Research Domain", *International Journal of Human-Computer Studies* Vol. 65 （2007）：42－56.

② European Commission, Mapping of Excellence in Economics, Luxembourg：Office for Official Publications of the European Communities, 2004.

③ Ping Zhou, Xinning Su and Loet Leydesdorff, "A Comparative Study on Communication Structures of Chinese Journals in the Social Sciences", *Journal of the American Society for Information Science & Technology*, Vol. 61, No. 7 （2010）：1360－1376.

经常涉及的。

面向学科的文献计量学分析是文献计量学方法在人文社会科学领域的重要应用。利用文献计量学方法进行面向学科的分析，描述学科结构，探知研究前沿，一直是文献计量学研究与应用的重要内容，它们可以帮助科研管理部门遴选学科发展的重点领域和优先支持领域，制定科研发展战略，进行科研管理与决策；可以通过比较国内外同领域机构的研究状况，为学科发展提供参考；还可以为学者提供本学科及相关学科的全面观察视角，等等。目前这类研究在科技方面的应用比较多，已经成为科技政策制定的重要参考。在人文社会科学领域，虽然有一些相关研究，但还没有广泛应用到科研管理部门，从目前的发展趋势看，未来将会有更多重要应用。本书收录了作者及合作者进行的三项实证研究，以期对文献计量学在人文社会科学领域的应用进行探索。

引文分析是文献计量学研究的最重要的方法之一，它的应用非常广泛。"引文分析"一词是文献计量学领域使用频率最高的关键词之一。除了对引文分析方法的研究和理论问题的探讨之外，大量的论文都是利用引文分析方法进行各种实证研究。同自然科学相比，国内外人文社会科学领域的引文分析研究范围相对较窄，主要与以下一些主题相关：学术评价、与自然科学的比较、学术合作、情报交流、期刊分析、开放获取研究、用户研究、馆藏发展、数据源分析评价等方面。随着数据源的不断拓展和分析方法的进步，人文社会科学领域的引文分析还会得到更加广泛而深入的应用。由于引文分析是文献计量学的核心内容，其技术方法非常成熟，同时已经渗透到其中的很多研究领域，因此本书不再进行专门论述，而是在各章节中分别介绍涉及的相关内容。

七 小结

近些年，文献计量学名声远扬，起因就在于国内高校和科研院所的学术评价中采用了文献计量学指标。其实文献计量学本是对于学术交流系统中的文献进行定量分析，从而探求文献分布规律和学术交流模式，从文献交流过程中探索科学发展的历史。

人文社会科学与自然科学的确存在差异。这种差异导致的主要问题在于以期刊为基础的引文数据库能够反映科技文献交流活动的主要层面，但是却只能反映社会科学的一部分、人文学科的冰山一角。

这给我们造成了一些困难，但不是完全不可克服。信息技术的发展为人文社会科学文献计量学研究提供了更多的契机。

在未来，文献计量学将有更大的发展。首先，数据源不断拓展和整合，引文数据库进行了调整、优化和创新，书目数据的可用性大大增强，新型的数据来源迅速发展，这将逐步解决当前在人文社会科学领域中存在的各种数据支持不力的问题。其次，技术和方法飞速发展，各种软件应运而生，自动化和智能化水平越来越高，技术工具几乎可以为数据清理、规范、统计、可视化全过程提供服务，同时，随着语义网、大数据等技术的发展，将会对文献计量学的分析能力和内容揭示能力产生更为重要的影响。文献计量学应用将越来越普遍，研究领域不断拓展，在人文社会科学领域的应用将会更加广泛。

总之，在信息技术和学术评价两大驱动力的推动下，文献计量学研究的内涵和外延都会得到扩展。与此同时，文献计量学也将迎来更大的挑战。

第二章
人文社会科学领域文献计量学研究的特殊性

第一节　人文社会科学研究的特点

一　人文学科与社会科学

人文社会科学是对人及人所组成的社会进行研究的学科，通常又可分为人文学科（Humanities，也有人称之为人文科学）和社会科学（Social Sciences）。

所谓人文学科，是指以人的内心活动、精神世界以及作为人的精神世界客观表达的文化传统及其辩证关系为研究对象的学科体系。它以人的生存价值和生存意义为学术研究主题，因此它所研究的是一个精神与意义的世界①。人文学科从人的主观性、意识和文化着眼进行研究，具有强烈的个体性、价值性、习得性和偶然性。

社会科学是研究人类社会的运动、变化和发展规律，以及各种社会现象的学科的总称。社会科学诞生于 18 世纪启蒙运动中，19 世纪形成独立的学科体系，是近现代社会结构化的产物，是为了适应大工业生产以及大规模社会结构的管理需要而产生的。人们希望利用类似自然科学的方法来研究社会，发现其中的运行规律，从而更好地解决社会问题。社会学、经济学、政治学、法学、人类学等学科构成了社会科学的核心。

受到苏联模式的影响，中国自 20 世纪 50 年代开始，将人文社会科学统称为"社会科学"或"哲学社会科学"，近些年则更多地区分了"人文"与

---

① 袁曦临：《人文社会科学学科分类体系研究》，博士学位论文，南京大学，2011，第 38 页。

"社会科学"。

本书采用"人文社会科学"的表述方式来代表这个研究领域，同时按照中国的学科划分方式对人文学科和社会科学进行学科划分。

二 人文社会科学研究的特点

人文社会科学学术研究与自然科学研究有很多相似之处，但是也有很多不同的特点。

1. 研究对象的复杂性

人文社会现象具有主客观性、多因素性和个别性，研究对象本身是由有意志、有目的和有学习能力的人及其活动构成的，涉及变量众多、关系复杂，贯穿着人的主观因素和自觉目的。而自然科学的研究对象则是客观的，具有不依赖于主体而存在和发展的客观性和普遍性，在外界条件一定的情况下，永恒地遵循着自然规律。相比之下，人文社会科学的研究对象具有高度复杂性。

2. 研究环境的不可复制性

在人文学科的研究过程中，人的思想意识很难用实验的方法进行复制和验证，不同文化背景的人对不同事物的认识和感受不尽相同。很多学科的研究，如历史研究中，相关场景也无法再现。社会科学虽然也引进了实验室方法，但是由于影响因素众多而难以制造"理想状态"来模拟或重复事物发展的过程。正如贝尔纳所说的："社会科学在性质上不同于自然科学之处在于，社会科学所研究的不是服从一定规律，因而可以进行精确实验的各种一再重复的状态，而是一个由内在条件制约的、独特的发展过程。"[①] 这就导致人文社会科学研究结果的科学性难以用自然科学中重复实验的方法进行验证。

3. 研究范式的多样性

根据库恩的理论，每一个科学发展阶段都有特殊的内在结构，而体现这种结构的模型即"范式"（Paradigm）。自然科学中，一个范式取代另一个范式的过程代表了人类对世界认识的逐步深入，以及从错误观念到正确观念的转变，如从"地心说"到"日心说"范式的变化。而人文社会科学的范式之间并不完全

---

① J. D. 贝尔纳：《科学的社会功能》，陈体芳译，广西师范大学出版社，2003，第397页。

是相互取代的关系，每个范式都提到了其他范式忽略的观点，同时，也都忽略了其他范式揭示的一些社会生活维度。因此，对人文社会科学而言，范式理论只有是否受欢迎的变化，很少被完全抛弃，相互矛盾的范式会同时存在①。

由于这个特点，人文社会科学研究成果的价值判断具有很大难度，学术研究存在理论的反复性，理论新旧更替较为缓慢，创新与超越难度更大。

4. 以思辨、演绎和推理为主的理论方法

有学者将人文社会科学的理论结构归结为四种形式：思辨理论、分析理论、演绎理论和模型理论②。

人文学科主要采用思辨、分析、演绎等手段进行研究，定性研究居多，个案分析是常用的方法。社会科学中，实证方法及数学模型的应用使得经济学、社会学在方法论上更为成熟和先进，但即便这两个学科也同时具有演绎型理论的特征，是以一定的演绎推理和一定的归纳推理相结合为特征的知识系统，它们运用定量方法和实验方法的深度与广度均不能与自然科学相比。由于社会现象的影响因素很多，同时是人类群体作用的结果，社会科学所研究出来的规律是一种"大致的规律"，也就是统计学意义上的规律，难以像自然科学中通过对物体的受力分析而预测物体的速度、轨迹那样对社会现象进行十分精准的测度和预测。此外，理论的逻辑演绎常常需要利用归纳方法，有时来源于经验概括。因此，在理论的逻辑演绎中，人文社会科学理论往往不具有自然科学理论的逻辑完备性。

5. 学术研究的本地化特色明显

人文学科以文化作为研究的背景和重要的思想资源，因此建立在文化多样性基础上。社会科学研究面向当代社会中的各种社会现象，也具有较强的地域性特点。因此，人文社会科学国际化程度相对较低，本地化的研究与应用更为重要。

受到地域、文化、语言的影响，不同地区的人文社会科学研究所关注的问题有所不同。虽然也存在很多全球共同关注的问题，但是还有大量研究对

---

①　艾尔·巴比：《社会研究方法（上）》，邱泽奇译，华夏出版社，2000，第57页。

②　陈其荣、曹志平：《科学基础方法论——自然科学与人文、社会科学方法论比较研究》，复旦大学出版社，2005，第74～75页。

象是面向本国、本地区的，例如对不同地区语言、文化的研究。学术成果的表述语言也不像自然科学那样通常将英语作为国际学术语言，而是有部分内容用英文发表，同时也有大量内容采用本国、本地区的语言。有些研究成果，如本地的语言、文化、风俗研究等，只有用本地语言才能充分表达出研究对象的精髓。

6. 研究成果的学术影响和非学术影响都很重要

人文社会科学，特别是人文学科，对人的精神具有教化作用。因此，其研究成果除了在学术界的影响之外，非学术影响也不容忽视。非学术影响包括对政府决策和社会大众的影响。从这个角度来看，人文社会科学的理论研究、应用研究、对策研究同样重要。学术论著、研究报告和政策建议都是重要的成果形式。同时，由于具有广泛的社会影响，报纸也是重要的成果载体。

7. 具有科学认识和意识形态双重功能

自然科学是回答自然界中万事万物"是什么"的问题，从而可以指导人们利用自然。人文和社会科学是回答人类社会"是什么"的问题，从而达到控制、驾驭、解决社会事物演变过程的目的。与此同时，不可否认人文社会科学中的部分学科也有回答"应该怎样"的功能，与价值观、意识形态等因素有密切关系。因此，人文社会科学具有科学认识和意识形态双重功能。

8. 人文学科和社会科学差异很大

人文学科和社会科学之间具有很多共同点，因而会被放在"人文社会科学"这个大的范畴中，但是我们也要认识到它们彼此之间存在很大差异。

在研究方法上，社会科学更接近于自然科学，注意探讨社会发展的普遍规则。它需要理论框架和基于理论的经验验证，强调实证性及科学方法的运用，比较趋向量化研究，通过大量汇集资料与调查数据，一方面对社会现象提出原理、原则、规律的解释，另一方面通过汇集的事实与数据去进行社会科学理论的验证。经济学是人文社会科学诸学科中数学化程度最高的学科，在很多研究特征方面都更接近自然科学。"经济理论的形式化和公理分析，不仅使经济学具有了坚固的数学形式，而且也使人们用数学的公理化方法，运用抽象力，从基本概念和基本关系逻辑地导出关于经济实在范畴的命题，客观地描述经济行为和经济规律成为可能。"①

人文学科则与各民族的特性紧密相关，它不仅有助于个人确立恰当的认同，也提醒人们注意文明和文化的差异性、多元性，以及交流和互补。人文学科在研究过程中重视"具体化"或"个别化"，它强调和珍视各种个别、富有个性、独特的东西的价值，并借此来开掘人类生存的丰富意义。例如，文学、史学、哲学的研究只有在表达了一种独特的价值时才会受到人们的重视。人文学科更多采用归纳、演绎的方法，很少用到定量分析。因此，很多学者不认为人文学科是"科学"，经常会将人文与艺术归为一个大的学科类目。

学科差异导致不同的学科在文献分布和交流过程中都呈现出不同的特点，因此，在文献计量学分析中，要充分考虑各学科的特点，在此基础上进行数据搜集和分析。

第二节　人文社会科学学术文献交流的特点

文献计量学是通过对科学研究的主要成果形式——科学文献及其相互引用情况的统计分析，来反映学术成果之间的内在联系，进而揭示学科发展的历史和变化规律。在自然科学领域，文献计量学被广泛用于揭示学科历史、学科前沿，分析合作关系，进行科学生产力的国际比较等方面，经过长期的实践和验证，证明这种方法是可行和有效的。但是，人文社会科学领域学术文献交流特点有很多不同于自然科学之处，这些差异直接影响到文献计量学的分析基础和分析方法。因此，深入研究人文社会科学学术文献及其利用特点，有助于我们更好地理解和利用文献计量学方法进行人文社会科学文献的定量分析。

在人文社会科学领域，文献交流呈现如下特点：知识传播媒介更加多样化，图书利用率总体较高，期刊论文被引比例相对较低；文献传播范围有限，不易形成核心；文献老化速度慢，经典文献长盛不衰；学术语言的本地化比例

---

① 陈其荣、曹志平：《科学基础方法论——自然科学与人文、社会科学方法论比较研究》，复旦大学出版社，2005，第71页。

相对较高，等等。

1. 知识传播媒介更加多样化，图书利用率总体较高

在人文社会科学领域，知识传播媒介呈多样化分布。由于人文社会科学的研究方法以思辨、分析、演绎等方法为主，研究成果需要较长的篇幅才能系统表达学者的思想和观点，因而图书和期刊都是最常用的成果形式，在一些人文学科，图书的使用量超过了期刊。与此同时，除了学术研究中常用的学位论文、研究报告、工具书之外，能够及时反映人类与社会现象的政府出版物、报纸、档案、手稿及私人通信，记载人类文明和历史的古籍等也是重要的信息载体。文献利用总体呈现出以图书和期刊为主的多元化分布。

澳大利亚的一项研究表明，自然科学家大约有85%的成果发表在期刊或会议论文上，而社会科学领域只有60%，其他40%发表为图书、报告等类型。西班牙研究理事会的一项报告也得到了类似的结果①。

在中国人文社会科学领域，图书和期刊是最为重要的文献类型。1988年对全国社会科学情报用户的抽样调查表明，图书和期刊是社会科学信息用户需求的文献主体②。在范并思的引文分析中，也得到了这个结论，他发现，在1978～1995年中国人文社会科学引文中，从总体分布来看，图书（包括专著、译著、古籍、工具书和文集等）的比例超过了80%，期刊只有15%③。

进入21世纪，中国人文社会科学得到繁荣发展，在引用特征方面也有一些变化。在社会科学领域，如经济学、社会学等对期刊论文的引用量有越来越高的趋势，但是在人文学科中，图书依然是最主要的被引对象。

表2-1给出了论文引用文献类别统计，在2000～2004年CSSCI的全部引文中，图书的被引量占全部被引文献的50.45%，被引量第二高的是期刊，占全部被引文献的33.04%，图书是期刊被引量的1.5倍。此外，汇编文献、报纸文章的被引量也较大。随着互联网的发展，网络资源的被引量增加得很快。

---

① J. Sylvan Katz, Bibliometric Indicators and the Social Sciences, Report for ESRC, 1999. http：//www. google. com. hk/url？q = http：//citeseerx. ist. psu. edu/viewdoc/download% 3Fdoi% 3D10. 1. 1. 33. 1640% 26rep% 3Drep1% 26type% 3Dpdf&sa = U&ei = uKCWTr2WEImSiAeTwJSfBQ&ved = 0CBUQFjAA&usg = AFQjCNHCC_n7EHTiVsjOwZg0EoktPw03JA ［2011 - 10 - 13］.

② 易克信、赵国琦主编《社会科学情报理论与方法》，社会科学文献出版社，1992。

③ 范并思：《中国社会科学的发展与变革——文献统计与分析》，《浙江学刊》1999年第3期。

表 2-1 2000～2004 年 CSSCI 论文引用文献类别统计

单位：篇次

类型\年份	期刊论文	图书	汇编文献	报纸文章	会议论文	报告文献	法规文献	学位论文	信函	标准文献	网络资源	其他
2000	82359	159196	24273	8527	2635	1152	1766	776	171	131	1629	3448
2001	96520	173713	21772	9361	2869	1365	1037	895	103	158	2851	3424
2002	121671	196249	27626	11071	3107	1833	1562	1059	67	165	5282	4643
2003	158624	215931	39821	13407	3703	2345	1808	1326	42	263	9129	7790
2004	204330	267933	49521	15970	4812	2554	3763	2096	19	319	15702	12168
合计	663504	1013067	163013	58336	17126	9249	9936	6152	402	1036	34593	31473

资料来源：苏新宁，《中国人文社会科学学术影响力报告（2000～2004）》，中国社会科学出版社，2007，第 8 页。

2. 同自然科学相比，期刊论文被引比例相对较低

期刊虽然是人文社会科学最重要的文献类型之一，但是同自然科学相比，人文社科各学科的利用率相对较低。

阿尔尚博（É. Archambault）撰写的一篇报告中给出了利用汤森路透引文数据库统计出 1981～2000 年各学科引用期刊的百分比分布（图 2-1、表 2-2）。从图 2-1 看到，人文社会科学平均对期刊的利用占全部资料的40%～50%，平稳中略有上升，但是比自然科学（80%～90%）低得多。

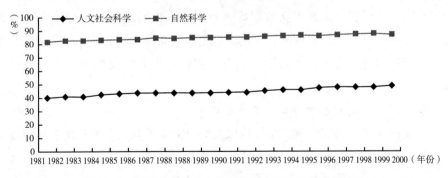

图 2-1 自然科学和人文社会科学期刊论文被引百分比

资料来源：Éric Archambault, Étienne Vignola Gagné. The Use of Bibliometrics in the Social Sciences and Humanities, Science-Metrix final report. 2004, p. 13。

表2-2　人文社会科学各领域期刊论文平均被引百分比

单位：%

学　　　科	平均被引百分比	学　　　科	平均被引百分比
心理学与精神病学	68	历　　史	33
法　　学	59	其他人文学科	28
经济学与管理	55	文　　学	22
其他社会科学	45	总体平均	48
教　　育	44		

资料来源：Éric Archambault, Étienne Vignola Gagné. The Use of Bibliometrics in the Social Sciences and Humanities, Science-Metrix final report. 2004, p. 54。

在人文社会科学内部，不同学科之间对期刊的引用比例也存在很大差异。心理学、法学、经济学与管理等学科的期刊被引百分比相对较高，而人文学科则普遍低于40%，文学的平均比率为22%[①]（见表2-2）。除心理学与精神病学接近自然科学水平外，人文社会科学其余各学科对期刊利用率均低于自然科学。

数据分析表明，在中国，面临的情况也是如此。从表2-1可以看出中国人文社会科学总体对期刊的利用率较低，仅占全部被引文献的1/3。但是从中也可以看出对期刊的引用有增长的趋势。2000年期刊占引文总量的28.79%，2004年增长到35.28%。

因此，在进行人文社会科学文献计量学分析时，不能忽视图书等类型的文献，要根据具体学科的情况选择合适的测度工具。例如，经济学的期刊利用率相对较高，可以利用期刊引文数据库进行分析，能够反映该学科的大部分情况。而文学、历史学、宗教学、民族学等更多依靠图书和其他类型的文献，此时，所用的数据源就必须覆盖图书，而不宜仅用期刊引文数据库作为数据来源。

3. 文献集中程度相对较低，不易形成核心

人文社会科学研究的范式多样性以及浓厚的本地化色彩使得文献利用较为

---

① Éric Archambault, Étlenne Vignola Gagné, The Use of Bibliometrics in the Social Sciences and Humanities, Science-Metrix Final Report, Prepared the Social Sciences and Humanities Research Council of Canada, 2004, http：//www.science - metrix.com/pdf/SM_2004_008_SSHRC_Bibliometrics_Social_Science.pdf [2012 - 8 - 8]。

分散，文献引用的集中程度相对较低。

由于研究对象的地区性差异和学术交流语言的不同，人文社会科学研究呈现出较强的个性化特征，经常缺乏共同的"范式"或"词汇"，这使得人文社会科学的文献传播范围有限。在学术成果的积累方面，人文社会科学有更多的思辨内容，不像自然科学对自然的认识呈逐步"上升"的趋势，而是具有很多见仁见智的成分，有许多差异很大、甚至观点相左的流派和思想共存，不容易达成完全一致或绝大多数一致的情况。由此导致文献的引用也更为分散，核心程度不高，且容易形成多个核心。

自然科学文献的利用一般遵循"二八定律"，对高水平期刊和文献的引用次数非常多，文献分布相对集中，核心程度高，通过对少数核心文献的分析就可以了解学科发展的整体情况。而人文社会科学文献的利用则显得更加分散，呈现出明显的长尾现象，仅对少数被引频次高的文献进行分析常常并不能反映学科发展的整体状况。

这个特点给人文社会科学的文献计量学评价带来了很大难度，这意味着我们要搜集数量更多、范围更广的数据才有可能代表学科发展的大致状态。

4. 文献老化速度慢，经典文献长盛不衰

人文社会科学文献的一个明显特点就是文献老化速度慢，文献半衰期相对较长。

英国情报学家布里顿认为：在知识积累方面，"社会科学中似乎看不出像在（自然）科学中所能见到的那样有条不紊的过程。很难表明社会科学的进步就如同连续不断地用建筑构件进行建筑那样，第一代人都在前人的业绩的基础上继续添砖加瓦。"[①]

由于人文社会科学，特别是人文学科，研究更多靠"悟性"、"灵感"，因此在很多学科中后人超越前人并不是件容易的事，这就导致对经典文献的利用多，文献的生命周期长。部分学科对古籍的大量利用更是使文献半衰期变得更长。

据格伦策尔和舍普夫林（U. Schoepflin）对自然科学和社会科学（不含人

---

① 转引自易克信、赵国琦主编《社会科学情报理论与方法》，社会科学文献出版社，1992，第3页。

文）一些学科的分析，平均引文年限最低的是生物医学领域（7～8年），最高的是历史、科学和社会科学哲学（39年），其他学科（固体物理、数学、心理学和精神病学、商业以及经济学）都相差不多，在10～11.5年之间。同时，他们还发现，期刊比例越低的学科平均引文年限越高①。

在中国，各学科文献的半衰期差异也很大。据范并思研究，1978～1995年，社会学是中国文献半衰期最短的社会科学学科，也是唯一的文献半衰期小于10年的学科②。这一点与国外社会科学有些相似。以社会经济现实问题为主要研究对象的经济学、法学分列第2、3位，但它们的文献半衰期都超过了10年。这说明，在这个时期的经济学、法学、教育学、政治学等学科中，学者们在研究中所利用的资料有一半以上是十多年前发表的。

表 2 - 3　各学科被引半衰期

学　科	半衰期（年）	学　科	半衰期（年）
马列研究	15.8	图书情报	14.3
哲　学	13.5	语言学	13.6
社会学	7.8	文　学	14.9
政治学	13.7	艺　术	14.9
法　学	11.2	历史学	15.1
经济学	10.9	其　他	12.4
教育学	13.5	平　均	13.4

资料来源：范并思，《中国社会科学的发展与变革——文献统计与分析》，《浙江学刊》1999年第3期，第68～72，158页。

不同类型的文献半衰期差异较大。李秋实等利用CSSCI数据库计算了1999～2006年6种类型文献的半衰期③。其中，半衰期最长的是图书，平均在10年以上，最短的是报纸，期刊论文、会议文献和学位论文的半衰期都是4

---

① Glänzel W. and Schoepflin U, "A Bibliometric Study of Reference Literature in the Sciences and Social Sciences", *Information Processing and Management Vol. 35* (1999)：31 - 44.

② 范并思：《中国社会科学的发展与变革——文献统计与分析》，《浙江学刊》1999年第3期。

③ 李秋实、王智琦、李媛：《基于CSSCI的中国社会科学文献引文实证研究》，《情报资料工作》2008年第1期。

年多。由于图书的半衰期较长，因此图书利用率高的学科，其文献半衰期总体也长。一般情况下，社会科学各学科的文献半衰期相对较短，人文学科相对更长一些。此外需要说明的是，这些类型没有包括古籍、民国文献等文献类型在内，所以实际上文献总体半衰期算起来还要长一些。

表 2 - 4　1999 ~ 2006 年 6 种文献类型的半衰期

单位：年

年　份	1999	2000	2001	2002	2003	2004	2005	2006	平均
期刊论文	4.92	4.46	4.43	4.50	4.54	4.72	5.00	5.29	4.73
图　书	11.94	10.47	10.99	11.52	11.92	12.78	10.56	10.98	11.39
报　纸	2.52	2.40	2.43	2.42	2.49	2.90	3.13	3.26	2.69
会议文献	4.41	4.84	5.29	4.99	4.64	4.38	5.39	5.68	4.95
学位论文	5.83	4.50	3.99	4.29	4.50	4.00	4.27	4.28	4.46

资料来源：李秋实、王智琦、李媛，《基于 CSSCI 的中国社会科学文献引文实证研究》，《情报资料工作》2008 年第 1 期，第 74 ~ 77 页。

中国人文社会科学文献引用的另一个显著特点是：经典文献（如领袖著作）、历史文献、工具书等被引率一直较高。据《中国人文社会科学学术影响力报告（2000 ~ 2004）》，《马克思恩格斯全集》、《马克思恩格斯选集》被引均在万次以上，《邓小平文选》、《毛泽东选集》、《列宁全集》等也在数千次；历史文献如《史记》、《汉书》、《论语》等被引次数也达数百至上千次；一些工具书和政府报告如《中国统计年鉴》、《世界发展报告》、《现代汉语词典》《辞海》、《中国大百科全书》等也有很高的被引率[1]。而在同一阶段，被引量最高的论文只有 387 次[2]。

文献老化速度慢的特点决定了在进行文献计量学研究时，必须要充分考虑文献的利用周期，需要选择相对较长的时段进行分析，才能反映文献交流的真正状态。进行引文分析时，也要注意区分不同类型文献的被引用特点，防止一些不是研究对象的超高频被引文献影响到所关注的文献类型。

---

[1]　苏新宁主编《中国人文社会科学学术影响力报告（2000 ~ 2004）》，中国社会科学出版社，2007，第 26 页。

[2]　苏新宁主编《中国人文社会科学学术影响力报告（2000 ~ 2004）》，中国社会科学出版社，2007，第 23 页。

5. 语言的多样化——学术语言本地化

"二战"以来，自然科学各学科的学术交流逐步从"国家模式"向"国际化"或"跨国"模式转变。在"国际化"模式中，出版商要争取最大的国际读者群，学者要寻求在国际化交流媒介上发表论著，都必须采用最常用的语言，因此，英语逐步成为全球自然科学领域主要的国际交流语言，其他语言则多用于国家或地区层次的学术交流。

但是在人文社会科学的多数学科，学术交流大多还以国家为中心，采取"国家模式"，有相对较强的地区或国家倾向。英语虽然是重要的国际交流语言，但英语文献并不能涵盖文献利用的主体，有时用母语发表的文献可能更加重要。虽然一些国际热点问题会得到全球的关注，部分学科也存在国际研究前沿，但这只是学术研究的一部分内容，还有大量研究成果分散在不同国家、不同语种的文献中，因此仅有英文文献是远远不够的。

据芬兰科学院发布的数据①，1994～2002年，在芬兰人文社会科学领域，以芬兰语研究本国问题的论著占大多数，在国际期刊上发表论文相对较少，而在自然科学与工程技术领域，情况则相反。不过，从数据中也可以看出，人文社会科学领域在国际期刊发文量呈增长趋势，芬兰语成果与国际期刊成果数量之比呈下降趋势，但是本国语言仍为主体。

表 2－5　芬兰学者的年度产出情况统计

领　域	出版物类型	1994 年	1998 年	2002 年
自然科学与工程技术	面向本地,用芬兰语撰写的论文	3787	3032	2828
	同行评议国际期刊的论文	6419	6702	7857
	两者之比	0.6	0.5	0.4
社会科学与人文	面向本地,用芬兰语撰写的论文	2871	4001	3570
	同行评议国际期刊的论文	685	984	1265
	两者之比	4.2	4.1	2.8

资料来源：É. Archambault. etc. "Benchmarking Scientific Output in the Social Sciences and Humanities：the Limits of Existing Databases", *Scienctometrics*, Vol. 68, No. 3 (2006)：329 - 342。

---

① É. Archambault. etc, "Benchmarking Scientific Output in the Social Sciences and Humanities：the Limits of Existing Databases", *Scienctometrics* Vol. 68, No. 3 (2006)：329 - 342.

在中国，对不同语言文献的利用方面有如下几个特点：

（1）中文文献是中国学者进行人文社会科学研究的最主要文献来源，其次是英文。根据 CSSCI 的数据统计，2000～2004 年，在所有引文中，中文文献是被引用的主体，中文文献（含外文文献的中文译文），占全部被引文献的78.50%，英文文献的被引率不到20%，其他语种都低于1%。

表 2 - 6　2000～2004 年 CSSCI 论文引用文献语种统计

语种	中文	英文	日文	俄文	德文	法文	其他	译文	合计
论文数量	1340467	390303	18668	4708	5881	3446	8722	235692	2007887
百分比	66.76	19.44	0.93	0.23	0.29	0.17	0.43	11.74	100.00

资料来源：根据"苏新宁，《中国人文社会科学学术影响力报告（2000～2004）》，中国社会科学出版社，2007 年，第 9 页"数据统计。

（2）国外文献也很重要，译文、译著的利用率很高。从理论上讲，一些学科对外文文献的需求和使用量都应当较高，例如外国文学、哲学等，但统计结果却不尽然。以中国哲学研究为例，在 2000～2004 年全部引文中，中文参考文献占 86.37%，外文原文为 13.63%，外文的比例较低。然而仔细分析可以发现，中文参考文献中，有相当一部分内容是译文，占总被引量的29.71%。这样算来，中国文献占全部被引用文献的 56.66%，国外文献占43.34%（其中，中文译文占 68.55%，外文原文占 31.45%）[1]。因此，该学科利用外文文献数量较多，从各年代的数据来看还呈增长趋势，但是国外文献的形式主要是译文，对原文的直接引用相对较少。

（3）各学科对外文文献的需求程度差异很大。具有传统中国特色的学科，如考古、中国文学、历史学等学科，其论文对中文文献的引用比例非常高，而以国外为研究对象和对国外理论、方法吸收较多的学科，如心理学、外国文学、管理学等，其外文文献的引用较多，见表 2 - 7。

---

[1]　苏新宁主编《中国人文社会科学学术影响力报告（2000～2004）》，中国社会科学出版社，2007，第 79 页。

表 2-7　2004~2006 年 CSSCI 收录论文中各学科引用外文文献比例

综合排序	学科名称	2004 年		2005 年		2006 年		平均
		比例(%)	排序	比例(%)	排序	比例(%)	排序	
1	心理学	73.70	1	72.48	2	73.67	1	72.95
2	外国文学	63.57	2	73.82	1	71.60	2	69.66
3	管理学	47.90	4	48.49	4	49.63	3	48.67
4	政治学	48.43	3	49.07	3	47.94	4	48.48
5	哲学	44.87	6	47.10	6	47.80	5	46.59
6	马克思主义	33.95	11	47.40	5	45.50	6	42.28
7	经济学	40.67	7	41.92	7	43.28	7	41.96
8	社会学	36.93	8	39.94	8	35.69	10	37.52
9	语言学	36.55	9	36.46	9	39.24	8	37.42
10	统计学	44.92	5	33.88	12	31.76	12	36.85
11	教育学	34.50	10	36.43	10	35.05	11	35.33
12	法学	33.67	12	34.43	11	36.09	9	34.73
13	体育学	23.33	15	28.40	13	28.66	14	26.80
14	艺术学	24.40	13	25.88	14	25.49	17	25.26
15	宗教学	23.28	16	21.43	18	30.51	13	25.07
16	民族学	23.76	14	22.86	17	25.86	16	24.16
17	图书馆·情报与文献学	19.98	18	24.44	16	26.52	15	23.65
18	新闻学与传播学	20.42	17	25.11	15	24.06	18	23.20
19	历史学	16.63	19	16.73	19	17.84	19	17.07
20	中国文学	12.81	20	14.52	20	14.51	20	13.95
21	考古学	7.92	21	6.68	21	9.12	21	7.91
—	合　计	33.88		35.50		36.46		35.28

注：外文文献含中文译文。

资料来源：苏新宁、邹志仁，《从 CSSCI 看我国人文社会科学研究》，《江苏社会科学》2008 年第 2 期，第 231~237 页。

　　（4）对外文文献的利用整体呈增长趋势，这从表 2-7 中不同年代外文文献被引百分比的变化就可以看出。

　　除了外文文献，中国还有很多少数民族语言文献。以期刊为例，据叶继元统计，中国的哲学社会科学学术期刊以汉语为主，共 2770 种，但同时也存在 203 种其他语种的社会科学类期刊（包括学术与非学术期刊），其中除英文期刊外，主要是少数民族语言的期刊，以维吾尔文、蒙文、哈萨克文、

藏文等文种为主。这些期刊对于中国少数民族地区的经济、社会、文化研究
都是非常重要的（见图 2 - 8）。

表 2 - 8　中国少数民族语言期刊统计表

序号	少数民族语言	期刊数量
1	维吾尔文	47
2	蒙　　文	26
3	哈萨克文	26
4	藏　　文	22
5	朝　　文	9
6	彝　　文	2
7	景　颇　文	1
8	傣　　文	1

资料来源：叶继元，《中国哲学社会科学学术期刊基本数据分析（下）》，《图书馆论坛》2008 年第
1 期，第 13～16 页。

　　由此看来，在确定文献计量学分析的数据来源时，应充分考虑学科的语种
分布情况，尽量不遗漏对该学科来说比较重要的语种所发表的文献，这样才能
保证数据具有较好的代表性和覆盖面。

第三节　人文社会科学领域文献计量学研究的特殊性

　　前面论述的内容表明，进行人文社会科学文献计量学研究的难度是非常大
的。在研究过程中，除了要遵循文献计量学中对数据的一般要求之外，还要特
别注意以下几个问题。

　　1. 数据要具有良好的覆盖面

　　人文社会科学研究成果的多样性决定了在数据来源的选取时要特别注意数
据覆盖面，这是得到可信结果的前提。覆盖面包括以下几个方面：

　　（1）文献类型是否全面。常用的数据源都是基于期刊的引文或文摘数据
库，数据来源中缺乏很多学科中使用率很高的图书，这会导致研究结果产生偏

差。要保证数据源覆盖所分析学科中主要的文献类型。

（2）语种的收录是否有代表性。要根据研究的问题及文献的语种分布情况来确定收录哪些语种的文献。

（3）要保证足够的数据时间跨度。由于人文社会科学文献半衰期较长，因此统计时间窗的时间范围要相对较长，太短的数据不能反映学科的主体情况。

2. 注意不同学科间文献交流特征的差异

在数据来源选择和分析过程中要充分注意不同学科间文献交流特征的差异。

人文学科与社会科学各学科由于研究对象和方法的不同而导致文献交流模式的差异，社会科学的文献交流模式与自然科学更为接近，期刊文献利用率较高，利用引文索引和常见的文摘数据库可以覆盖这些学科常用的大部分文献，基于这些数据的文献计量学研究具有更高的科学性。而大部分人文学科利用的主要文献类型是图书，在目前多数引文数据库都是以期刊为基础的情况下，对这些学科的分析就缺乏数据基础。因此，在数据来源选择和分析过程中都要充分注意不同学科间文献交流特征的差异，利用合适的数据进行分析。

3. 充分利用本地引文索引

由于人文社会科学文献的国际化程度不高，因此在文献计量学分析时充分利用本地引文索引很有必要。

只有有了本地引文索引，才能对本国和本地区的人文社会科学研究进行深入分析。SSCI、A&HCI 以及 Scopus 等收录中文期刊非常有限，同时，中国学者在国际期刊上发表的论文数量占国际学术社区很小的一部分，仅利用它们不能反映中国人文社会科学研究的状况。

4. 图书与期刊在引用方面存在差异

在文献引用方面，期刊和图书的引用规律并不完全相同。据研究，美国社会学领域中，图书中论述的多为定性内容，而两种主要期刊则较多使用定量数据。1987～1988 年的图书被引量明显多于期刊，两者比例大致为 3∶1。从被引用的具体情况来看，社会学图书被大量本学科以外的论文所引用，而社会学期刊论文在本学科内被引量为 54%，本学科论文引用期刊的比率明显高于该学科期刊在学科内、外被引的总平均值①。

因此，仅以期刊为基础的引文数据库是否能够反映图书引用中的特点还值得开展进一步的研究。考虑到人文社会科学文献交流过程中图书的重要性，本书作者认为建立图书引文索引很有必要。

以上给出的是人文社会科学文献计量分析中常见的问题和一般原则，进行具体分析时则应根据研究对象的情况来确定不同数据的选取原则。另外，在学术评价方面，社会科学各学科的文献特点与自然科学更为接近，而人文学科则差异较大。因此相对于人文学科而言，在社会科学领域用文献计量方法进行分析评价更为可靠，而在人文学科进行文献计量分析则要谨慎。最后，我们必须明确了解什么是文献计量学方法所不能解决的问题，不要尝试用文献计量学方法来评价诸如非学术影响一类的问题。

---

① Elisabeth S. Clemens, etc., "Careers in Print: Books, Journals, and Scholarly Reputations", *The American Journal of Sociology* Vol. 101, No. 2 (1995): 433 – 494.

第三章
人文社会科学文献计量分析的数据基础

第一节　文献计量学数据源概况

文献计量学是用数学和统计学方法对文献进行定量研究的科学。全面、翔实、可靠的数据是进行文献计量学分析研究的基础。在此基础上，选用合适的方法和工具进行研究，结合学科背景进行分析，才能得出可靠的结论。

文献计量学数据源的发展过程可按数据存储和管理方式划分，大体经历了卡片、计算机文档、单机数据库和网络数据库等几个阶段。

在卡片阶段，研究者使用卡片来记录每一条基础数据，并通过卡片进行手工排序和统计。这时，所能处理的数据量较小，计算手段也相对简单，数据加工和处理时间很长，图形绘制基本由手工完成。

随着计算机的应用，研究者可以将数据以计算机文档的形式保存起来，通过建立倒排档完成数据的排序和索引，研究者需要编制专门的程序进行数据统计和检索，并利用电脑绘制简单的图形。

到了单机数据库阶段，数据的处理能力得到很大提高，数据的组织形式从计算机文档发展到数据库，可以利用计算机建立各种复杂的模型，绘制较为形象的图形。与此同时，SCI 和 SSCI 光盘数据库的出现为研究者提供了很好的数据源，极大地刺激了文献计量学的发展。

20 世纪 90 年代，进入网络数据库阶段。除了引文数据库之外，各种网络数据库越来越多，出现了大规模的文摘数据库、搜索引擎以及自动索引的引文数据库。数据收录的范围越来越广，不但包括传统纸本文献的书目信息，也包括大量的全文内容、各种网络信息及其网络链接;数据处理越来越简单、方便,出现了多种辅助工具,可以在短时间内构建复杂模型,绘制各式精美的图像,甚至进行动态图形模拟。

目前数据源的发展趋势是:可用于文献计量学分析的数据源越来越多,收录范围越来越广,数据量越来越大,数据类型越来越丰富;计算机的数据运算及处理能力越来越强,用于数据加工、清洗、统计、分析及可视化的相关软件的专业化程度越来越高。

虽然数据源日益丰富,但是很多新型数据库也存在收录范围不明、数据质量不高的情况。每种数据源都有其使用范围和适用条件,同一个问题,利用不同的数据源去分析,有时会得到差异很大甚至相互矛盾的结果,因此数据源的选择非常重要。这就需要我们对可以作为分析基础的数据和研究对象有清晰的了解,选用合适的数据去分析问题,才能得到科学的结论。同时,随着数据处理手段的日益先进和软件的"黑箱化"(即不必关心数据的处理过程,输入一些数据后,系统就可以提供分析结果),文献计量学分析的门槛也越来越低,容易导致滥用和误用。对人文社会科学领域的文献计量学分析而言,现有数据源在语种、文献类型方面的覆盖面尚有很大不足,此时对数据源的深入了解就显得更为必要。

一 数据源的基本类型及特点

近十几年来,可用于文献计量学分析的数据源得到了长足的发展,总体发展态势呈现多样化趋势。除了传统的引文数据库之外,还出现了很多新型的数据源,一些原有的数据源在数据范围和功能上也有了拓展。目前主要的数据源类型及特点如下:

(1)在各种数据源中,文献计量学最重要和最常用的是引文数据库。引文揭示了文献之间的相互引证关系,利用引文库可以挖掘科学文献之间的内在联系。引文库的数据来源经过严格筛选,收录内容少而精,数据质量较高,引文分析功能强,一些引文库还有很强的拓展功能。作为最常用的统计源,当前引文库的建设方兴未艾。全球多个地区都在建设本地区特色的引文数据库,最具全球影响力的人文社会科学引文数据库是 SSCI 和 A&HCI,中国大陆和台湾地区也建设了若干中文引文数据库。一些具有引文功能的文献数据库也可以用来进行引文检索和分析,如爱思唯尔公司的 Scopus 数据库和中国学术期刊(光盘版)电子杂志社开发的中国引文数据库（Chinese Citation Database），这些数据库已经得到较为广泛的利用，有些甚至已经成为传统引文数据库的替代品和有力竞争者。

（2）文摘/全文型数据库迅速发展，为计量分析提供了丰富的数据来源。很多普通的文摘/全文数据库也可以作为文献计量分析的基础数据。这些数据库收录范围比引文库更广、数据量更大、数据的时间范围更长，同时具有较高的标引质量，很多文献库都进行了叙词标引或提供了较为规范的关键词。虽然不能用来进行引文分析，但是可以统计发表论著的相关情况，进行深度的主题分析。由于部分数据库还收录了图书、报告等文献类型，可以弥补引文库仅收录期刊的不足，全面反映人文社会科学研究的现状。

一些文摘/全文数据库对于收录的论文是有选择的，如国内的"人大复印报刊资料"数据库。一般认为进入这些数据库的文献质量较高，可以将期刊论文被这些数据库摘转的数量作为定量评价分析的指标之一。

（3）搜索引擎功能强大，可以免费使用，成为网络计量学和引文分析的数据来源。同时，随着与内容提供商的合作，学术性搜索引擎不断加入出版商和数据库商提供的元数据，大大改善了搜索引擎的数据质量。

一些搜索引擎提供了文献的引用信息，如 Google Scholar。由于它界面简单，可以免费使用，而且检索出的被引数量还比较高，所以也被作为引文分析的一种数据来源。但是由于 Google Scholar 缺少对引文的细致加工，没有公开数据的收录范围、时间跨度和更新频率，因此还不能作为一种严格意义上的数据源。另外一些搜索引擎，如 Altavista 等，提供了检索网页链接数量的功能，经常被用作网络计量分析的数据搜集工具。

（4）自动引文系统的迅速发展为进行网络资源的计量分析打下良好基础。一些自动引文标引系统具备了类似的引文功能，如 CiteSeer、RePEc、Citebase 等。其中 RePEc 是一个规模较大的经济学数据库系统，它的一个服务平台 CitEc 具有引文分析功能。截至 2011 年 9 月，已收录 267 万条引文。但是该系统建设引文数据的目的不是直接为读者提供引文服务，而是通过引用关系增加整个系统的可用性。因此，可以利用它来进行试验性计量分析，但不宜用于学术评价。

此外，还有图书馆的书目数据库、图书流通数据、电子资源使用统计、搜索引擎的检索日志，甚至有关文献利用的专门调查数据等，都可以作为人文社会科学领域文献计量分析的基础。

但是，由于多数数据来源并不是专门为文献计量学分析目的建立的，所以在来源数据的选择、数据质量控制、引文功能的揭示等方面与引文索引相比还有一定的差距，很多数据来源本身明确提示不宜用于文献计量学评价。

二　文献计量分析对数据源的基本要求

1. 具备统计项目

从理论上讲，利用计量方法可以对数据库中的所有项目及项目之间的关系进行统计。在实际的分析过程中，一般仅对有意义的项目进行分析。王崇德先生总结了常用的文献计量学计量元素（表3-1）。

表3-1　文献计量学的计量元素

项目类别	项目名称	计量的主要内容
出版物	期　　刊	数量、文种、国别、页码、编辑(出版)、单位、篇幅、期率、学科、创刊年度等
	专　　著	数量、文种、学科、出版社、版次等
	特种文献	数量、编发单位、完成周期、分类、报刊号等
	论　　文	数量、文种、学科、发表年度等
著　　者	作　　者	性别、年龄、国别、学位、职称、荣誉称号
	合作者	性别、国别、学位、职称、荣誉称号等
	译　　者	性别、国别、学位、职称、荣誉称号等
	编辑者	性别、国别、学位、职称、荣誉称号等
词　　汇	控制词汇	频次、参见项、相关项等
	自然词汇	频次、长度、词性、音素等
引　　文	著　　文	文种、学科、发表年度、数量、引文偶等
	引　　文	数量、年度、语种、作者、自引、学科、同被引强度等
检索工具	类　　目	数目、级位数量等
	文献条目	数量、类型等
	索引词	数量、类型、款目形式等
其　　他	分类号	数量、被标引的频次、标记制度等
	读　　者	数量、构成、阅读方式、借阅周期及习惯等
	复印件	数量、语种、年度、学科等
	文献载体	类型、流通范围等
	机　　构	性质、数量、服务方式及对象等

资料来源：王崇德，《文献计量学引论》，广西师范大学出版社，1997，第24页。

表 3 - 1 所列出的统计项目中，多数是对某一字段的统计，少数是字段之间关系的复杂计量，如自引、同被引、引文偶等。近年新出现的 h 指数、特征因子及 SJR 等也来自于统计项目之间的关系计量，但计算方法更为复杂。

在网络计量学中，还有顶级域名、二级域名、网站、子网站、网页、目录、文件等统计项（详见第六章）。

一般来说，具有相关统计项目并能反映出项目之间关联的数据库就可以用来做统计源。但是，并不是所有满足这个条件的都适合做统计源，一个良好的文献计量学统计源还需要具备其他一些要素。

2. **数据覆盖面与完备性较好**

这一点要求数据库在文献类型、时间范围、内容范围，以及国别和语种等方面有足够的覆盖面，能够代表总体状况。数据源要具有一定的数据规模，文献收录的时间范围需要有一定的跨度，太小的规模和太短的时间都不能够很好地满足文献计量学分析的需要。文献类型应能包括学科的主要出版物类型，收录的内容在相关学科、主题中具有代表性，对相关学科研究的主要国家和语言的文献尽量收录完整。此外，引文库中是否将文中出现的所有引文都进行了标引也是一个重要的条件，这直接影响到分析结果的可信度。

在实际分析的过程中，数据覆盖面和完备性很难达到十分理想的程度，但应保证分析对象所在学科的文献类型、时间范围、内容范围、国家及语言方面的覆盖面和完备性能够代表学科的主要情况。

3. **具有较高的数据质量**

文献计量学以数据统计为基础，特别是经常研究文献之间的关系，如引用关系、网络链接关系等，因此对数据的正确性和规范性要求很高。

数据质量包括数据的正确性和规范性两方面。正确性指数据能够准确反映文献的特征，字段内容正确。规范性指从统计结果上看，各字段内容应按一定规则进行规范，如机构名称是否用全称，标注到哪一级单位，外文文献中作者姓和名的顺序等。引文库在建设过程中，对各种可统计字段通常都进行了规范，使用起来可信度较高。但即便如此，也还需要进行适当的数据清洗和整理。而像搜索引擎这样未经规范的数据，一般不能用于涉及资源分配的学术评价中。

4. 数据库的可获得性会影响使用

数据库的可获得性也直接影响到使用，当不能访问质量较好的收费数据库时，倘若有满足分析要求的免费数据也是一种折中的解决方法。

此外，数据库的检索及统计功能也很重要，强大的附加功能会有利于文献计量学的统计工作，如能否下载并存档为可以处理的数据格式、是否有分析功能、是否提供相应的数据统计结果，是否具有可参照和对比的标杆数据等。

总之，在进行文献计量分析之前，我们应当详细了解每一种数据源的特点，了解它收录的文献类型、时间跨度、语种范围、数据质量、适用范围，以及数据源的缺点和限制条件等，以便决定选择哪个数据库进行分析。有时为了弥补彼此的缺陷，需要同时使用几种数据源，必要时还需结合问卷调查或其他方法来补充数据。

第二节　各类型数据源简介

一　引文数据库

引文数据库是文献计量学分析研究中最常用和最重要的数据来源，目前最有影响的人文社会科学引文数据库是汤森路透公司的社会科学引文索引（SSCI）和艺术与人文引文索引（A&HCI）。尽管这两个数据库在被用于学术评价时由于收录范围和数量的不足而饱受诟病，但是它们具有收录的数据质量高、年代跨度大等优点，依然是目前进行国际性引文分析的最佳工具。

由于人文社会科学文献具有较强的离散性，而引文索引又受到收录范围的限制，SSCI 和 A&HCI 在收录的期刊数量和文种上不能覆盖所有的国家和语言，所以一些国家和地区又开发了自己的引文索引，其中最典型的是中国大陆和台湾地区的引文数据库。20 世纪 90 年代以来，中国大陆的南京大学和中国社会科学院文献信息中心分别建设了中文社会科学引文索引（CSSCI）和中国人文社会科学引文数据库（CHSSCD），目前已经在国内产生广泛影响。中国台湾地区出于学术评价的需要，也于 20 世纪末开始建立台湾社会科学引文索引（TSSCI）和台湾人文学引文索引（THCI）。

欧洲学者非常重视引文数据库的利用，他们认为应当建立欧洲自己的引文数据库。目前，欧洲人文引文索引（ERIH）正在建设之中，还有人提出开发欧洲社会科学引文索引（European Social Science Citation Index，EuSSCI）的建议①。此外，一些国家建立了小型的专业引文数据库，如波兰社会学引文索引②，该库收录了四种波兰社会学期刊。

（一）美国的引文数据库建设

1873 年，《谢泼德引文》面世，它是用于检索法律判决书的一种工具。受到《谢泼德引文》的启发，1955 年，尤金·加菲尔德在《科学》杂志上发表了《科学引文索引》（Citation Index for Science）一文，提出了建设引文索引的构想。1963 年，在加菲尔德的主持下，美国科学情报所（Institute for Scientific Information，ISI）出版了检索型期刊《科学引文索引》（Science Citation Index，SCI），1973 年和 1978 年，又分别出版了 SCI 的姊妹刊《社会科学引文索引》（SSCI）和《艺术与人文引文索引》（A&HCI）。

引文索引面世以后，由于其新颖、独特的检索功能，特别是可以通过文献之间的引证关系揭示出有关学科发展的历史、前沿、影响力等内容，为文献的定量研究提供了理想的基础数据，促进了文献计量学的发展，因而得到了广泛的应用。虽然 ISI 几经变化，先是被汤姆森科技公司收购，之后又改名为汤森路透公司，但是引文索引的影响却越来越大。随着计算机技术的发展，引文索引从纸本转移到光盘，继而发展到网络。1997 年，汤姆森科技公司将 SCI、SSCI 和 A&HCI 三种索引进行整合，利用互联网创建了网络版的多学科数据库 Web of Science（WoS），提供了非常强大的检索和内容揭示功能③。

此后，WoS 又增添了会议录引文索引（Conference Proceedings Citation

---

① Ingrid Gogolin etc，"European Social Science Citation Index：A Chance for Promoting European Research?"，*European Educational Research Journal* Vol. 2，No. 4（2003）：574 – 593.

② Berenika M. Webster，"Polish Sociology Citation Index as an Example of Usage of National Citation Indexes in Scientometric Analysis of Social Sciences"，*Journal of information science* Vol. 24，No. 1（1998）：19 – 32.

③ ISI 系列引文数据库有时被简称为"ISI 数据库"，由于机构名称的变化，有时也称为"Web of Science"或者"WoS"。在本书中，如无特别说明，这些名称都用来指代汤森路透公司的引文数据库 SCI、SSCI 和 A&HCI。

Index，CPCI），并于 2011 年年底推出了图书引文索引（BkCI），2012 年 10 月推出数据引文索引（DCI），丰富了引文索引的品种。

1. 社会科学引文索引（SSCI）和人文与艺术引文索引（A&HCI）

在 WoS 的三大期刊引文索引中，SCI 始终占有核心地位，它的用户最多，期刊数量增长最快。SSCI 和 A&HCI 随着系统平台的不断提升增强了检索和评价功能，但是在期刊收录数量方面增长相对较慢。

SSCI 收录了 1900 年以来的数据，覆盖了 55 个社会科学的学科或主题，少数用社会科学实证方法进行研究的教育学、语言学和文化研究也收入其中。该库 2012 年共收录期刊 3033 种，来自于 40 个国家和地区。A&HCI 收录了从 1975 年至今的数据，覆盖了考古学、建筑学、艺术、文学、哲学、宗教、历史等人文领域。2012 年该库共收录 1675 种期刊。

SSCI 和 A&HCI 的来源期刊都经过严格的评估和长期跟踪，根据其在所属学科领域的影响和质量而决定是否被收录。评估标准包括对期刊的定性分析和定量分析，具体内容见第五章。

强大的检索与分析功能是 WoS 的特色。目前的 WoS 数据库可以直接链接到重要文献的全文，如果用户有全文的访问权限就可以访问全文内容；记录可直接输出到个人学术信息管理程序 EndNote、Reference Manager 和 ProCite 中，便于进行保存和处理；系统对检索结果提供多角度、可视化的全景分析，可以将检索到的结果按不同角度进行统计，归纳出相关研究领域在不同年份的发展趋势、某个特定的课题都分布在哪些不同的学科中，这些分析结果能以可视化的图形表现出来；可以定制引文跟踪服务，也可以无限制地查看检索结果。

2011 年 7 月，汤森路透推出了新的 Web of Knowledge 平台。新平台在以下几方面提供了新的或优化的功能[1]：

（1）更智能的检索和导航功能，优化了科研人员的研究工作流，使其迅速高效地找到所需的信息：

- 实现左截词检索，并可查找检索词变体，同时能自动检索超过 7000 个

---

[1]　《Web of Knowledge^{SM} 新功能》，http：//science. thomsonreuters. com. cn/WOK/WOK011. htm ［2011 - 9 - 6］。

拼写词汇变体（如词汇的不同拼法和单复数等）；

- 可对检索结果按照数据库进行筛分精炼；
- 可直接从检索结果页面预览摘要。

（2）更强大的分析工具，让科研人员更有效地管理检索结果：

- 可利用自定义的数据，建立个性化的引文报告；
- 可创建一个同时跨 13 个数据库的"标记列表"；
- 分析时不受数量的限制，一次可处理超过 10 万条记录。

（3）更强大的连接，平台整合了 Researcher ID（科学家名片）功能，科学家可以借此展示自己的研究成果，并迅速甄别合作者，为开展国际合作研究提供便利。

2. 图书引文索引（BkCI）

长期以来，SSCI 和 A&HCI 的来源文献由于仅收录期刊，未收录在人文社会科学文献交流系统中非常重要的图书而在利用方面受到很大限制。为解决这个问题，汤森路透在 2011 年年底推出了"图书引文索引"（Book Citation Index，BkCI）数据库。作为 WoS 平台上的新资源，该索引收录了 2.5 万种自然科学、社会科学和艺术人文类学术图书，并预计每年新增 1 万种图书。

表 3 – 2　BkCI 各学科分布情况

主题领域	百分比	主题领域	百分比
社会科学与行为科学	35	临床医学	9
艺术与人文	16	物理/化学	9
工程/计算机/技术	15	农业/生物	5
生命科学	11		

注：数据截至 2011 年 10 月。

资料来源：Completing the Research Picture：The Book Citation Index. http：//wokinfo. com/products_tools/multidisciplinary/bookcitationindex/. ［2011 – 12 – 16］。

BkCI 来源文献包括电子和纸质版学术图书，揭示了文献原创研究或综述的全部引文。该库分为"科学版"（Science Edition）和"社会科学与人文版"（Social Sciences and Humanities Edition）两部分。BkCI 很重视对人文社会科学图书的收录，截至 2011 年 10 月，人文社会科学及艺术和行为科学图书的数量占该索引收录图书总量的一半以上。

系统提供引文检索、图书引证报告、引用图谱、作者识别工具等功能。

与 WoS 的期刊引文索引一样，BkCI 坚持严格的选择标准，其收录原则如下[①]：

（1）基本的出版标准

出版时间是一个基本的选择标准，科学版的图书必须是近 5 年内出版的，社科与人文版为 7 年。另外一个重要的标准是收入 BkCI 的图书必须经过同行评议。此外，被收录的图书必须包括所有作者的地址信息以及完整的参考文献书目信息。在语言方面，汤森路透重点关注全文以英文出版的图书。

（2）编辑内容

BkCI 收录进行原创研究或文献综述并提供完整参考文献的学术图书。不同类型图书的收录原则如下：

● 学位论文——如果学位论文是已经收录的丛书的一部分，或者由有声望的学术性出版社出版、经过良好编辑和评审的专著在考虑范围之内。

● 教科书——本科教材不予收录，研究生或更高级别研究性读者的教材在考虑范围之内。

● 系列图书——学术性丛书或非丛书都在考虑范围之内。

● 再版或重新发行的内容——如果再版的内容以前没有在期刊上发表过，则可以考虑收录；新近出版且从未被收录过的重新发行的内容也可以考虑收录；翻译和非英语的内容在收录范围之列；如果拥有重要的、被引情况良好的学术性评论，非英语的原创著作的译著也可以考虑。

● 地图——不包括学术引文内容的图集或以图片为主的图书不收录。

● 传记——有很好的参考文献，并且是重要的或者学术传记在考虑之列。

● 通俗读物——为普通读者写的通常不收，但是有些单本图书和丛书被

① James Testa, The Book Selection Process for the Book Citation Index in Web of Science, http：// wokinfo. com/media/pdf/BKCI－SelectionEssay_web. pdf. ［2011－12－16］

收录，这需要根据具体情况而定。

- 参考工具书——词条没有参考文献的参考工具书不予收录。

3. 会议录引文索引（CPCI）

WoS 的会议录引文索引（CPCI）分为科学版（CPCI – S）和人文社会科学版（CPCI – SSH），其前身分别为科学技术会议录索引（Index to Scientific & Technical Proceedings，ISTP）和人文社会科学会议录索引（Index to Social Sciences & Humanities Proceedings，ISSHP）。

CPCI – SSH 收录自 1990 年以来 256 个类目中的 11 万种会议录的题录及引文信息，涉及社会科学、艺术与人文领域所有学科的会议文献，包括以专著、期刊、报告、增刊及预印本等形式出版的各种一般会议、座谈和专题讨论会的会议文献。

4. 数据引文索引（DCI）

科学数据（包括观测数据、考查数据、实验数据、统计数据、调查数据等）是人类科研活动中产生的成果。社会科学数据对于社会科学领域的实证研究具有重要价值和决定性意义。科学数据近年来发展迅速。全球大约有超过 500 个数据知识库，大约为几百万 G 的存储量。

社会科学数据目前主要集中于经济、社会领域，其中使用得最多的有两类数据：一类是国家统计部门的统计数据，另一类是为社会科学研究和政策制定而专门搜集的调查数据。事实证明，各自为政地进行大量数据的管理、保存、使用，会导致重复工作，代价高昂，效率低下。因此，欧美国家很早就意识到进行统一的数据管理、服务和共享的重要性，并开始进行这方面的实践。但是由于种种原因，科研人员在获取相关科学数据时面临重重困难，如数量庞大的数据知识库加大了查找和利用的难度，质量良莠不齐的科学数据直接影响到研究质量，以及缺乏对科学数据引用评估，未能客观反映数据提供者的贡献等。

随着对科学数据研究的深入，2012 年 10 月 16 日，汤森路透宣布推出数据引文索引（Data Citation Index，DCI）。DCI 作为 WoS 平台上一个新的研究资源，将推动对数据集和数据研究的发现、使用及归属，该库同时把这些数据与同行评议文献连接起来。

专家们根据知识库的主题、编辑的内容和数据库特性、地理起源和范围等因素进行知识库的评估和选择。DCI 收录了自然科学、社会科学、艺术与人文等学科中已有的、成规模的数据集，包括 70 个国际知识库，约 200 万条记录，其中有 5 个艺术与人文知识库和 14 个社会科学知识库[①]，这些知识库中有一些是国家统计局的数据档案库，有一些是极负盛名的调查数据集，还有一些来自大型的数据中心，它们都具有较大国际影响。

（二）中国大陆地区的引文数据库建设

由于汤森路透的引文数据库对中国人文社会科学期刊收录较少，20 世纪 90 年代开始，中国大陆地区兴起了中文引文数据库的建设高潮。

90 年代初，中国科学院文献情报中心和中国科技情报研究所分别在自然科学领域启动中文引文数据库的建设项目，在国内产生了较大反响。90 年代末，南京大学和中国社会科学院文献信息中心分别开始建设"中文社会科学引文索引"和"中文人文社会科学引文数据库"，推动了中文人文社会科学引文数据库的发展。下面对中国大陆地区的引文数据库进行简要介绍。

1. 中文社会科学引文索引（CSSCI）

（1）数据库概况

中文社会科学引文索引（CSSCI）[②] 是南京大学中国社会科学研究评价中心开发研制的引文数据库。截至 2011 年 8 月，CSSCI 收录 1998～2009 年的来源文献近 100 万篇，引文文献 600 余万条。该数据库涉及人文社会科学领域的所有学科，包括法学、管理学、经济学、历史学、政治学等在内的 25 个大类。

CSSCI 来源期刊每两年调整一次，十几年来期刊数量有小幅增长，1998 年为 496 种，2010～2011 年为 527 种。在 2005～2009 年，CSSCI 在来源中增加了集刊，其中 2005～2007 年收录来源集刊 33 种，2008～2009 年增加到 86 种，此后未公布集刊名单。CSSCI 还从 2008 年开始增加扩展刊，2010～2011 年收录扩展版来源期刊 172 种。

---

① Thomson Reuters：The Data Citation Index. http：//wokinfo. com/products_tools/multidisciplinary/dci/ ［2013 - 1 - 7］.

② http：//cssci. nju. edu. cn/index. asp.

（2）来源期刊的选择

CSSCI 的来源期刊是按照一定的标准和比例进行筛选的[①]，来源期刊要满足以下基本要求：

● 入选期刊应是在国内公开发行的中文期刊，即收录期刊要有国内统一连续出版物号（CN 号）；

● 论文的著录项目要全，要包括篇名、作者、作者机构、论文摘要、关键词等项目；

● 参考文献的书目信息齐全，如论文作者、篇名、期刊名称、出版年、卷期、页码等；

● 期刊能够准时出版；

● 入选期刊要有一定数量的参考文献，一般要求期刊的参考文献数量必须在同一学科参考文献平均数量的 25% 以上（以 CSSCI 来源期刊的各学科平均参考文献数量为准）；

● 翻译类期刊、非汉语期刊和一刊多版期刊不能作为来源期刊；

● 自然科学、文理交叉学科中偏自然科学以及娱乐、资料和普及性的期刊也不作为收录对象。

在满足这些基本要求的前提下，CSSCI 确定了选刊指标、期刊数量及各学科数量分配方法，主要的相关因素包括：定量指标、地区和学科的平衡等，具体内容见第五章。

CSSCI 提供来源文献、被引文献等多种信息检索途径。来源文献检索有多个检索入口，包括篇名、作者、作者所在地区机构、刊名、关键词、文献分类号、学科类别、学位类别、基金类别及项目、期刊年卷期等。被引文献检索提供被引文献、作者、篇名、刊名、出版年代、被引文献细节等检索入口。其中，多个检索入口可以按需进行优化检索，即进行精确检索、模糊检索、逻辑检索、二次检索等。检索结果按不同检索途径进行发文信息或被引信息分析统计，并支持文本信息下载。

―――――――――

① 苏新宁：《入选 CSSCI 来源期刊应关注的问题》，《中国社会科学院报》2008 年 10 月 16 日，第 6 版，http：//ssic. cass. cn/yb/3/6 - 1. html ［2009 - 4 - 1］。

CSSCI 向社会公开发布以后，得到了广泛的应用。2011 年 9 月 14 日，我们利用中国知网（CNKI）数据库以"CSSCI"为检索词进行检索，共得到 1635 条检索结果，其中除有关期刊被 CSSCI 收录的消息报道外，多数论文为利用 CSSCI 进行的文献计量学分析和研究，也有部分论文是对 CSSCI 用于学术评价的质疑和反思。

2. **中国人文社会科学引文数据库（CHSSCD）**

中国社会科学院文献信息中心在 1996 年便开始了社科期刊论文的量化分析和相关理论方法的研究工作。1999 年 5 月，该中心正式启动了中国人文社会科学引文数据库（CHSSCD）的建设。

该数据库目前包括来源期刊 700 余种，收录 1999 ~ 2009 年的来源数据 133 万条、引文数据 780 万条。CHSSCD 收录来源期刊的标准是：

- 具有国内统一刊号（CN 号）的正规出版物；
- 编辑格式较为规范，特别是有较为规范的文后参考文献；
- 具有较高的学术水平和理论水平；
- 在某学科或某领域内具有较高的载文量和被引率。

CHSSCD 来源期刊的收刊范围是：

- 收刊总数为中国 3000 种人文社会科学期刊的 25% 左右；
- 各学科专业期刊的收刊比例为该学科专业期刊和含该学科内容的期刊数量之和的 20% 左右；
- 综合类学术期刊的数量为收刊总数中减去专业期刊以外的部分。

CHSSCD 对来源文献和引文也进行了一些筛选。来源文献的收录范围包括学术论文、学术文章、学术综述与述评，不包括资料、短讯、讲话、报道等非学术研究类的文献。引文文献的收录范围包括文后参考文献、脚注和尾注中有引用信息的条目，而一般"转引"，以及附加引用条目后的"参见"条目，不在收入之列。

CHSSCD 每年都会根据期刊的变化情况对来源期刊进行个别调整，包括调整来源期刊的种类、数量，剔除部分不符合要求的来源期刊，以保证来源刊的质量和适当的学科范围数量要求。调整原则包括如下几个方面：①期刊的学术质量出现下降；②期刊发展定位的变化影响了期刊的学术性；③学科的发展出现较大的变化，如新老学科的交替和新研究领域的确立，影响到该学科期刊数量的变化。

CHSSCD 来源期刊的学科比例如图 3－1 所示，综合类比例最大，其次是经济学。

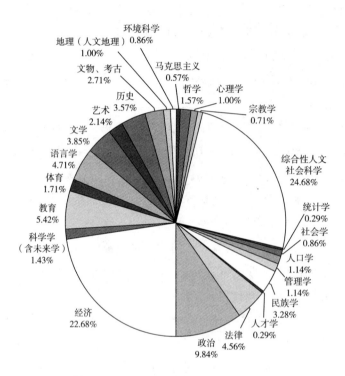

图 3－1 CHSSCD 来源期刊的学科比例

资料来源：中国社会科学院文献计量与科学评价研究中心，中国人文社会科学引文数据库（CHSSCD）简介。

CHSSCD 目前已为科研人员提供查询服务，为多项科研课题和科研项目提供统计分析指标和数据，为北京大学图书馆编制的《中文核心期刊要目总览》以及中国社会科学院文献信息中心编制的《中国人文与社会科学核心期刊要览》提供了引证指标数据。

3. 中文图书引文索引（CBkCI）

2012 年 9 月，国内首个《中文图书引文索引·人文社会科学》（CBkCI·

H&SS，以下简称 CBkCI）示范数据库在南京大学发布。该数据库是已结项的国家社科基金重大项目"建立与完善哲学社会科学评价体系研究"的重要成果。该数据库以检索中文人文社会科学图书和评价学术图书质量为目的，精选中文学术图书作为来源文献，统计和分析图书作者引用图书、期刊论文和报告等所有文献资料的情况。CBkCI 可以进行引文排序和高被引图书、引文分析方面的检索，可以提供被引频次（可以细分为正面引用、负面引用与中性引用）、图书影响广度、地域分布等多种定量数据[1]。

目前，该库是示范数据库，截至 2012 年 1 月 7 日，数据库没有在网络上发布。

（三）中国台湾地区的引文数据库建设

由于近年来台湾地区教育部门经常利用 SCI、SSCI 开展学术评价活动，因此引文数据库在台湾地区的影响越来越大，而 SSCI 和 A&HCI 仅收录很少的台湾地区人文社会科学期刊。为了全面反映台湾地区的人文社会科学发展状况，台湾地区管理部门与学术界也积极开始建设本地引文数据库，主要目的是用于进行学术评价。

台湾地区最早推进引文数据库建设的机构是"国科会"，该机构 1998 年曾启动"中华民国科技期刊引用文献资料库"（TSCI）的建设，该库收录 127 种科技核心期刊，但是后来没有继续发展。

1999 年，"国科会"社会科学研究中心和人文学研究中心分别启动"台湾社会科学引文索引资料库"和"台湾人文学引文索引资料库"建设。2007 年，台湾华艺公司开发了台湾学术引用文献资料库（Academic Citation Index，ACI），也收录了引文数据。下面简要介绍这三个人文社会科学引文数据库的情况。

1. 台湾社会科学引文索引（TSSCI）

台湾社会科学引文索引数据库[2]收录台湾地区出版的社会科学核心期刊。该数据库建设的目的是：建立台湾地区社会科学核心期刊引用文献资料库，提供评估社会科学研究发展的量化指标，即分析台湾地区出版的社会科学核心期

---

① 南京大学：《首个〈中文图书引文索引—人文社会科学〉示范数据库研制成功》，2012 年 10 月 1 日，http://skch.nju.edu.cn/iwms/show.aspx? id = 1200&cid = 37 ［2013 - 1 - 7］。

② http://db1n.sinica.edu.tw/textdb/tssci/searchindex.php. ［2013 - 1 - 7］.

刊被引用情况及其影响力，了解社会科学研究人员的论文被引用情况，以评估其研究绩效①。

TSSCI 自 1999 年开始筹划，2003 年开放利用。截至 2010 年，TSSCI 共收录 85 种期刊，包括 1998 年以来的来源文献 1.2 万条、被引文献 30 万条。2011 年来源期刊增加到 93 种。学科范围涉及社会学、经济学、教育学、管理学、法律、心理学、政治学、人类学、区域研究及地理学。

TSSCI 的期刊经过了严格的筛选，每年根据评估情况对来源期刊进行调整。期刊的遴选主要依靠专家评审，同时参考资料库中的一些指标，编辑部也参与其中的部分工作。选刊的具体方法和程序见第五章。

TSSCI 数据库提供以下四方面的检索：

（1）引用文献索引，可从两方面进行检索：来源文献查询——包括作者、标题、关键词、期刊名称、出版年等检索点；被引用文献查询——包括作者、标题、期刊（图书）名称、出版年等检索点。

（2）收录期刊名单：包括特定期刊查询、依学科门类查询、依正式或观察名单查询。

（3）收录期刊目次检索。

（4）期刊引用报告。

该数据库目前可免费查询 1998 年以来的引文和期刊收录情况。

2. 台湾人文学引文索引（THCI）与台湾人文学引文索引核心期刊（THCI Core）

台湾人文学引文索引数据库②建立的目的有两个，一方面是为了了解人文学领域学术研究的成果，预测人文学未来趋势；另一方面，可以分析期刊收录的学术研究文献彼此交互引用的情况，以此作为评估期刊、作者或研究机构影响力的一个参考指标③。

---

① 《TSSCI 资料库说明》，http：//ssrc. sinica. edu. tw/ssrc - home/5 - 1. htm［2011 - 12 - 8］。

② http：//www. hrc. ntu. edu. tw/index. php？option = com_wrapper&view = wrapper&Itemid = 673&lang = zw。

③ 陈光华、陈雅琦：《台湾人文学引用文献资料库之建置》，［2009 - 4 - 7］http：//www. lis. ntu. edu. tw/ ~ khchen/writtings/pdf/blac2000. pdf。

截至 2008 年 10 月，THCI 共有期刊 283 种，收录 1996 年以来的来源文献约 3 万条、被引文献 80 万条。此后又有一些期刊的调整。本书作者于 2011 年 9 月 6 日访问 THCI 网站，显示共收录 343 种期刊①。

THCI 来源期刊的选择标准相对比较宽松，以中国台湾地区人文学领域重要的中外文期刊为主，兼收大专院校学报中人文学领域的期刊。期刊分为综合文学、中国文学、外国文学、历史、哲学、图书资讯学、语言学、艺术、宗教及综合等类目。

2000 年首次来源期刊选择过程如下②：

以台湾地区的"中华民国期刊论文索引系统 WWW 版"数据库中所收录的人文学领域期刊为基础，请"国科会"人文学研究中心各学门召集人选出各学门重要或代表性期刊，共计 366 种；其次，请各学门召集人就其所在学门确认期刊建档的顺序，除掉期刊改名及 1991 年以前就停刊的，共计 314 种。这 314 种期刊就是 THCI 的来源期刊。一些综合性学报只收录其中人文学领域的论文。最后，经审核调整，将来源期刊数量确定为 283 种。

THCI 目前可提供"基本资讯检索功能"进行篇名关键字检索、作者检索、期刊文献检索、被引文献检索。该数据库可免费浏览。

由于 TSSCI 和 THCI 收录原则不统一，导致两个数据库差异很大，THCI 收录标准比较宽泛，来源期刊数量较多，而 TSSCI 要经过专家评审，收录条件严格，来源期刊的数量较少，仅占 THCI 的 30%，由此造成两库期刊比例失衡，无法衔接和比较。为了改变这种状况，台湾地区的"国科会"人文及社会科学发展处建立了"台湾人文学引文索引核心期刊"（THCI Core）数据库，该库的选刊方法与 TSSCI 相近，2010～2011 年收录 46 种期刊，分为文学一、文学二、哲学、语言学、历史、艺术、综合七大类③。可以按期刊名称、篇名、关键字、摘要进行检索。

---

① 《THCI 资料库》，http：//www. hrc. ntu. edu. tw/index. php? option = com _ wrapper&view = wrapper&Itemid = 673&lang = zw. ［2011 – 9 – 6］。

② 陈光华、陈雅琦：《台湾人文学引用文献资料库之建置》，［2009 – 4 – 7］http：//www. lis. ntu. edu. tw/ ~ khchen/writtings/pdf/blac2000. pdf。

③ 《THCI Core 收录期刊名单（2009 年）》，http：//www. hrc. ntu. edu. tw/index. php? option = com _content&view = article&id = 715&Itemid = 391. ［2011 – 8 – 9］。

3. 学术引用文献资料库（ACI）

台湾华艺公司从 2007 年开始建设学术引用文献资料库①，以同样的标准同时收录中国两岸四地人文、社科方面的期刊。ACI 计划收录中文学术界核心期刊的参考文献，通过引文数据的统计，了解华文世界期刊相互引用的情况。

ACI 原名为台湾引用文献资料库（Taiwan Citation Index，TCI），是在台湾华艺公司建设的中文电子期刊资料库（Chinese Electronic Periodical Services，CEPS）基础上进行的，CEPS 收录了约 3000 种期刊，其中台湾地区出版的人文学领域期刊 126 种、社会科学期刊 276 种，包括 TSSCI 及 THCI Core 中的期刊，以及在台湾地区出版的其他重要期刊。

ACI 中期刊收录年代自 1956～2009 年不等，每月更新数据。收录的期刊分为 19 个学科类目，分别是：教育学、图资学、体育学、历史学、社会学、经济学、综合类、人类学、中文、外文、心理学、法律、哲学、政治学、区域研究及地理学、管理学、语言学、艺术学和传播学等，包括 6.8 万条来源文献及 195 万条被引文献②。

ACI 的收录标准如下③：

- 中国两岸四地出版的人文社会科学学术期刊；
- 有同行评议审查机制；
- 体例完整，要包括题名、摘要、关键字、参考文献、ISSN、作者姓名、作者服务机构等内容；
- 近三年每年出满应出期数（新刊需出满三年）；
- 中国台湾地区或国际重要数据库收录的期刊或具有公信力的优良期刊清单中所列的期刊，只要符合第一点就一律收录。

ACI 有以下几方面的检索功能："快速查询"、"进阶查询"用于查询来源文献，"引文查询"可查询文章被引用情况；"引文统计"功能包括两种统计：学门统计可查询学科内期刊与作者的被引用数据，期刊统计可查询某特定期刊

---

① http：//www. airiti. com/ACI/home. aspx.

② 《学术引用文献资料库》，http：//www. airiti. com/ACI/home. aspx［2011 - 8 - 11］。

③ 《ACI 期刊申请》，http：//www. airiti. com/ACI/Application. aspx［2011 - 8 - 11］。

的引文数据①。

该数据库为收费数据库，需要得到授权后才能访问。

（四）欧洲的引文数据库建设

除了中国大陆和台湾地区开始兴建引文数据库以外，欧洲地区为了进行引文分析和文献检索，也开始建设或者准备建设自己的引文库。

欧洲文献计量学专家经过大量实证分析认为 SSCI 和 A&HCI 更倾向于收录以英文为主的期刊，在收录欧洲地区的文献方面还有很大欠缺，不能反映欧洲人文社会科学研究的全貌，需要建设一个可以全面反映欧洲人文社会科学各学科优秀研究成果的工具。因此，学者们提议建立欧洲的人文社会科学引文数据库②。

2001 年，在布达佩斯召开了欧洲科学基金会人文学科学生产力评估探索研讨会（ESF Exploratory Workshop on the Evaluation of Scientific Production in the Humanities），会上讨论了人文学科科学生产力的不同评价标准和指标，定量标准的优缺点，以及如何编辑人文学期刊表。会议认为，多国家、多语言以及文化传统的差异性导致欧洲的人文研究具有多样性。很多欧洲的人文学者是世界一流的，但是，由于人文学研究的特殊性，使得他们的研究成果难于与其他学科进行评估和比较。随着研究人员的跨国流动越来越多，跨学科研究越来越多，人文学者必须将自己放在一个变化中的国际环境里，这就需要一种可以进行定标比超分析的工具。会议得出结论，认为 A&HCI 不适合欧洲的人文学，急需建立一个欧洲人文学引文索引作为研究评估的附加工具。

2004 年，由欧洲科学基金会和欧盟委员会欧洲研究区合作网（ERA - NET）项目"欧洲研究区的人文学"（Humanities in the European Research Area，HERA）联合资助，启动了欧洲人文学参考文献索引（European Reference Index for the Humanities，ERIH）的建设。ERIH 项目的主要目的是③：

---

① 《学术引用文献资料库》，http：//www. airiti. com/ACI/home. aspx［2011 - 8 - 11］。

② Ingrid Gogolin etc.，"European Social Science Citation Index：A Chance for Promoting European Research?"，*European Educational Research Journal* Vol. 2，No. 4（2003）：574 - 593.

③ ERIH Objectives，http：//www. esf. org/index. php? eID = tx _ nawsecuredl&u = 0&file = fileadmin/be _ user/research _ areas/HUM/Documents/ERIH/Info _ Days/erih _ launch _ pt. 1 _ v. 2. ppt&t = 1238816310&hash = 3b12e93400a1b206d41f402139ad1ccc.

- 使欧洲的人文学研究获得更高的显示度；

- 将欧洲的人文学研究传播到世界各地；

- 鼓励人文学期刊出版的"最佳实践"；

- 提供简单的定标比超工具进行整体层面的比较。

EIRH 目前涉及 14 个学科，包括：人类学，考古学，艺术、建筑与设计史，古典研究，性别研究，历史，科学史与科学哲学，语言学，文学，音乐与音乐学，教学与教育研究，哲学，心理学，宗教研究与神学。

2007 年，ERIH 公布了期刊初选目录。目录中收录了 907 种期刊，其中 41% 为非英语刊。2011 年又推出修订目录。来源文献的收录从出版标准、学科标准和地理标准三方面因素考虑，具体内容见第五章。

ERIH 目前只提供了对期刊修订目录的检索。项目计划在未来收录专著、会议录等文献类型，并在此基础上构建欧洲人文社会科学信息系统的平台。

二 基于文摘库的引文数据库

随着数字资源的增多和技术的发展，一些文摘数据库也开始加入引文信息，具有引文数据库的部分或全部功能。这类数据库收录来源期刊的数量较多，来源数据较为规范，最初增加引文信息的主要目的是为了优化检索功能，后来也常被用来作为引文分析的工具。目前这类数据库的代表有 Scopus、CNKI 的中国引文数据库，以及维普的中文科技期刊数据库（引文版）等。

1. Scopus

Scopus 是爱思唯尔公司 2004 年 11 月正式推出的二次文献数据库。该数据库近年发展很快，尤其在引文数量、学科覆盖面以及检索、统计功能上都有长足进步，其应用也越来越广泛，成为 WoS 强有力的竞争对手。

该库收录了 5000 个出版商的 16500 种同行评审期刊，1200 多种开放存取期刊和纯电子期刊，500 种会议录，以及几百种系列图书和其他资料，共计 4100 万条文摘。其中包括：从 1996 年至今的 2100 万条文摘及全部文后参考文献和 1823～1996 年的 2000 万条文摘。这些内容覆盖了自然科学、工程学、生命科学及医学、农业及环境科学、社会科学、心理学以及经济学等学科①。总体说来，Scopus 收录期刊多、非英语文献多、学科门类齐全，兼顾了文献数量、种类、地域以及学科特点，最新被引文献的数量高于 WoS。

近几年，Scopus 一直致力于收录更多的人文社会科学期刊。

2007 年，Scopus 与 ProQuest CSA Illumina 数据库合作，提供两个数据库的交叉整合检索功能，读者可以通过 Scopus 检索到后者的 4500 种优质社会科学期刊，反之，Scopus 收录的自然科学及经济学文献也可以通过 ProQuest CSA Illumina 进行检索②。

2009 年 6 月，Scopus 大幅度增加了对人文学科期刊的收录力度，相关期刊的数量增长了将近一倍，达到 3500 种，其中新增期刊主要来自 ERIH 来源期刊目录，Scopus 提供这些期刊的引文数据。增加的期刊主要包括以下几个方面的主题内容：文学与文学理论（增加 30% 新刊）、艺术与人文总论（增加 22%）、历史（增加 17%）和视觉/表演艺术（增加 16%）③。

截至 2009 年 10 月，Scopus 共收录人文社会科学期刊 6829 种④。

在检索方面，Scopus 平台实现了信息整合，建立了一站式信息门户，不仅包括论文，还与科技检索引擎 Scirus⑤ 整合，可在网络上获得 1.67 亿页的相关科学文献及灰色文献信息。

该数据库的功能也很强大。2006 年 1 月，Scopus 推出了引文跟踪功能（Citation Tracker），用户可以利用这一工具了解文章发表后的影响，作者或者某一团体的学术影响力，以及利用可视化的引文界面来判断研究趋势。2006

---

① 《Scopus 的内容》，http：//china. elsevier. com/elsevierdnn/iframeinclude/tabid/561/Default. aspx［2011 - 9 - 6］。

② ProQuest and Scopus Announce Unique Partnership to Enhance the Research Workflow，http：//www. proquest. com/en - US/aboutus/pressroom/07/20070604a. shtml. ［2011 - 9 - 14］.

③ Scopus Works with European Science Foundation to Expand Arts and Humanities Coverage，http：//www. elsevier. com/wps/find/authored_ newsitem. cws _ home/companynews05 _01241 ［2011 - 9 - 14］.

④ D. Hicks， "Coverage and Overlap of the New Social Science and Humanities Journal Lists"，*Journal of the American Society for Information Science and Technology*，Vol. 62，No. 2 （2011）：283 - 294，201.

⑤ http：//www. scirus. com.

年 6 月，Scopus 又推出了作者身份识别系统（Author Identifier），发展了作者唯一标识功能，能够自动区别重名作者和姓名相似的作者。此外，还提供了机构标识系统（Affiliation Identifier），有助于提高查全率。Scopus 在检索结果中也提供了 h 指数。

目前，Scopus 在文献计量分析中有了较多的研究和应用①②。一些机构利用这个工具开展学术评价、趋势分析等工作。2008 年 10 月，世界经合组织（OECD）宣布决定将 Scopus 数据库作为研究和分析工具③。

2. 中国引文数据库（CNKI - CCD）

中国引文数据库（Chinese Citation Database，CNKI - CCD）④ 收录了中国学术期刊（光盘版）电子杂志社出版的源数据库产品的参考文献。据公司网站上的资料介绍，该库的文献来源包括：中国期刊全文数据库、中国博士学位论文全文数据库、中国优秀硕士学位论文全文数据库、中国重要会议论文全文数据库、中国重要报纸全文数据库、中国图书全文数据库、中国年鉴全文数据库等。这些源数据库以 1994 年及以后发表的文献为主，对其中 4000 多种期刊回溯至创刊，最早回溯至 1912 年。该库及其源数据库的应用平台均为中国知网（CNKI）。该库目前实现了期刊、图书、论文、报纸类文献的引用文献和被引用文献的链接，揭示了各种类型文献之间的相互引证关系。截至 2007 年 12 月，累计链接被引文献达 685 万篇⑤。

该库收录文献类型范围广，具有引文网络显示功能，文献被引数量较其他中文引文数据库多。在检索结果的显示方面，显示被引信息的同时，还列出"共引文献"（与被引文献有相同参考文献的文献）、"同被引文献"（与被引

---

① 《利用 Scopus 进行文献计量分析：应用指南》，2006，http：//china. elsevier. com/htmlmailings/LibConPbibliometric. pdf［2009 - 4 - 9］。

② Niels Weertman：《利用文献计量学统计方法进行科研评价》，http：//china. elsevier. com/htmlmailings/NielsCN. pdf［2009 - 4 - 9］。

③ Hiroyui Tomizawa：《Scopus 定制数据为世界经合组织的"创新战略"计划助燃》，《研究趋势（中文版）》，2008 年第 8 期。http：//china. elsevier. com/RT0811. pdf［2009 - 4 - 9］。

④ 维普的中文科技期刊数据库（引文版）也简称 CCD，为有所区别，本书将中国学术期刊（光盘版）电子杂志社出版的中国引文数据库简称为 CNKI - CCD。

⑤ 《中国引文数据库简介》，http：//epub. cnki. net/grid2008/jianjie/introduction. ashx？dbprefix = CRLD［2011 - 9 - 14］。

文献同时被作为参考文献引用的文献)、"二级引证文献"等多个链接，立体地展示了文献之间的引证网络关系。

CNKI - CCD 在国内有一定影响，一些研究者以该库作为数据源进行文献计量学分析。2011 年 9 月 14 日，我们利用 CNKI 数据库以"中国引文数据库"为检索词进行检索，共得到 289 条检索结果，基本都是利用该库进行文献计量学分析的论文。

3. 中文科技期刊数据库 (引文版) 和维普期刊资源整合服务系统

中文科技期刊数据库 (引文版) (China Citation Database，Vip - CCD)[①]由维普资讯公司在中文科技期刊数据库全文版的基础上开发而成，可检索 1989 年以来国内 12000 多种重要期刊 (含核心期刊) 上所发表论文的参考文献，其中包括《中文核心期刊要目总览》中的核心期刊 1500 余种。学科范围涉及社会科学、经济、教育、图书情报和自然科学、工程技术、农业、医药卫生等。目前共包括来源文献 482 万篇，参考文献 1830 万篇[②]。

Vip - CCD 有"源文献到被引文献"和"被引文献到源文献"两大检索途径，前者包括关键词、刊名、作者、第一作者、作者机构、题名、文摘、分类号等检索入口，后者包括篇名、刊名、作者等检索字段。该库还可查询论著引用与被引情况、机构发文量、国家重点实验室和部门开放实验室发文量、科技期刊被引情况等。

该库也被整合到维普期刊资源整合服务系统[③]中，维普期刊资源整合服务系统包含 5 个功能模块，分别为：期刊文献检索、文献引证追踪、科学指标分析、高被引析出文献和搜索引擎服务。其中文献引证追踪、科学指标分析及高被引析出文献 3 个模块分别提供引文检索、科学指标和高被引文献的相关内容。

文献引证追踪模块采用引文分析方法，对文献之间的引证关系进行深度数据挖掘，除具备基本的引文检索功能外，还提供基于作者、机构、期刊的引用统

---

① 该库简称 CCD，为区别 CNKI 的 CCD，本书将其简称为 Vip - CCD。

② 《中文科技期刊数据库》(引文版)，http://ccd2.cqvip.com/productor/pro_zkyw.shtml.［2011 - 9 - 19］。

③ http://cstj.cqvip.com/。

计分析功能，该功能模块包含维普所有的中文科技期刊数据，引文数据回溯加工至 2000 年。此外，还采用数据链接机制实现到维普资讯系列产品的功能对接。

科学指标分析模块通过引文数据分析揭示各地区、高等院校、科研院所、医疗机构、各学科专家学者的论文产出和影响力，并以学科领域为引导，展示中国最近 10 年各学科领域最受关注的研究成果，揭示不同学科领域中研究机构的分布状态及重要文献产出情况。

高被引文献模块提供了各学科、主题和各种文献类型中高被引文献的情况。

三 文摘/全文数据库

大部分文摘/全文数据库虽然不提供规范的引文信息，但是可以作为来源文献分析的数据源。文摘/全文数据库收录范围广，数据量大，除了期刊论文信息以外，有些数据库还包括了图书、会议论文等其他类型文献的相关信息，因此可用于分析文献产出情况及作者、机构分布。此外，优质的文摘数据库大多拥有专业人员标引的主题词或关键词，可以进行深入的内容分析。

文摘/全文数据库对期刊论文的收录方式可分为全部收录和部分收录两种，采用第二种收录方式的数据库常被称为摘转数据库。前者的优点是收录全面，而后者虽然收录的文献数量有限，但是经过专业人员的挑选，挑选的过程也可以看作一个评价过程，通常认为被摘录的文献具有更高的学术价值，所以摘转数据库本身具有一定的评价功能。

各类文摘/全文数据库很多，下面以一些影响较大的数据库为例进行简要介绍。

1. 剑桥科学文摘系列数据库

美国剑桥科学文摘出版公司（Cambridge Scientific Abstracts，CSA）主要编辑出版学术研究文献的文摘及索引。CSA 及其合作伙伴共有 100 多个数据库，其中人文社会科学相关数据库有 33 个①。2007 年 CSA 与 ProQuest Information and Learning 合并，改名为 ProQuest CSA Illumina。

---

① CSA Illumina Databases & Collections，http：//www. csa. com/e_products/databases - collections. php? SID = nen6sgr1al398835c0if2r17p3 ［2009 - 4 - 9］.

CSA 的艺术与人文学数据库有：

- ARTbibliographies Modern
- Avery Index to Architectural Periodicals
- BHI：British Humanities Index
- DAAI：Design and Applied Arts Index
- FRANCIS
- Index Islamicus
- International Bibliography of Art
- CSA Linguistics and Language Behavior Abstracts
- MLA International Bibliography
- The Philosopher's Index
- RILM Abstracts of Music Literature

与社会科学相关的数据库有：

- ASSIA：Applied Social Sciences Index and Abstracts
- ComDisDome
- EconLit
- ERIC
- FRANCIS
- IBSS：International Bibliography of the Social Sciences
- Index Islamicus
- CSA Linguistics and Language Behavior Abstracts
- LISA：Library and Information Science Abstracts
- National Criminal Justice Reference Service Abstracts
- PAIS International
- PAIS Archive
- Physical Education Index
- PILOTS Database
- PsycARTICLES
- PsycBOOKS

- PsycCRITIQUES
- PsycINFO
- Scopus Business and Economics
- CSA Social Services Abstracts
- CSA Sociological Abstracts
- CSA Worldwide Political Science Abstracts

CSA 数据库收录时间跨度较长，文献类型丰富，内容专业性强，多数数据库都进行了规范的主题标引。例如，EconLit 数据库由美国经济学会建立，收录了 1969 年以来的超过 550 种国际性经济学领域的期刊论文、图书、研究报告、会议论文和博硕士论文的题录及文摘信息，利用专门的叙词表进行标引。

按照期刊论文的收录情况，CSA 的期刊可分为三类：核心期刊、优先期刊和选择性期刊。其中，核心期刊的论文几乎全部收录，优先类期刊约有一半以上内容被收录，而选择性期刊仅有不到一半的内容被收录。

CSA 中的部分数据库进行了引文标引，其中，有些是全面标引，有些则只有部分数据有引文。例如，社会服务文摘（CSA Social Services Abstract）数据库中 2004 年以来的全部期刊都标引了引文，而社会学文摘（CSA Sociological Abstract）仅标引核心期刊的引文[1]。

综上所述，由于 CSA 数据库的数据质量高、收录类型全面、时间跨度长，因而可以作为计量分析的来源数据之一，其规范的标引系统为进行内容分析提供了良好的数据基础，带有引文的数据库也可进行一些引文分析。

2. 复印报刊资料数据库

中国人民大学书报资料中心的复印报刊资料数据库、复印报刊资料专题目录索引数据库和报刊资料索引数据库是国内较早建立的期刊全文和文摘数据库。这些数据库以人文社会科学内容为主，其中前两个数据库中的论文是经过专家筛选的[2]。

复印报刊资料数据库是全文数据库，收录的论文来自 1995 年以来国内公

---

[1] Michael Norrisa, Charles Oppenheim, "Comparing Alternatives to the Web of Science for Coverage of the Social Sciences' Literature", *Journal of Informetrics* No. 1（2007）：161 – 169.

[2] 中国人民大学书报资料中心：《中心介绍》，http：//ipub. zlzx. org/ ［2009 – 4 – 7］。

开和内部发行的 3500 多种报刊，经过相关专家遴选而确定的。该数据库中论文的入选原则是：内容具有较高的学术价值、应用价值，含有新观点、新材料、新方法或具有一定的代表性，能反映学术研究或实际工作部门的现状、成就及其新发展。

复印报刊资料专题目录索引数据库是题录型数据库，它将《复印报刊资料》系列期刊每年所刊登文章的目录按专题和学科体系分类编排而成。该数据库汇集了自 1978 年至今的《复印报刊资料》各刊的全部目录，累计数据量超过 90 万条。每条数据包含多项信息，包括：专题代号、类目、篇名、著者、原载报刊名称及刊期，选印在《复印报刊资料》上的刊期和页次等。

报刊资料索引数据库是题录型数据库。它将 1978 年以来《复印报刊资料》系列刊物每年选登的目录和未选印的文献题录按专题和学科体系分类编排而成，目前数据量为 430 余万条。每条数据包含多项信息，包括：专题代号、类目、篇名、著者、原载报刊名称及刊期、复印专题名称及刊期等。该数据库的论文没有经过筛选。

复印报刊资料数据库、复印报刊资料专题目录索引数据库经常被用来做期刊论文摘转率统计。

3. 全国报刊索引数据库·社科版

由上海图书馆《全国报刊索引》编辑部研制和编辑的全国报刊索引数据库·社科版，原名为中文社科报刊篇名数据库，2000 年起更为此名。该库源于印刷版的《全国报刊索引·社科版》，但在数据量与收录报刊品种上都多于印刷版，它具有信息量大、学科门类齐全、时间跨度长等特点。

该库收录了 1833 年以来的数据，数据来源选自全国（包括港、台地区）的几千种期刊、报纸，年报道数据 25 万条，条目收录采取核心报刊多收、非核心报刊选收的原则。数据库内容涉及人文社会科学各学科，包含国家及各省、市、自治区党政军、人大、政协等重大活动、领导讲话、法规法令、方针政策、社会热点问题、各行各业的工作研究、学术研究、文学创作、评论综述以及国际、国内的重大科研成果。

数据记录的内容包括文献的顺序号、分类号、题名、著者、著者单位、所在报刊名、卷期年月、页码和关键词等。

进行专业的分类标引是该数据库的特色。印刷版《全国报刊索引》在 1955 年创刊时就利用《中国人民大学图书分类法》对论文进行分类，在多次调整分类体系之后，从 1992 年开始，使用《中国图书馆分类法》（第四版）进行分类[①]。

四 搜索引擎

随着网络技术的发展，一些搜索引擎也提供了文献的引用信息。由于搜索引擎界面简单，可以免费使用，检索出的被引次数比较高，所以有时也被作为引文分析的数据基础。但是搜索引擎缺少对引文的细致加工，没有公开数据收录的范围、时间跨度和更新频率，因此还不能作为一种严格意义上的数据源。还有一些搜索引擎，如 Altavista 等，提供了检索网页被链接数量的功能，经常被用作网络计量分析的数据采集工具。

1. Google Scholar（谷歌学术搜索）

Google（谷歌）是全球著名的网络搜索引擎。Google 公司于 2004 年 11 月推出用于搜索论文、书籍、摘要及工作论文等学术文献的搜索引擎产品，即 Google Scholar Beta 版，把网络检索延伸到科学研究领域。Google Scholar[②] 的数据来源非常广泛，主要包括以下几方面：网络免费学术资源、开放获取期刊网站、付费电子资源提供商和图书馆链接。其中，有许多电子资源（如 Jstor、SpringerLink、Cambridge Journals Online，以及维普、万方数据等等）的提供商与 Google 合作，将其数据库中的索引或文摘数据提供给 Google Scholar。因此，该搜索引擎可以检索到来自学术著作出版商、专业性社团、各大学及其他学术组织的经同行评论的论文、图书、预印本和技术报告。

Google Scholar 的一个重要功能是可以检索文献的被引用次数。检索结果中每条信息按照题目、著者、文章被引用数、摘要、出版物、出版年月和相关网页排列。被引用情况除电子资源提供商和出版商所提供的引用文献外，还包括在书籍中和各类非联机出版物中的引用文献。

Google Scholar 具有很多优点，如文献类型多样化，包括各类正式出版的

---

① 李文、管美凤：《〈全国报刊索引〉50 周年纪念——回忆与期望》，《中国索引》2005 年第 3 期。
② http：//www. googlescholar. com.

文献和大量灰色文献；提供开放获取资源；提供引文信息；多语种（目前包括英、法、德、西班牙、意大利、葡萄牙、汉语等语种）；多学科、多领域；国际化的学术资源；时差短，数据更新快；免费等。

但是，在用于文献计量学分析时，Google Scholar 也有非常大的缺点，如：引用机制尚不清楚，数据收录范围及时间不确定且容易变化；缺少对引文的细致加工，数据质量没有保证；很多学术期刊尚未标引；引文风格不一致；没有主题标引或分类检索的方法，只能用刊名、论文题名、文摘或全文中的关键词进行检索；没有专门的引文检索功能，数据处理难度大；也存在语言偏见，欧美语言内容收录多，其他语言内容相对少。

一些学者利用 Google Scholar 进行了引文分析，他们发现，Google Scholar 提供的引文检索结果数量虽然增长很快，但由于数据的不透明和不规范，目前只能用来进行一些试验性研究，而不宜用于正式的科学评价中。随着 Google Scholar 与大型数据库商的进一步合作，随着网络资源的进一步丰富，随着开放获取资源的不断增加，Google Scholar 的优势会越来越突出，很有可能成为未来文献计量学研究的重要工具。

2. Altavista

Altavista① 是因特网上著名的搜索引擎之一，由美国 DEC 公司经营，1995年 12 月在网上推出，其网络搜索技术自建站以来长期居于领先水平，曾被 Yahoo 等门户网站作为搜索技术的提供者。

Altavista 能够提供多种类型的限制检索，如主机名限制、超链接限制、域名限制、文件类型限制、新闻组限制、主题限制等。此外，Altavista 还提供布尔逻辑检索、截词检索、字段限制检索、日期限制检索、范围限制检索、动态分类检索、指定语种检索、位置检索等多种检索功能。

Altavista 在文献计量学中的应用主要通过其链接查询功能（link）实现。通过该功能，用户可以检索网站或网页被其他网站链接的数量和分布情况。Altavista 还可以统计和区分网站的内部链接和外部链接，而这一功能对于测度网站的网络影响因子至关重要。网络计量学中很多研究都利用网络搜索引擎来

---

① http://www.altavista.com/.

搜集相关数据，其中 Altavista 是最常用的工具。

Altavista 也存在一些问题：

（1）数据覆盖面不够广。当然，这是搜索引擎存在的普遍问题，目前没有一个搜索引擎可以覆盖全部或者大部分因特网信息。

（2）链接数量不稳定。每次检索得到的链接数量都不同，这降低了结果的可信度。

（3）来源范围不确定。这是搜索引擎作为文献计量数据源的普遍弱点。

除了 Altavista，搜索引擎 AllTheWeb 也经常被用作网络计量学分析中搜集数据的工具。

五　自动引文标引系统

随着开放获取运动的深入，越来越多的学术文献可以通过网络免费使用。自动引文标引系统就是在这个背景下产生的。这种系统一般由计算机采集来源文献，并对引文进行自动标引之后，在网上提供免费使用，如 CiteSeer、RePEc、Citebase 等。从目前来看，这些系统标引引文数据的目的不是直接为读者提供引文服务，而是通过文献间的引用关系增加整个系统的可用性。因此，还不宜直接利用其中的数据来进行评价性计量分析。

1. CiteSeer

CiteSeer 又名 ResearchIndex，是 1997 年由 NEC 研究院在自动引文标引机制的基础上建设的一个计算机领域学术论文数字图书馆，2003 年开始由美国宾夕法尼亚州立大学提供服务。后来，研发人员对系统进行了改进，重新设计了系统结构和数据模型，形成了第二代 CiteSeer，也就是 CiteSeer^X，于 2007 年投入运行。与 CiteSeer 一样，CiteSeer^X 也在网上提供完全免费的服务。

CiteSeer^X 涉及的内容包括互联网分析与检索、数字图书馆与引文索引，以及机器学习等计算机领域的主题。人们既可以像使用搜索引擎那样检索浏览相关学术文献，也可利用其特有的引文检索功能查看文献的引用与被引用信息。

截至 2009 年 4 月 8 日，CiteSeer^X 收录了 137 万篇论文和 2659 万条引文[①]。

---

① CiteSeerX http：//citeseerx. ist. psu. edu/［2009 － 4 － 8］.

CiteSeer^X 利用自动引文标引系统自动标引电子格式的文献，生成引文索引。具体过程是：计算机在网上搜索到新的文献，抽取其引文，并识别同一篇文章不同格式的引文，同时将引文在文献中的上下文也标引出来①。

系统提供了以下功能：

（1）检索相关文献，浏览并下载论文全文。

（2）查看某一具体文献的"引用"与"被引"情况。系统给出了引文上下文标引环境（Citations Context），读者不用读原文就能获取文章中出现的引用信息。

（3）查看某一篇论文的相关文献，包括即时更新的相关文献目录，在语句层面的相似文献，以及基于正文的相似文献。

（4）用图表显示某一主题文献（或某一作者、机构所发表的文献）的时间分布。

CiteSeer^X 主页面给出了一些引文统计项目，包括被引次数最高的文献、引文、作者，以及会议和期刊的影响因子等，这些统计都是系统自动完成的。

同传统的引文索引相比，CiteSeer^X 可以更新、更快地揭示多种类型文献的网络信息影响，并利用引文将文献链接起来。但是 CiteSeer^X 收录文献学科范围窄，数据完全是系统自动完成的，因此质量不高，适于进行文献检索，而学术评价的功能尚不成熟。有学者利用 CiteSeer 进行网络文献的分析，如陈超美（Chaomei Chen）等利用 CiteSeer 进行了引文链接分析后认为，同 WoS 相比，利用 CiteSeer 的最大好处就是系统的开放性，可以利用向前扩展符设置沿着引文链接一直向前或向后回溯，而 WoS 则不允许用户利用程序按照自己的需要访问数据②。

Citeseer 的网址：http：//citeseer. ist. psu. edu/

---

① 宋歌：《引文搜索引擎 CiteSeer^X 设计原理及检索》，《中国索引》2008 年第 3 期。

② C. Chen，X. Lin，W. Zhu，Trailblazing through a Knowledge Space of Science：Forward Citation Expansion in CiteSeer"，In Grove，Andrew，Eds.，*Proceedings of the 69th Annual Meeting of the American Society for Information Science and Technology*（ASIS&T，Austin，TX. November 3 – 8，2006），http：//eprints. rclis. org/archive/00008019/01/chen_traiblazing. pdf ［2009 – 4 – 8］.

Citeseer^X 的网址：http：//citeseerx. ist. psu. edu/

2. RePEc 和 CitEc

RePEc[①] 是由分布在全球 66 个国家的数百个志愿者建立的经济学资源数据库，旨在促进经济学以及相关学科的学术交流，提高经济学研究水平。RePEc 收录的资源类型丰富，包括工作论文、期刊论文、软件、图书章节、作者联系方式和出版物目录、机构的联系列表等。RePEc 还与美国经济学会的 EconLit 数据库合作，向 EconLit 提供顶级大学的工作论文内容。RePEc 是一个分布式的预印本系统，所有的文章都存储在不同地点的分布式数据库中，其全部资源都是免费的。

RePEc 的数据量增长很快，本书作者 2009 年 4 月 8 日登录网站，发现 RePEc 共有记录 72.7 万条，其中 61.5 万条可以从网上获取全文；到 2011 年 9 月 14 日再度访问时，RePEc 已增加到共有记录 108.5 万条，其中 95.5 万条可以从网上获取全文。

RePEc 由很多服务项目组成，CitEc（Citations in Economics，即经济学引文）是 RePEc 的一部分，提供 RePEc 文献的引文分析，可以获得哪些文献被引用、被引多少次以及被谁引用的数据。相关的引文数据不直接提供给用户访问，而是用于 RePEc 服务，以便提高这个研究社区的附加值。目前 RePEc 中 Socionet、EconPapers 和 IDEAS 等服务已经使用了引文数据。截至 2011 年 9 月 4 日，CitEc 共收录 30.7 万篇文档，266.6 万条引文。

CitEc 的数据主要来源于 RePEc 中可以开放获取的电子文档，也有部分来自于出版商提供的参考文献元数据。此外，作者也可以自行提交引文信息[②]。但有一些出版商（如爱思唯尔）明确禁止展示他们出版的期刊中的参考文献。CitEc 收录的引文总量比 Google Scholar 少，数据范围仅限于经济学领域，但是学科相关性更强，数据错误也相应较少。

系统中有明确的信息提示大家，该系统目前是开发的初始阶段，数据主要用于信息检索的目的，只有一部分电子文档进行了系统分析和处理，而且由于

---

① http：//repec. org/.

② CitEc Frequently Asked Questions，http：//citec. repec. org/faq. html#3. 1. ［2011 - 9 - 14］.

数据是系统自动处理的，因此会存在一些错误，因此要谨慎用于科学评价活动[1]。

CitEc 也提供了一些文献计量学分析的结果[2]。

3. Citebase

Citebase[3] 始于 1999 年的 "开放引文计划"（Open Citation Project），由英国南开普顿大学以及美国康奈尔大学合作开发。该库自动从美国洛斯阿拉莫斯（Los Alamos）国家实验室的预印本文献库 e - print 中抽取引用和被引用数据，通过引文把文献链接起来，在此基础上建立了引文索引，作为以网络引文分析和引文检索为目的的服务工具，系统依据文献的影响力排列检索结果。

系统提供以下检索点：引用文献的作者、题名、文摘关键词、出版物名称、创建日期以及 OAI 识别号，并可按照创建日期、最新更新日期、论文被引量、作者被引量、作者点击率，文章点击率等多种准则排列检索结果。该库可以下载全文，在检索结果中列出了该文的参考文献、被引文献、共引文献、相似文献，并给出了文章点击率图表。点击率涉及 1999 年 8 月至今的数据，仅限于英国 Arxiv 镜像站的资料。

Citebase 目前还是一个试验系统，在其主页上有一个说明："Citebase 目前仅仅是一个试验演示系统。用户要小心不要用于学术评价，因为引文的覆盖面和引文分析是不完整的。"[4]

第三节　数据来源的分析比较

从上一节内容可以看出，随着网络的发展，可用于文献计量学研究的数据来源越来越多。但是，对于人文社会科学领域的文献计量学分析而言，目前尚没有一个数据库可以满足各学科常见的分析需求。SSCI 的权威性相对较高，

---

① Citations in Economics-warning，http：//citec. repec. org/warning. html ［2011 - 9 - 14］.

② Bibliometric Analysis of Journals and Working Papers Available in RePEc，http：//citec. repec. org/ search. html ［2009 - 4 - 8］.

③ http：//www. citebase. org.

④ http：//www. citebase. org ［2009 - 4 - 8］.

但是存在明显不足，其他数据来源也有各自的局限。因此，对数据来源进行深入分析比较，明确其优势、特色和存在的问题，才能正确选择和使用数据源。

一 外文数据来源的分析比较

1. SSCI 和 A&HCI 的不足

随着对引文索引在人文社会科学领域应用的探索，各国学者对 SSCI 和 A&HCI 数据的比较和评价也比较多[1][2]。这两个数据库具有国际性强、回溯时间长、引文数据规范、系统功能强大等优势，这使得它们经常成为文献计量学研究首选的数据来源。但是另一方面，这两个数据库也存在一些问题，最重要的问题集中在期刊收录的学科、语种、国家覆盖面的不足，以及对其他类型文献的收录欠缺两个方面。

（1）来源期刊的覆盖面不足

加菲尔德创立《科学引文索引》时的一个基本依据是加菲尔德文献集中定律（详见第五章），就是要以有限的期刊数量来反映科学领域的核心期刊和核心文献的状况。对于国际化程度非常高、引用高度集中的自然科学，SCI 收录的期刊数量较多，能满足各学科的基本需求。而人文社会科学文献的离散性强，SSCI 和 A&HCI 收录期刊数量较少，期刊收录的覆盖面不能反映全球人文社会科学期刊的整体状况。

莫德在《科研评价中的引文分析》一书中专门研究了 ISI（即现在的 WoS）引文数据库对各学科的覆盖面。结果表明，ISI 引文数据库对大部分自然科学学科期刊文献的期刊覆盖面很高，各学科均超过 70%，分子生物学与生物化学学科甚至达到 97%。但是对于人文社会科学的期刊覆盖面很低，只有经济学达到 80%，人文与艺术只有 50%，这就意味着在 ISI 期刊引文中，人文与艺术学科引用的期刊引文中，有一半期刊未被 ISI 收录[3]（见表 3 – 3 中的 1b）。

---

① W. Glänzel, U Schoepflin, "A Bibliometric Study of Reference Literature in the Sciences and Social Sciences", *Information Processing and Management*, Vol. 35（1999）：31 – 44.

② é. Archambault. etc, "Benchmarking Scientific Output in the Social Sciences and Humanities：The Limits of Existing Databases", *Scienctometrics* Vol. 68, No. 3（2006）：329 – 342.

③ 亨克·F. 莫德：《科研评价中的引文分析》，佟核丰等译，科学技术文献出版社，2010，第 83 页。

表 3 – 3 各领域 ISI 引文库覆盖面指标

领 域	期刊重要性%（1a）	ISI 期刊覆盖面%（1b）	ISI 综合覆盖面%（1a×1b）
分子生物学与生物化学	96	97	92
化 学	90	93	84
物理学与天文学	89	94	83
地球科学	77	81	62
数 学	71	74	53
经 济 学	59	80	47
工 程	60	77	46
其他社会科学	41	72	29
人文与艺术	34	50	17

注：期刊作为交流媒介的重要性（1a）——发表在期刊上的参考文献占参考文献总量的百分比；ISI 对期刊文献的覆盖面（1b）——发表在 ISI 来源期刊上的文献占期刊参考文献总量的百分比；ISI 综合覆盖面（1a×1b）——发表在 ISI 来源期刊上的论文占参考文献总量的百分比。

资料来源：亨克·F. 莫德，《科研评价中的引文分析》，科学技术文献出版社，2010，第 83 页。

　　人文社会科学期刊收录覆盖面不足的另外一个表现是对英美国家的英文期刊收录较多，国际性内容多，区域性内容少，这也是 SSCI 和 A&HCI 在数据来源上的主要问题。

　　欧洲的文献计量学家分析了 ISI 对欧洲期刊，特别是非英语期刊的收录情况，发现 SSCI 和 A&HCI 在期刊收录的地域、语言等方面存在偏见。

　　ISI 引文库收刊原则中非常强调期刊的国际性，但是研究表明，虽然近些年社会科学领域研究的国际性呈不断增强的趋势，但是总体说来，人文社会科学领域研究（特别是人文领域）具有更强的"国家性"。

　　通过对波兰社会学领域期刊的收录情况可以看出 SSCI 在揭示国家性强的期刊方面存在的问题：在 1980～1988 年"波兰社会学引文索引"内被引用最多的 10 种期刊中，只有三种外文期刊被 SSCI 收录（SSCI 在此期间没有收录波兰文期刊）[1]；在 1981～1995 年波兰社会学引文索引与 SSCI 中各自被引用最多的 20 篇论文中没有一篇相同，前者均为波兰文，后者则有 19 篇英文论文[2]。

---

① D. Hicks, "The Difficulty of Achieving Full Coverage of International Social Science Literature and the Bibliometric Consequences", *Scientometrics* Vol. 44, No. 2 (1999): 193 – 215.

② Berenika M. Webster, "Polish Sociology Citation Index as an Example of Usage of National Citation Indexes in Scientometric Analysis of Social Sciences", *Journal of information science* Vol. 24, No. 1 (1998): 19 – 32.

　　还有一些学者的研究表明，英国经济学论文被 SSCI 收录的比例很高，达到 73%，澳大利亚和荷兰的社会科学期刊论文大约被收录 1/3，西班牙的比例更低一些①。

　　加拿大的阿尔尚博比较了 WoS 和著名的国际报刊目录《乌利希国际期刊指南》（Ul – rich's International Periodicals Directory）收录各国编辑期刊的比例②（见表 3 – 4）。其中，人文社会科学领域中，英国、美国期刊被 ISI 收录

表 3 – 4　ISI 和乌利希国际期刊指南在自然科学与人文社会科学中收录数据的比较

单位：%

国　别	自然科学与工程技术			人文社会科学		
	ISI	乌利希	差异	ISI	乌利希	差异
英国	23.10	17.00	36	27.10	17.50	55
俄罗斯联邦	1.61	1.43	12	0.34	0.25	36
美国	36.40	30.60	19	50.40	37.30	35
瑞士	2.66	2.11	26	0.56	0.51	8
荷兰	9.44	8.28	14	7.69	7.35	5
加拿大	1.31	1.29	1	2.52	3.21	– 21
法国	2.42	2.57	– 6	1.03	1.35	– 24
德国	7.72	6.16	25	3.93	5.94	– 34
日本	2.26	3.71	– 39	0.47	1.04	– 55
澳大利亚	1.19	2.05	– 42	1.07	3.64	– 71
西班牙	0.38	1.33	– 72	0.26	1.03	– 75
比利时	0.18	0.37	– 52	0.51	2.06	– 75
印度	0.87	2.24	– 61	0.21	1.57	– 86
波兰	0.67	1.62	– 58	0.17	1.34	– 87
意大利	1.05	1.70	– 38	0.13	1.21	– 89
中国	0.91	2.91	– 69	0.09	0.94	– 91
巴西	0.30	1.06	– 72	0.04	0.96	– 96
其他	7.54	13.59	– 45	3.50	12.79	– 73

　　说明："差异"一栏中的数值为 ISI 与乌利希之差占乌利希的百分比。

　　资料来源：É. Archambault. etc. "Benchmarking scientific output in the social sciences and humanities：the limits of existing databases"，*Sciencetometrics*，Vol. 68，No. 3（2006）：329 – 342.

---

①　D. Hicks，"The Difficulty of Achieving Full Coverage of International Social Science Literature and the Bibliometric Consequences"，*Scientometrics* Vol. 44，No. 2（1999）：193 – 215.

②　É. Archambault. etc，"Benchmarking Scientific Output in the Social Sciences and Humanities：the Limits of Existing Databases"，*Scientometrics* Vol. 68，No. 3（2006）：329 – 342.

的数量占 ISI 收录期刊总数的 77.5%（其中英国 27.1%，美国 50.4%），两国被《乌利希国际期刊指南》收录期刊量占乌利希全部期刊总数的 47.6%。从所占份额上看，ISI 比《乌利希国际期刊指南》收录英、美两国期刊的比例分别高出 55% 和 35%。ISI 对英、美期刊的偏好由此可见一斑。值得注意的是，ISI 在人文社会科学领域中对英美的偏好比自然科学更强，自然科学中这两国的期刊占全部期刊量的 59.5%（英国 23.1%，美国 36.4%），比人文社会科学少 18 个百分点。

中国期刊被 SSCI 和 A&HCI 收录得更少。据统计，2009 年，SSCI 共收录中国期刊 10 种，其中大陆 3 种，台湾 3 种，香港 4 种；A&HCI 共收录中国期刊 7 种，其中大陆 1 种，台湾 4 种，香港 2 种。这十几种期刊中，有 2 种期刊被 A&HCI 和 SSCI 同时收录。此外，国外出版的研究中国的期刊也仅 13 种[1][2]。由于期刊存在与国外合作出版等情况，因此各种统计数据不太一致，但是尽管如此，所有的数据都表明，SSCI 和 A&HCI 收录中国出版的期刊共计十余种，中国大陆出版的期刊在两种引文索引中收录的数量不超过十种。

从表 3-4 可以看出，ISI 中，中国人文社会科学期刊的百分比比《乌利希国际期刊指南》中中国人文社会科学期刊百分比少 91%。根据原新闻出版总署统计，2009 年中国大陆地区共出版期刊 9851 种，其中，哲学社会科学类 2456 种[3]。相对于这个期刊出版数量，《乌利希国际期刊指南》中收录的中国期刊数量本身就十分有限（仅占《乌利希国际期刊指南》总量的 0.94%，大约 200 多种），这可能是长期以来由于语言和其他因素导致的问题。相比之下，ISI 收录的中国人文社会科学期刊品种更是寥寥无几（仅占 ISI 期刊的 0.09%）。

随着中国经济的发展及其在全球地位的不断上升，全世界对中国的关注度越来越高，中文期刊的重要性越来越大，汤森路透公司也开始把目光转向中国

---

[1]　于澄洁：《SCI（E）、SSCI 和 A&HC 收录中国期刊的新变化》，《科技文献信息管理》2010 年第 1 期。
[2]　于澄洁：《SCI、SSCI 和 A&HCI 2008 年收录的中国期刊》，《科技文献信息管理》2009 年第 1 期。
[3]　新闻出版总署：《2009 年全国新闻出版业基本情况》，http://www.gapp.gov.cn/cms/html/21/1392/201009/702850.html.［2011-9-14］。

人文社会科学期刊，对收录中国人文社会科学期刊的调研工作也在进行，但是由于语言、期刊国际化和规范性等因素而未能将中国最优秀的人文社会科学期刊收录进去。以中国社会科学院主办的学术期刊为例，根据《中国人文社会科学核心期刊要览 2008 年版》[①]，几种社科院主办的期刊，如《经济研究》（2005 年影响因子 6.9675）、《中国社会科学》（影响因子 4.0147）、《中国工业经济》（影响因子 2.8981）、《法学研究》（影响因子 2.5817）、《社会学研究》（影响因子 2.2893）等，在中国人文社会科学各领域中，影响因子均名列前几位，都是相关学科中最优秀的期刊，但是没有一种被 SSCI 收录。因此，仅利用 SSCI 根本无法揭示中国人文社会科学研究的基本情况。

这也是中国大陆和台湾地区竞相建设引文数据库的重要原因。

（2）对其他类型文献的收录欠缺

在人文社会科学领域学术交流过程中，图书和一些其他类型的文献是非常重要的学术资源，但 SSCI 和 A&HCI 仅收录了期刊论文及其引用信息，而仅以期刊引文数据进行分析，对很多学科来说，尚不能揭示人文社会科学领域研究的全貌。

希克斯（D. Hicks）对社会科学领域的期刊、图书、国家文献和非学术文献等四种文献类型的特点和作用进行了分析，她认为，仅依据期刊论文，忽略其他三种文献类型（图书、国家文献和非学术性文献）而进行的文献计量学评估将会带来对社会科学领域的曲解[②]。

由于文献类型收录的欠缺，SSCI 和 A&HCI 对人文社会科学领域的整体信息覆盖面很低。

莫德利用 2002 年 ISI 引文数据库光盘版进行了引文分析（表 3 - 3）。他首先计算了各学科引文中期刊论文的比例（即表中的 1a），将这个指标作为期刊在该学科的重要性。从表中可以看出，经济学、其他社会科学、人文与艺术等学科中期刊论文的比例从 59% 下降到 34%，比自然科学各学科都低很多。其次，他计算了发表在 ISI 来源期刊上的文献占期刊参考文献总量的百分比

---

① 姜晓辉主编《中国人文社会科学核心期刊要览 2008 年版》，社会科学文献出版社，2009，第604 页。

② D. Hicks, "The Four Literatures of Social Science", in H. F. Moed eds., *Handbook of Quantitative Science and Technology Research*, (Kluwer Academic, 2005), pp. 473 - 496.

（1b），代表 ISI 对期刊文献的覆盖面，其中人文与艺术只有 50% 。最后，他将以上两项相乘，得出 ISI 对各学科文献的综合覆盖面。同自然科学相比，社会科学的文献综合覆盖面相对较低，如最高的是经济学，为 47% ，"其他社会科学"仅有 29% ，而人文与艺术则非常低，只有 17% 。如果后两类学科用 ISI 数据进行文献计量学分析，显然缺乏数据的代表性。

此外，考虑到该项研究是利用 ISI 作为原始数据，其结果对 ISI 应有一定偏向，如果利用其他数据库，得出的 ISI 覆盖面百分比一定比表3－3 中的数据还要低。

因此，文献类型收录不足成为 SSCI 和 A&HCI 及其他期刊引文数据库应用于人文社会科学的重要缺陷。

在受到多年的质疑和批评之后，汤森路透先是建设了会议录引文索引数据库，2011 年又发布了新建成的图书引文数据库（Book Citation Index），这将在很大程度上弥补仅有期刊引文数据库的缺陷。

2. SSCI、A&HCI 与其他数据来源的比较

由于 WoS 存在着一些不足，学者们希望能够找到更好的数据源或替代物，因此很多人将其他数据源与 WoS 引文数据库进行比较。这些数据源虽然目前并不能完全取代 WoS，但是却具备传统引文索引所不具备的优势，其中部分数据库已经显示出对 WoS 强有力的冲击[1]。

英国经社理事会（Economic and Social Research Council，ESRC）的一份报告比较了 WoS、Scopus、CSA Illumina 和 Google Scholar 等四个数据库的来源期刊、论文和引文的覆盖面，以及彼此之间数据重复的情况[2]。

报告通过数据比较发现：

CSA 的来源期刊覆盖面最广，但是由于其部分期刊的选择性收录原则，导致论文的收录不是很全；非英语文种的论文收录得多，但是引文数量较少。

---

[1] 赵党志：《信息计量学与网络计量学》，载储荷婷、张茵主编《图书馆信息学》，中国人民大学出版社，2007，第 328~330 页。

[2] Michael Norris, Charles Oppenheim, Bibliometric Databases—Scoping Project, ESRC report 25, http：//www. esrc. ac. uk/_ images/Bibliometric _ Databases _ Scoping _ Project _ tcm8 － 4862. pdf ［2011－12－12］.

表 3 - 5   四个数据库的比较

数据库	期刊覆盖面	论文覆盖面	引文数	时间范围
WoS	一般	好	好	非常好
Scopus	一般 ~ 好	好	好	好
CSA Illumina	好	各库情况不同	少	一般 ~ 好
Google Scholar	好	好	少	一般

资料来源：Michael Norris, Charles Oppenheim. Bibliometric Databases—Scoping Project. ESRC report. p25. http：//www.esrc. ac. uk/_images/Bibliometric_Databases_Scoping_Project_tcm8 – 4862. pdf ［2011 – 12 – 12］。

Scopus 数据库具有较为全面的数据和较强的检索功能。除了收录年代不够长以外（收录 1996 年以来的引文数据），在内容覆盖面、数据质量、分析功能等方面都表现突出，可以作为 WoS 的替代物。

Google Scholar 数据有一些重复，且一致性不强，"不能作为一个严肃的测量社会科学活动的工具"。

作者将 WoS、Scopus 及 CSA Illumina 之间数据重复情况绘制成图（见图 3 –2）。

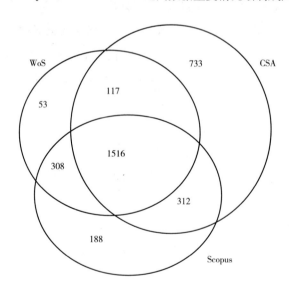

图 3 – 2   三个数据库之间的重复量

资料来源：Michael Norris, Charles Oppenheim. Bibliometric Databases—Scoping Project. ESRC report. P18. http：//www. esrc. ac. uk/_images/Bibliometric_Databases_Scoping_Project_tcm8 – 4862. pdf ［2011 – 12 – 12］。

报告的结论是：在进行社会科学收录范围评价时，Scopus 可以作为 WoS 的替代物或补充产品。在图书方面，尚未找到一个收录社会科学重要图书目录的数据库①。

2006 年，巴卡尔巴斯（Bakkalbasi）等对 Google Scholar、Scopus 和 WoS 三种工具进行了比较②。作者发现，与其他数据库不同的是，Google Scholar 的来源文献范围广，不但包括期刊，也包括图书和其他纸本文献的类型，以及传统数据库中没有的灰色文献，如预印本、工作论文等，还包括政府和学术网站的内容。Google Scholar 将期刊、图书的章节或网站被引用的次数列出，被引频次越高，结果越相关的内容被排在越前面。但 Google Scholar 没有明确说明标引了哪些期刊，也没有说明收录的年代范围。

作者比较了肿瘤学、凝聚态物理两个领域的 11 种期刊在 1993 和 2003 年被三种工具收录和引用的情况。结果发现 Google Scholar 的检索结果数量几乎都是最少的，仅在 2003 年的肿瘤学领域，拥有最多的不同文献。该文作者在 2005 年 11 月再次利用 Google Scholar 进行检索，发现情况有了戏剧性的变化，检索结果数量明显增加，2006 年 1 月再次检索，得到了更多的检索结果。种种迹象表明，搜索引擎的发展比引文数据库要快得多。

根据前面的分析，本书作者总结了各种数据源的特点（表 3 - 6）。

表 3 - 6　外文数据源的比较

数据源	SSCI 和 A&HCI	Google Scholar	Scopus	CSA Illumina
收录期刊范围	全球，但倾向于英美的英文刊	全球	全球	全球
收录期刊数量	3033（2012 年 SSCI） 1675（2012 年 A&HCI）	不详	6829（2009 年）	各库数量不一，但都很多
数据时间范围	1900 年 ~（SSCI） 1975 年 ~（A&HCI）	不详	1996 年 ~（引文）	各库不同

---

① Michael Norris, Charles Oppenheim, Bibliometric Databases—Scoping Project, ESRC report 25, http: // www. esrc. ac. uk/_images/Bibliometric_Databases_Scoping_Project_tcm8 - 4862. pdf ［2011 - 12 - 12］.

② Nisa Bakkalbasi etc., "Three Options for Citation Tracking: Google Scholar, Scopus and Web of Science", *Biomedical Digital Libraries* 3（2006）: 7, http: //eprints. rclis. org/archive/00006080/ ［2011 - 9 - 9］.

续表

数据源	SSCI 和 A&HCI	Google Scholar	Scopus	CSA Illumina
文献类型	期刊	各种类型	期刊	期刊为主,部分库有图书及其他类型
语种	英文为主	多语种	多语种	多语种
数据质量控制	好	未规范	好	好
来源文献检索数量	较多	多	多	多
引文检索数量	较多	较多	多	少
相关的统计分析功能	强	无	强	无
是否免费	收费	免费	收费	收费

总之,每种数据源都有自己的特点,SSCI 作为传统的引文数据库,具有引文时间范围长、数据质量高、统计分析功能强的特点,但是也存在收录数量少、偏重于英文文献、仅收录期刊的问题。目前可以作为 SSCI 替代品和竞争对手的当属 Scopus,它在数据质量、统计功能方面可与 SSCI 媲美,同时还具备收录期刊种类多、非英语期刊多的特点,缺点是收录时间比 SSCI 短,仅包含 1996 年以来的引文数据。其他数据源各有特点,也各有缺陷。CSA 系列数据库在来源文献方面具有数量大、多类型、质量高的特点,但收录引文数量很少。Google Scholar 由于数据时间、范围、收录原则的不透明,虽然收录多种文献类型,且被引量不断上升,但是不宜作为正式的工具,研究结果只可作为参考。

总体说来,当前还没有一个数据库是完美的,应当根据分析的目的、时间范围的要求和学科特点来选择一个或多个适用的数据库作为数据源。

二　中文引文数据库的分析比较

中文文献计量学研究的数据来源基本来自于中国大陆和台湾地区的引文数据库。目前,外文数据库中收录的中文人文社会科学相关数据数量太少,还不足以用于进行中国人文社会科学文献计量学研究。

中国大陆的人文社会科学引文数据库有 4 个,分别是:南京大学的 CSSCI、中国社会科学院文献中心的 CHSSCD、中国知网的 CNKI – CCD 以及重庆维普的 Vip – CCD。数据的起始时间均为 20 世纪 90 年代中、后期,彼此之间数据重叠较多，同质性较强。CNKI - CCD 和 Vip - CCD 等基于文摘的引文库的来源文献数据量比传统引文库大得多，而且有些还包括期刊以外的其他文献类型。但是，从文献计量学分析的角度看，传统引文数据库数据量虽然相对较少，但却是数据最规范、质量最高的。总体看来，同 WoS 或 Scopus 等国外数据库相比，国内的数据库在收录时间跨度和检索功能等很多方面还有较大差距。这些中文引文库的主要特点如下：

（1）从数据收录的范围来看，CNKI - CCD 和 Vip - CCD 收录的期刊数量更多，来源文献类型不仅包括期刊，同时也包括学位论文和会议论文等其他文献类型，因而多数情况下，检索到的被引频次比 CSSCI 高。王知津和姚广宽统计了图书情报领域的三种期刊在三个数据库中的被引频次，发现 CNKI（指 CNKI - CCD）检索到的被引次数明显高于 CSSCI，而维普（英文名为 Vip，文中指 Vip - CCD）在 1999 ~ 2000 年比 CSSCI 低，2002 年超过 CSSCI 很多① （见表 3 - 7）。

表 3 - 7 1999 ~ 2002 年 CNKI、Vip、CSSCI 对三种期刊的被引量统计

统计年份	数据库	《中国图书馆学报》		《情报学报》		《情报资料工作》	
		被引篇数	被引次数	被引篇数	被引次数	被引篇数	被引次数
1999	CNKI	—	834	—	410	—	235
	Vip	306	669	181	278	116	130
	CSSCI	332	700	241	387	148	170
2000	CNKI	—	1052	—	454	—	291
	Vip	290	608	203	332	106	129
	CSSCI	327	755	244	435	125	158
2001	CNKI	—	1036	—	615	—	449
	Vip	359	867	246	441	173	264
	CSSCI	381	756	274	446	203	290
2002	CNKI	—	1713	—	728	—	622
	Vip	527	1537	365	692	258	437
	CSSCI	463	984	347	529	198	294

资料来源：王知津、姚广宽，《三大中文数据库引文功能比较——CNKI、Vip 和 CSSCI 实证研究》，《图书情报知识》2005 年第 3 期，第 61 ~ 65 页。

---

① 王知津、姚广宽：《三大中文数据库引文功能比较——CNKI、Vip 和 CSSCI 实证研究》，《图书情报知识》2005 年第 3 期。

但是，CSSCI 等专门的引文库虽然规模相对较小，但收录范围清晰，来源期刊都经过精心选择，数据加工规范，适用于较为正式的文献计量学研究。CNKI 等基于文摘的引文数据库收录期刊数量多，同时还涵盖了学位论文、图书等其他类型的文献作为来源文献，但是收录的具体范围比较模糊，对于数据库中收录的图书、学位论文和会议论文等类型的引文的处理方法缺乏明确说明。

从表 3-7 中我们也可以看出，三种期刊在 CSSCI 中的各年度被引次数都呈稳中有升的趋势，CNKI 和 Vip 则变化较大。这说明 CSSCI 来源期刊数量相对稳定，而另外两个数据库收录的数据量则变化较为明显。这从一个侧面反映了数据库收录范围的稳定性。

（2）从数据标引质量来看，CSSCI 等引文数据库的数据标引质量相对较高，对参考文献的收录全面，而 CNKI 并不是对所有的参考文献都进行标引。

王知津和姚广宽比较了三个数据库对来源期刊收录的情况[①]。他们发现，CSSCI 对引用文献收录全面，篇均参考文献量比其他两个数据库大得多，基本上能够较为全面地反映期刊论文实际所列参考文献的情况，而 CNKI 和 Vip 对所收录文献的引文揭示不充分。虽然三个数据库中收录文章的篇数比较接近，但 CNKI 和 Vip 有引文论文的篇数及引文总量均比 CSSCI 明显少许多（见表 3-8）。

表 3-8　1999~2002 年 CNKI、Vip、CSSCI 对三种期刊来源文献的引文比较

统计年份	数据库	《中国图书馆学报》			《情报学报》			《情报资料工作》		
		收录文章篇数	有引文的篇数	引文总量	收录文章篇数	有引文的篇数	引文总量	收录文章篇数	有引文的篇数	引文总量
1999	CNKI	135	48	174	83	17	41	138	26	72
	Vip	121	92	634	87	—	—	91		
	CSSCI	116	99	861	87	77	520	92	71	400
2000	CNKI	148	94	347	134	74	197	119	62	182
	Vip	134	18	122	100	11	48	94	38	167
	CSSCI	138	124	995	105	99	694	100	83	426

① 王知津、姚广宽：《三大中文数据库引文功能比较——CNKI、Vip 和 CSSCI 实证研究》，《图书情报知识》2005 年第 3 期。

续表

统计年份	数据库	《中国图书馆学报》			《情报学报》			《情报资料工作》		
		收录文章篇数	有引文的篇数	引文总量	收录文章篇数	有引文的篇数	引文总量	收录文章篇数	有引文的篇数	引文总量
2001	CNKI	160	103	332	119	49	203	198	115	386
	Vip	142	39	231	109	66	340	144	43	279
	CSSCI	146	134	1085	112	111	805	167	142	913
2002	CNKI	172	92	349	135	91	256	185	122	441
	Vip	146	123	806	130	116	557	159	141	780
	CSSCI	148	129	1129	133	129	1232	163	154	960

数据来源：王知津、姚广宽，《三大中文数据库引文功能比较——CNKI、Vip 和 CSSCI 实证研究》，《图书情报知识》2005 年第 3 期，第 61～65 页。

秦长江以《中国农史》期刊中高被引文献为例，分析了 CSSCI 和 CNKI – CCD 的差异原因[1]。他分别在两个数据库中进行检索，发现检索结果在不同引文数据库中差别非常大。通过分析检索结果，他发现从参考文献的标引过程来看，两库的做法有所不同，CSSCI 是人工标注，能够保留大部分参考文献，而 CNKI – CCD 是计算机标注，因此把不在 CNKI 知识库中的期刊和图书、古籍、灰色文献等全部省略，因此 CSSCI 标注的文后参考文献数量比 CNKI – CCD 多很多。

（3）从检索功能来看，CSSCI 的引文检索功能最强，结果揭示及下载方式等也都符合文献计量学分析的要求，虽然距离 WoS 还有较大差距，但是在国内人文社会科学的引文系统中是最出色的。CNKI 等在检索来源文献时功能很强，但是引文检索则差强人意。

根据赵蓉英等的分析[2]，发现 CJFD（这里指 CNKI – CCD）的引文检索只能检索出引用篇数，系统无法自动统计被引篇数，因此该库比较适合于一般的引文查询，而不适合进行大量的数据统计。在检索结果上，Vip – CCD 可提供被引文献的详细信息，CSSCI 可根据检索条件自动统计出被引篇数和被

---

[1] 秦长江：《人文社会科学引文数据在不同引文数据库中的差异及其原因分析》，《21 世纪图书馆》2010 年第 6 期。

[2] 赵蓉英等：《我国五大数据库引文功能的比较研究》，《情报理论与实践》2008 年第 4 期。

引次数，双击被引篇数链接，即可出现这些引文来源文献的详细信息。

几个数据库还存在统计标准不一致的情况。如对于一篇文献中被多次引用的情况，CNKI 中算作 1 次，而 CSSCI 中则计为多次，因而有时在统计时会发生较大的数量差异。汪继南发现，虽然中国期刊网（即 CNKI - CCD）总数据量远大于 CSSCI，但是也有相当一批期刊在 CSSCI 中的被引量多于中国期刊网的被引量，特别是法学期刊[①]。

王婧、华薇娜对 CSSCI 与 SSCI 和 A&HCI 从收录情况、检索功能等方面进行了详细的对比[②]，分析了国内外引文数据库的差异。作者认为三个数据库在来源期刊的选择上都有严格的要求，权威性强。国内外引文索引数据库虽然各具特色，但是国内数据库的研究应用与国外较为成熟的体系相比还存在一定差距，CSSCI 数据收录时间较短、更新周期长，在检索运算符的支持、检索字段、检索结果的管理等方面都有差距。

虽然各数据库收录数据量有所不同，但是利用这些数据进行分析，其结果的总体趋势是否有很大差异呢？

汪继南对 CSSCI 和中国期刊网引文版（即 CNKI - CCD）进行了比较[③]。从他的调查数据来看，中国期刊网的被引量普遍高于 CSSCI，这种现象比较正常，因为中国期刊网收录数量更大、范围更广。他还发现：

• 利用 CSSCI 和中国期刊网引文分别对期刊进行评价排序，两者排序的耦合度约为 75%。约有 25% 的期刊在 CSSCI 和中国期刊网中的评价有明显的区别。

• 在 25% 评价有区别的期刊中，55% 的期刊在中国期刊网中评价更高，45% 的期刊在 CSSCI 期刊中更有影响。前者体现期刊影响的广泛性，后者体现期刊影响的集中性。

• 各学科的顶尖期刊在 CSSCI 和中国期刊网期刊中都有非常大的影响。

为了便于比较，本书作者总结了各数据库的特点，绘制出一个表格（表 3 - 9）。

① 汪继南：《CSSCI 与中国期刊网引文评价比较》，《上饶师范学院学报》2004 年第 5 期。
② 王婧、华薇娜：《国内外文科引文索引数据库检索功能比较》，《21 世纪图书馆》2011 年第 1 期。
③ 汪继南：《CSSCI 与中国期刊网引文评价比较》，《上饶师范学院学报》2004 年第 5 期。

表 3 – 9 中文数据源的比较

数据源	CSSCI	CHSSCD	CNKI – CCD	Vip – CCD
收录文献量	500 余种（2008 年开始增加扩展刊，2010 ～ 2011 年度 172 种）来源期刊经过选择	约 700 种 来源期刊经过选择	具体数目不详，包含 CNKI 所有源数据库产品的内容。来源期刊未经专门选择	8000 多种（含自然科学）来源期刊未经专门选择
数据时间范围	1998 年 ～	1999 ～ 2009 年	1912 年 ～	1989 年 ～
来源文献量	近 100 余万篇（截至 2011 年 8 月）	133 万篇	不详	482 万
引文量	600 余万条（截至 2011 年 8 月）	780 万条	2007 年 12 月，累计链接被引文献达 685 万	1830 万
来源文献类型	正式期刊、集刊	正式期刊	期刊、博硕学位论文和会议论文	正式期刊（含自然科学）
数据质量	质量较好	质量较好	通过计算机自动标引，数据质量有待提高	提供有引文和被引情况的文献篇数太少，其间有不少错误，准确性差。
其他	源文献和参考文献能一起下载	目前在建设中，尚未提供检索功能	实现了期刊、图书、论文、报纸类文献的引用文献和被引用文献的链接，揭示了各种类型文献之间的相互引证关系	实现了期刊的引用文献和被引用文献的链接

　　相比之下，CSSCI 属于专门的引文索引，数据的收录范围明确、稳定，有相对较好的标引质量，提供了适合文献计量学分析的检索和下载功能等，虽然存在来源文献时间跨度小、数据库更新慢等问题，但该库仍然是目前进行中国大陆文献计量学分析的可靠的数据源。

　　CNKI – CCD 和 Vip – CCD 数据库收录期刊数量多、来源文献类型广，多数情况下具有较高的被引频次，但是由于数据的收录范围不明确、不稳定，数据标引不全，检索、下载不便而导致的相关问题也不容忽视。

　　CHSSCD 的性质与 CSSCI 相同，也具备了数据收录范围明确、稳定，有相对较好的标引质量等两方面的优势，但是尚未提供面向社会的检索服务。

第四节 数据源建设中的问题及发展趋势

尽管存在众多的文献计量分析数据源，但是我们必须清醒地意识到在数据源建设和利用中还存在很多问题，并尽量在分析过程中加以克服。从数据源的发展趋势上看，随着信息技术的发展，数据源也会越来越丰富，可用性越来越强。

一 数据源建设中存在的问题

1. 引文数据的准确性问题

在引文分析中，如何保证数据准确性是一个非常重要但又十分棘手的问题。引起数据不够准确的原因除了数据加工过程中存在的录入和字段切分错误之外，还有其他几方面的因素：

首先，各学科的引文格式和著录习惯不同导致的错误。如国外法学学者引用论文时，在参考文献中标注的是他们引用的论点所在的页码，因此参考文献的页码通常不是论文的起止页，而是起止页之间的一个页码。这样，对同一篇文章不同位置的引用，在统计时就容易被算作对不同论文的引用。

其次，各国对作者姓名顺序的不同写法导致在外文引文库中中国人的姓和名常被弄错；机构有全名和简称等不同表达方式，机构更名的情况也容易导致统计数据的分散；至于期刊的卷期号更是连作者都经常写错，因而很难纠正。

这些因素使得在引文统计过程中保持较高的数据准确性是一件很困难的事。

莫德分析了因数据不准确而导致不一致引用的情况（表 3 - 10）。他将1999 年 ISI 来源数据中抽取出来的 2200 万条参考文献与 1800 万篇目标论文（源自 1980 ~ 1999 年发表的 ISI 来源论文）进行了两轮匹配。其中，第一轮匹配识别出"正确的"参考文献，第二轮匹配识别出"不一致的"参考文献。他发现，第二轮中不一致参考文献占第一轮"正确的"参考文献总数的7.7%，莫德将其归结为 18 种错误类型[①]。

---

① 亨克·F. 莫德：《科研评价中的引文分析》，佟核丰等译，科学技术文献出版社，2010，第116 页。

表 3 – 10　不一致引用的情况

匹配阶段	发生不一致的数据字段	经过匹配的参考文献条数	不一致引用与正确引用的比率(%)
第 1 轮	不存在不一致 (即"正确"的参考文献)	12887206	—
第 2 轮	卷　号	207043	1.6
	作者姓名	272009	2.1
	出 版 年	95190	0.7
	起始页码	415467	3.2
	第二轮总计	989709	7.7

资料来源：亨克·F. 莫德，《科研评价中的引文分析》，佟核丰等译，科学技术文献出版社，2010，第 116 页。

ISI 的数据库尚且如此，其他没有进行数据规范的数据库的质量就可想而知。看来，利用技术手段提高引文数据的准确性是这个问题的唯一解决之道。

2. 不同引文数据库之间的衔接问题

目前全球有多个引文数据库，分别从不同的角度和侧重点选取来源期刊，但是没有一个能够覆盖全球人文社会科学的大部分内容。因此在进行国际比较时，如何将各类引文库，如 SSCI、ERIH、中国大陆和台湾地区的若干引文索引之间相互衔接，以便增加覆盖面、去掉重复数据，使不同的数据库具有可比性，就成为一个重要问题。

数据库之间的差异使得这种衔接非常困难。首先，语言就是一个很大的问题，在 WoS 中所有引文都要标成拉丁字母，而中文引文的英文翻译和标注在目前的技术条件下几乎不可能由系统自动完成。其次，还有分类方法问题，中外分类体系有较大差异，很难做到一一对应。

2009 年，中国科学引文数据库（CSCD）与汤森路透合作，在 ISI Web of knowledge 平台正式为国内外用户提供服务。但到目前为止，CSCD 与 SCI 都是独立的数据库，数据之间无法相互对接。自然科学如此，人文社会科学引文数据库在近期对接的可能性更小。

3. 其他文献类型的收录问题

人文社会科学的学者在信息交流过程中使用了大量期刊以外的其他类型文献，包括图书、学位论文、预印本、会议论文等。现有引文库的来源文献中暂时还不收录这些类型的文献，另外一些数据源中虽然收录了图书等几种类型的文献，但是选择性、收录范围、加工标准等都不够明晰，尚不能作为高质量的信息源进行分析。不过，WoS 的图书引文索引将会在一定程度上解决这个问题。

4. 数据库重复建设的问题

中国大陆和台湾地区都存在引文数据库重复建设的问题。尤其是中国大陆地区，目前在建的人文社会科学引文数据库有四个，其中大量核心内容是重复的，CSSCI 和 CHSSCD 重叠的部分更多。国外数据库中，WoS 与 Scopus 之间的重复量也不少。这不但造成人力、物力方面的浪费，同时也出现了多种相似而又有所差异、有时又很不相同的统计结果，给使用者造成很大困惑。

二　数据源的发展趋势

随着信息技术的发展和数字化手段的普遍使用，可用的数据源越来越多，使用起来也越来越方便，很多数据都可以作为文献计量学分析的数据源。总体看来人文社会科学各类数据源有以下几方面的发展趋势：

（1）传统引文数据库将持续发展，并不断改善现有的问题。随着图书引文索引的建设、非英文数据的增加及各国家和地区引文数据库建设的推进，将逐步解决现有引文库的语种、文献类型及地区覆盖面收录不足的缺陷，对人文社会科学文献计量分析支持的力度会越来越大。基于文摘的引文数据库在功能和实用性方面将逐步赶上甚至超越引文数据库。

（2）技术的发展将促使数据源的范围继续拓展，可用性不断增强。搜索引擎将持续快速发展的势头，与全球出版商开展更加广泛的合作，在很大程度上改善数据质量，随着 Google Book 的发展，Google 完全有能力提供图书引文数据。技术发展还将使数据库系统附带的统计分析功能越来越强。

（3）自动引文标引系统的学术性和专业性强，将有更大的发展空间。大量机构知识库可为系统提供回溯性、新颖性及完整性均较强的内容。随着开放学术资源的日益增多，数据采集和图书馆自动引文标引水平的逐步提高，这类系统会有更好的发展空间。

（4）数字资源统一发现和检索平台的出现将产生若干超级优质数据源。2009 年 ProQuest 推出了第一个以元数据为基础的资源统一发现和检索系统，随后数据库商和图书馆自动化厂商都开始研发相关产品。这类产品通过元数据或技术协议的方式整合了全球出版商及数据库集成商的学术数据库，以及图书馆书目数据和网络开放获取资源。目前这些服务还仅用于对资源的发现和检索，但是无疑将成为文献计量学分析的巨大宝库。

（5）随着网络应用的进一步深入，数据源的类型会更加丰富，各类大数据也将成为计量分析的基础。如网上书店中的读者评论、开放获取知识库中的下载情况、图书馆 OPAC 中读者的图书借阅情况及评论等多种信息都可作为数据源提供使用。

因此，尽管目前缺乏一个综合性的、可以覆盖人文社会科学各文种、各类型文献的数据库，但是可以肯定的是，随着技术的发展，以前制约文献计量学数据利用的种种因素将会逐步消除，会提供一个全新的数据环境，可以进行更多的以前不能开展的研究。

第五节　数据的合理使用

文献计量学方法能否得到科学的使用，关键在于是否采用了合适的方法和技术，是否很好地解决了数据来源、数据质量控制、学科分类等问题。多个环节中的细节问题决定了分析结果的可信度。与出于研究目的而进行的文献计量学分析相比，用于学术评价的文献计量学分析对数据质量及相关的方法和技术的要求更高。

一　数据来源的补充

文献计量学分析研究要求数据来源应当广泛、全面，能够覆盖所研究学科的主要文献语种、类型和地域。

长期以来，由于 ISI 引文数据库（即 SCI、SSCI 和 A&HCI）的广泛利用，使用 ISI 数据进行分析已经成为一种标准的分析模式。但是标准的 ISI 方法有很多制约，只能适用于部分学科。表 3 – 11 中显示了 ISI 对各学科的覆盖面，其中除经济学覆盖面显示为"良好"以外，人文社会科学领域的"其他社会科学"和人文学科均为"一般"。因此，ISI 总体上对人文社会科学覆盖面不是很好，利用 ISI 数据来评价人文社会科学的多数学科就不是很合适。在这种情况下，必须首先拓展数据源，之后再对这些学科进行分析。

表 3 - 11　ISI 的学科覆盖面

优秀	良好	一般
分子生物学和生物化学	应用物理学和应用化学	其他社会科学
与人相关的生物科学	与动植物相关的生物科学	人文艺术
临床医学	心理学和精神病学	
物理学和天文学	与医学和健康相关的其他社会科学	
化学	地球科学	
	数学	
	工程学	
	经济学	

注：其他社会科学包括社会学、教育学、政治学和人类学；人文包括法律。

资料来源：亨克·F. 莫德，《科研评价中的引文分析》，佟核丰等译，科学技术文献出版社，2010，第 92 页。

对于文献覆盖程度不同的学科，荷兰莱顿大学的莫德教授提出了 ISI 引文数据库的适用情况及补救方法（见表 3 - 12）：

表 3 - 12　数据来源的补救方法

研究类型	被引/目标	引用/来源	ISI 覆盖面
标　　准	ISI	ISI	优秀 ~ 良好
扩展目标	ISI + 非 ISI	ISI	良好
扩展来源	ISI + 非 ISI	ISI + 非 ISI	良好 ~ 一般
无 ISI 引文分析	—	—	一般

资料来源：亨克·F. 莫德，《科研评价中的引文分析》，佟核丰等译，科学技术文献出版社，2010，第 93 页。

第一种方法被称之为"标准"方法，即来源统计与被引统计都限于 ISI 收录的来源期刊；第二种方法被称为"扩展目标"方法，就是利用 ISI 引文库检索来源期刊收录的情况，同时统计在 ISI 引文库中被引用的情况（包括非 ISI

来源刊及各种其他类型文献的被引情况）；第三种方法称为"扩展来源"方法，就是在 ISI 基础上加入其他的数据来源，如期刊、图书、研究报告等，引用数据可以是利用 ISI 引文库检索的结果（含非 ISI 来源期刊的数据），也可以加入新来源中的被引文献；第四种方法不用 ISI 引文数据，而是用其他不同类型的数据源，以及非文献计量学方法来进行测度。

在这个框架下，对于在 ISI 中覆盖面良好的经济学，可以采用第二或第三种方法进行评价分析。而对于人文社会科学的其他大部分学科来说，都不可以仅仅使用 ISI 数据进行分析，而需要对来源文献和引文进行补充，或者干脆利用其他的数据来源。

莫德认为，当某一领域的 ISI 综合覆盖面低于50%时（参考表3-3），如社会学、政治学、教育学和人类学，以及人文艺术学科（包括法律、语言和语言学、文学、哲学、历史学等），就意味着基于 ISI 来源的引文分析的有效性和可靠性较差，这时就必须采用扩展来源方法。同标准方法相比，扩展方法更加费力，成本更高，而且为扩展来源分析选择新的来源文献是一件非常重要和严肃的事情。能否找到满足需要的数据源，如何与 ISI 数据进行衔接和比较也是需要考虑的重要问题。

除 ISI 引文数据库外，Scopus 也可以用于人文社会科学文献计量分析，它具有数据质量高、收录非英文期刊较多的优点，但数据的时间范围比 ISI 小。汤森路透2011年推出的图书引文索引虽然从理论上解决了图书引证的问题，但实际的收录情况和数据的可用性还有待于时间的检验。至于其他类型的数据源，目前还很少用于正式的学术评价。

以上原则一般是在进行国际比较时需要遵循的。对于中国人文社会科学来说，由于被 ISI 收录的中国期刊很少，因此针对中国国内主流研究的分析与评价不宜用 ISI 进行分析，或不宜以 ISI 为主进行分析。但如果评价中国学者在国际期刊上的表现和影响的话，则 ISI 是首选数据库。

目前建立的中文引文数据库对中国出版的期刊收录相对覆盖面较全，不存在学科和地域收录不全的缺点。进行中国国内引文分析时需要解决的主要问题在于来源文献的文献类型覆盖不足，即如何合理地搜集和利用图书的引文数据，以及在涉及国际比较时，如何与国外引文库对接的问题。

二 数据的清洗与统计

1. 数据清洗

文献计量学统计分析对数据质量要求很高，尽管数据库加工阶段已经进行了较好的数据规范，但在进行文献计量学分析之前，几乎所有相关字段的内容都需要进行认真细致的清洗和规范。如来源文献中的作者、机构、刊名，引用文献中的作者、刊名、年代等字段，特别是来源与引用链接中的关键字段要保持一致性，以便能将来源和引文进行挂接。

利用商业软件及自行开发的软件进行数据清洗是效率最高的方法，如汤森路透的 TDA 软件就具有较强的数据清洗功能。也可利用规范文档进行数据规范，如建立人名、机构的规范文档，用软件自动检查和修改数据中存在的错误。当然，最为基本的方法是进行人工校对和修改，可以逐条校对修改，也可以在对某个字段统计后，针对统计结果中的错误对字段内容进行规范。

数据清洗中的难点及常见问题如下：

（1）作者姓与名的鉴别问题。这个问题在外文文献中比较明显。由于 ISI 的引文数据库只提供了作者的姓氏和名字的首字母，导致作者重名现象比较多，再加上中、外姓名排列顺序的不一致，很容易将作者的姓、名弄错。

（2）作者与单位名称的匹配问题。ISI 提供所有作者和单位名称，但并没有将二者一一对应，导致部分作者与单位名称匹配错误。

（3）机构更名问题。机构更名后，如何将新旧机构联系起来也是一个困难。国内的大学近二十年来更名的非常多，这种问题十分突出。

（4）机构及被引期刊名称的全称、简称的统一。

（5）对机构层级问题的处理会直接影响到结果的统计，如二级或多级机构，统计到哪一级，如何确定上级机构，为有些没写出上级机构的数据加上相关内容等。

（6）引文与来源文献匹配时发生错误，导致匹配不上。特别是将引文的卷、期弄混，或起止页码标注错误，这些问题的鉴别和修改都很困难。

2. 数据统计

有了清洗干净的数据，在进行统计时还需要考虑以下问题：

首先是在合著论文中如何对每位合作者的发文量进行统计。这是一个比较复杂的问题。目前的解决方法有三种：只统计第一作者，忽略其他作者；每位作者都算发文一篇；根据作者排名按一定方法进行加权①。不过人文社会科学的合作度相对较低，这个矛盾目前还不算特别突出。

其次是引文窗口的时间问题，也就是如何确定所分析数据的时间范围。这需要根据学科的不同，选取不同的统计时间段。人文社会科学文献老化慢，引文峰值出现晚，半衰期较长，因此用于分析时要根据不同学科的情况选择相对较长的数据统计时段。一般来说，5~6年的数据可以捕获到大约50%的引用，个别学科可以稍短一些。

最后，如果情况许可，为了减少数据不准确带来的问题，可以采取让学者自己确认发文名单的做法。

三　学科分类问题

面向学科的文献计量学分析需要良好的学科分类数据。但不同的分类体系有不同的分类方法。当前存在的主要问题有以下几方面。

1. 中外学科分类体系的差异

由于历史原因，中外学科分类体系的差异较大，分析国内学者在国外发表论文的分布情况时，需要特别注意这个问题。在中国，心理学、精神病学等通常被划分到自然科学或医学领域，但是国外一般将这些与人的精神相关的学科归类于社会科学。如果利用 SSCI 等分析中国人文社会科学的情况，就要将无关数据剔除出去。因为相对于其他人文社会科学学科，心理学发文量和被引量都很高，这些数据会占据统计结果中很大一部分内容，并影响到整体分布，其他学科由于数据量相对较小而被忽略，但后者正是我们想要了解的内容。

此外，国外经常按所研究的问题来划分，如妇女研究、老龄化问题研究等，而中国一般按学科和专业划分。中外之间的差异使得有些跨学科类目不容易找到国内对应的学科和专业。

---

① 蒋颖等：《期刊论文的作者合作度与合作作者的自引分析》，《图书情报工作》2000 年第 12 期。

2. 数据库分类的差异

除了学科体系的差异，每个引文数据库的分类体系也不完全相同，这会降低来自不同数据库的数据的可比性。

这种现象在英国评估项目"研究卓越框架"（REF）中有详细的讨论。REF 在选择评价指标时，对文献计量学方法进行了深入研究，分析了不同数据库的分类问题。结果发现，可以用作数据源的两个数据库 WoS 和 Scopus 的分类差异较大，特别是人文社会科学方面的分类。从 REF 对两个数据库类目的对比中发现很多不一致的分类，表 3-13 是一些例子。

表 3-13　Scopus 和 WoS 的部分分类差异

Scopus 的类目名称	WoS 对应的类目名称
社会学与政治学（Sociology and Political Science）	社会学（Sociology） 政治学（Political Science）
金融（Finance） 商业、管理与会计（全部）〔Business, Management and Accounting(all)〕 商业与国际管理（Business and International Management）	商业、金融（Business, Finance）
政治学与国际关系（Political Science and International Relations）	国际关系（International Relations）
语言与语言学（Language and Linguistics） 语言学与语言（Linguistics and Language）	语言学（Linguistics） 语言与语言学（Language & Linguistics）
文学与文学理论（Literature and Literary Theory）	文学（Literature） 非洲、澳大利亚及加拿大文学（Literature, African, Australian, Canadian） 美国文学（Literature, American） 不列颠群岛文学（Literature, British Isles） 德国、荷兰、斯堪的纳维亚文学（Literature, German, Dutch, Scandinavian） 罗马文学（Literature, Romance） 斯拉夫文学（Literature, Slavic）

资料来源：HEFCE. Report on the pilot exercise to develop bibliometric indicators for the Research Excellence Framework—Annex K Normalisation factors for Web of Science and Scopus. http://www.hefce.ac.uk/pubs/hefce/2009/09_39/09_39k.xls［2011-12-23］。

3. 数据库分类与学科分类的差异

引文数据库中的分类体系与学科体系之间也存在差异。

例如，中国引文数据库大多利用《中国图书馆分类法》对论文和期刊进行分类，而与文献计量学研究，特别是学术评估时经常采用的国家制定的《学科分类与代码》并不完全一致。

总之，在进行文献计量学研究时，要根据分析需要，首先制定合理的分类体系，然后尽量将相关数据调整到各类目中。完成这些工作需要花费较大的人力和较多的时间。

第四章
人文社会科学的文献计量学评价

学术评价是近年来文献计量学研究发展的重要推动力。近十多年来，文献计量学在学术评价方面的研究成果数量增长很快。2010 年，著名的《自然》杂志发表系列文章讨论定量评价相关问题，认为有关定量评价研究的文献量在20 年间增长了十倍，文章引用了美国印第安纳大学一位学者的话："我们现在正在发生计量学的寒武纪生命大爆发"①。文献计量学家发明了各种指标和算法，文献计量学方法也被或多或少地应用在学术评估的不同层面，国际上有关定量评价与同行评议之间关系的讨论已持续很久。与此同时，很多学者对文献计量方法在学术评价中的应用也提出尖锐的批评。

面对这种情况，我们有必要深入分析文献计量学与学术评价之间的关系，探讨文献计量学方法的适用性及局限性，研究具体的评价技术与指标，最终达到在人文社会科学学术评价过程中合理使用文献计量学方法的目的。

第一节　学术评价与同行评议

一　学术评价概述

学术评价是学术界自身的需要，也是科研管理的需要。近些年来，随着对科研投入的增加，学术评价的重要性越来越大。

----

① Richard Van Noorden, "A Profusion of Measures", *Nature* (2010): 864 –866.

刘明认为："学术评价问题，说到底是个分配正义问题。""学术评价的目的，就是期望学术劳动能够得到与其贡献相当的正当的回报。"①

进行学术评价的目的主要有以下几点：

（1）促进学术发展，保证科学共同体的良好运行，这是学术评价的最终目的。早期的学术评价是自发的、为了维护学术秩序而进行的学术界内部的自组织活动，学术批评、学术争鸣等都属于当时学术评价的有效方式。通过学术评价可以有效地维护学术秩序，促进科学发展。

（2）授予学术荣誉和科学奖励。通过学术评价，对有学术贡献者给予表彰、奖励，只有科学荣誉与奖励的正确授予才能激发科学共同体成员从事知识生产活动的积极性，最终达到促进学术发展的目的。

（3）进行科学资源的合理分配。对包括科研经费、职称晋升等资源进行合理分配是当代科研管理中的重要任务。随着科学和社会的发展，逐渐出现了现代意义上的大科学，无论学科规模还是国家对学术研究的投入都越来越大。为了更好地建立学术秩序，分配学术资源，了解经费投入的效果，管理部门和学术界本身都对学术评价提出了更高的要求。这就使得学术评价逐步变得正规化、制度化，需要进行系统化的评估和比较。这种需求是全球性的，无论是自然科学还是人文社会科学，进行学术评价的需求都在不断增强。

在学术评价过程中，通常会涉及以下几个相关因素：

（1）评价主体：指由谁来进行评价。目前常见的评价主体为：学术界、政府管理部门及资助机构。

（2）评价对象：最直接的评价对象是学术成果。基于对学术成果的评估和判断，可以对人才、机构、国家和地区的学术水平、学术影响等多个方面进行评价。

（3）评价类型：一般可分为事先评价、事中评价和事后评价，即在科研项目开始前、进行中和结束后分别进行评价，目的分别是考察是否立项、对项目的进度进行督促和检查，以及对项目完成的整体情况进行评估。

（4）评价的主要方面：虽然评价目的有所差异，但是一般的学术评价都

---

① 刘明：《学术评价制度批判》，长江文艺出版社，2006，前言。

围绕着学术质量、学术水平、学术影响力、创新度等几个方面进行。

（5）评价层次：可以分为微观、中观和宏观等多个层次。微观层面的评价指对学者个人、学术成果，以及具体项目的评价；中观层面的评价可包括学科、机构（研究所、大学、系、研究小组）、期刊等的评价；宏观层面的评价指对国家层面的评价。

（6）评价方法：现行的主要方法是同行评议和以文献计量为主的定量方法。

人文社会科学研究对象的复杂性、研究范式的多样性，以及各地区的文化差异性和多元性，导致对研究成果价值判断的影响因素十分复杂。同自然科学相比，人文社会科学学术成果的评价难度更大。

二　各国学术评价现状

当前，各国的学术评价存在不同的模式。2005 年，加拿大人文社会科学研究理事会委托哈佛大学的拉蒙特（M. Lamont）和马拉德（G. Mallard）撰写了一份报告——《美国、英国和法国的人文社会科学同行评议比较》[①]。报告认为，美国学术评估体系的发展表现为"专业模式"，即主要在学术共同体范围内实现学术评估的公正性，评估手段主要依靠同行评议方法；法国的模式被称为"后社团主义模式"，即学术团体对学术上的评估保持着一定但相对较弱的控制；而英国则呈现为"管理模式"，即评估体系的调整或改革由政府发起，在评估过程中采纳了一些文献计量学指标。

除了学术社区及国家主导的评价之外，还有一种第三方评价的方式，是由学术社区及政府之外的第三方机构开展的评价，其中最有影响的是大学排名。

随着科学研究投入的增加，采用"管理模式"的国家越来越多。20 世纪 90 年代以来，以英国为代表的国家主导的评价体系逐步建立起来，针对公共经费资助的机构、项目等定期进行全国性考核，考核结果有的与经费分配直接相关，有的没有直接的联系。在国家主导的评价体系中，目前的评价方式也大

---

① Michèle Lamont, Gregoire Mallard, Peer Evaluation in the Social Sciences and Humanities Compared：The United States, the United Kingdom and France, Report prepared for the Social Sciences and Humanities Research Council of Canada, 2005, http：//www.wjh.harvard.edu/~mlamont/SSHRC - peer.pdf ［2011 - 12 - 7］.

都以同行评议为主，评议的对象层次以大学的院系为主，少数国家制定了对个人及成果的评价标准，如中国。很多国家实施代表作制度，如英国、荷兰。

文献计量学指标及其他定量指标在有些评价体系中作为背景材料供评审者参考，在另外一些体系中则作为正式的评估指标，多数体系强调针对不同学科的不同应用。还有些评价体系建议提供相关资料，但是否使用由评审小组决定。从总体看来，文献计量学方法在人文社会科学领域的应用较少。

20世纪80年代以来，中国的一些学者从不同角度和不同层面探讨评价机制，研究评价方法，制定评价标准，设计评价指标体系，同时也介绍了许多国外的评价理论与实践。研究经过了自发、分散阶段，逐步过渡到有组织的系统研究阶段。国内的评价体系中，以中国社会科学院为代表的同行评议为主的评价方法和高校使用的量化评价方法是目前的主要方法。

大学排名大都是由学术界与管理部门之外的第三方机构完成的，主要目的是为学生及其家长在选择高校时提供参考信息。虽然如此，但不可否认的是，排行榜对学术界和管理部门都产生了一定影响。大学排名制作的主要方法有三种：第一种主要依靠同行调查和定量指标，但没有使用文献计量学指标；第二种使用同行调查和定量指标，定量指标中部分采纳了文献计量学指标；第三种仅使用定量指标，而且文献计量学指标权重很高。

不过，无论在评价中是否采用了文献计量学方法，管理部门都表现出对文献计量学的高度关注。很多国家的基金会都发布过相关的研究报告，进行了一些探索性实践，也发现了文献计量学方法的问题所在，即人文社会科学领域数据的收录不充分、重要的文献类型缺失，因而不能反映多数学科的现状等。专家普遍认为，文献计量学方法对于社会科学领域的评价在宏观层面是可以进行的，而人文领域则不太适合，建议谨慎使用文献计量学指标进行学术评估。

尽管在国家层面上，文献计量学方法使用得还不是很广泛，对于文献计量学方法的应用，学术界也有很多激烈的争论。但是实际上，文献计量学方法和数据正在以直接或间接的方式对学术评价产生影响。

三 同行评议概述

纵观各国人文社会科学学术评价活动，其主要的方法不外乎同行评议及定量方法两种，文献计量学属于定量方法中的一种。

英国同行评议调查组在提交英国研究理事会咨询委员会的调查报告里提到，同行评议可严格定义为："由从事该领域或接近该领域的专家来评定一项研究工作的学术水平或重要性的方法。"①

同行评议始于15世纪欧洲专利申请的查新。300年前，英国皇家学会的会员采用评议制作为一种参照系统，评审可以公开发表的科学论文。20世纪50年代初，美国国家科学基金会采用同行评议方式评审科研项目，以决定是否予以资助，首次将同行评议应用于科研管理②。目前，同行评议经常被用于评审科研项目申请、评审科学出版物、评定科研成果、评定学位与职称、评议研究机构的运作等很多方面。

同行评议有不同的实施方式，包括通信评议、会议评议、调查评议，还可以将几种方式组合在一起进行评议。从评审专家与被评价者是否相互见面或知晓来看，可以有面对面、单向匿名、双向匿名、公开评议等多种方式。随着开放获取运动的发展，还出现了基于开放获取期刊的开放同行评议制度③。

同行评议制度有很多优点，科学共同体的内部具有共同的科学思想和研究范式，特别是同一领域的同行，都采用大致相同的范式评价某一事物，所以评价结果是有效度的。同行评议的结果反映了科学共同体内部对学术价值的判断。因此从这项制度的产生开始直到目前为止，都是学术评价的最主要方法。

与此同时，同行评议制度也存在很多缺点。例如：

（1）同行评议存在主观性。评审专家的学术鉴赏力、学术视野、学术道德、个人偏好会对评审产生很大影响，有时会导致同行评议不够公正。在中国，重人情拉关系、本位主义、门户之见等问题比较突出。

（2）同行评议具有保守性。在用同行评议方法评价创新性高的内容（或具有革命性的知识产品）时，同行评议专家往往存在异议而不能取得共识。

---

① 转引自郭碧坚、韩宇《同行评议制——方法、理论、功能、指标》，《科学学研究》1994年第8期。

② 郭碧坚：《科技管理中的同行评议：本质、作用、局限、替代》，《科技管理研究》1995年第4期。

③ 唐磊：《国外人文社会科学评价体系及其最新发展》，载黄长著、黄育馥主编《国外人文社会科学政策与管理研究》，社会科学文献出版社，2008，第124～135页。

（3）同行评议成本高。同行评审适合小规模评审，大规模的评审需要的花费太高。

（4）专家的选择很重要，直接影响到评估的结果。目前学科划分越来越细，评审时需要找狭义的专家，即"小同行"，研究方向与被评价内容越接近越好。

同行评议实质上是专家利用个人知识对学术成果进行判断的过程，由于受到个人背景和视野的限制，被评价对象越是微观的，评价效果越好，对于中观、宏观的评价，如学术机构、学科、国家的创新能力等的全面判断则比较困难。相比之下，文献计量学等定量方法在描述宏观问题方面会提供更加全面的数据，因而也更有优势。

第二节　文献计量学与学术评价

一　文献计量学可以为学术评价做什么

文献计量学是用数学和统计学方法来研究文献交流规律的一门学科，它在学术评价中的作用主要分为以下几个方面：

1. 利用引文测度学术影响力

引文分析是文献计量学的核心方法之一。B. 克罗宁说过："引文是科学工作者在科学大观园中永恒保留的驻脚之处，这些印迹构成了人类进行探索思维的轨迹。"[①]

"学术研究——公开出版——交流传播——引用反馈——进一步研究"，这是学者治学的几步曲。学术交流可以通过口头、书面、网络等多种渠道进行。其中，以引用论文的方式进行的交流，其受众面更加广泛、开放，形式和内容都更为正式，所有交流的痕迹都记录在案并可以追踪。从文献之间的相互引用可以反映出学术交流的走向，以及学者之间、各种思想之间的千丝万缕的联系。我们可以根据这些公开发表的文献，追踪各个学科在不同时代发展的脉络，筛选出受到较多关注的论著、起到重要作用的人物、机构，比较一个学科

---

① 转引自丁学东《文献计量学基础》，北京大学出版社，1993，第298页。

在不同地域的发展状况，等等，从这个侧面来达到对学术进行评估的目的。

因此，通过文献计量学方法进行学术评价，基本出发点是利用学术成果在公共学术交流过程中用书面记载的文献之间的引用情况，来反映成果的社会价值和影响力，从而达到间接评价的目的，反映的是学术交流系统对科研成果的关注程度。

关于引文可以衡量什么，学术界有很多研究，莫德总结了学者的看法（见表4-1）。虽然大家的认识不尽相同，但是多数学者都认可的是被引频次的数量反映了引用影响力（Citation Impact）的大小。引用影响力虽然不完全等同于学术影响力，但是在相当程度上可以反映学术影响力的大小。

表4-1 学者关于"引文能衡量什么"的观点

学　者	观　点
加菲尔德	实用价值（文献信息价值的测度）
斯莫尔	高被引率的文献可以作为概念标识
默顿 朱克曼（Zukerman）	学术影响
J. R. 科尔 S. 科尔	社会层面的质量认可
吉尔伯特（Gilbert）	权威性
克罗宁（Cronin）	不清楚引用意味着什么，但必须先研究机构规范和个人意见之间的相互影响
马丁 欧文	被选出的对照组之间文献被引率的不同显示了它们实际影响力的不同
朱克曼	引用是对学术影响力进行更直接测量的替代方式
科曾斯（Cozzens）	认同感、说服力和意识形态均对引文数量的差别有一定的影响作用
怀特	共引图为重要作者及其作品的权威性提供了时间和空间角度的测度
范拉恩	引用集中的领域，正是目前的研究热点所在
武泰（Wouters）	引用是因为索引的成果，不能仅凭参考行为来判定引用的合法性

资料来源：亨克·F. 莫德，《科研评价中的引文分析》，佟核丰等译，科学技术文献出版社，2010，第128～129页。

加菲尔德认为："关于被引频次所测度的性质，有两点是众所周知的。其一，它是一种对质量的肯定，一般反映对有关科研工作的承认。其二，它在同行意见的形成过程中扮演着重要角色。"①

因此,从文献角度进行定量分析,通过文献之间的引证关系来反映文献在学术交流中的地位和价值,进而对文献的作者、机构、学科和国家等层面的学术研究水平和地位进行评价比较,这是利用文献计量学方法进行学术评价的理论基础。

2. 适合于进行总体的定量描述和分析

文献计量学可以从宏观角度揭示科学文献的分布特点以及文献增长和老化规律,为科研管理和决策提供有关学科发展的宏观定量描述,如某学科的总体科学生产能力、平均每个学者的生产能力和被引量、引用交流规律等。在基于总体描述背景下,可以对特定的国家、机构、学科,甚至个人的科学生产能力和学术影响提供定量描述,揭示被评价对象在本学科中的位置,从而达到评价的目的。利用文献计量学还可以做很多深层次的分析,如揭示卓越研究机构或研究者,或以某个机构作为目标机构,将本机构的研究成果同目标机构进行比较,找出差距和努力方向。

同行评议中的专家对于所从事学科领域中总体状况的了解是感性的、模糊的,而利用文献计量学方法给出的定量描述则有全面、客观、准确的特点,可以揭示出一些专家所没有意识到或了解得不够全面的内容。

3. 引文方法适合评价卓越表现

根据加菲尔德文献集中定律可以推断出,文献的被引分布是不均衡的,少数优秀的研究者(或机构、期刊)的被引量占据了该学科作者(或机构、期刊)全部被引量中的大多数。因此,通过引文统计可以确定高频被引的研究者(或机构、期刊),绝大多数卓越的研究者产生于他们中间。

相对来说,引文对表现平平的成果或研究者之间的区分度不是很高,因此不是很适合评价这类对象。由于引用因素多样,通常情况下,不能说被引8次的论文一定比被引10次的差。但是,引文方法可以较容易区分"优秀"和"一般"的成果和人员。例如,同一领域中的两篇论文如果发表年代相近,一个被

---

① 尤金·加菲尔德:《引文索引法的理论及应用》,侯汉青等译,北京图书馆出版社,2004,第53页。

引 8 次，另外一个被引 300 次，那么几乎可以肯定地说后者比前者影响力大。

以汤森路透对诺贝尔奖的预测为例，可以很好地说明这个问题。

每年，汤森路透都会根据来自 WoS 的引文数据进行定量分析，以确定部分诺贝尔奖学科领域中——包括生理学或医学、物理、化学和经济学——最具影响力的研究人员。根据其发表研究成果的总被引频次，这些高影响力的研究人员被授予汤森路透引文桂冠得主（Citation Laureates）称号。根据所发表论文在过去 20 年间的被引次数，汤森路透引文桂冠得主通常名列其研究领域科研人员的前千分之一。1989 ~ 2011 年，已经有 50 位引文桂冠得主获得了诺贝尔奖，其中包括 14 位经济学奖获得者。2011 年诺贝尔生理及医学、物理学、化学和经济学奖的 9 位获奖者，均为汤森路透引文桂冠得主①。

因此，文献计量学方法如果使用得当，是可以在学术评价中发挥一定作用的。从评价主体看，文献的引用关系实际上是学术圈内同行评议的一种反映，可以认为是学术界自我评价的一种方式；从评价对象看，文献计量学揭示的是正式发表的学术成果（对人、机构、国家和地区都是通过他们的学术成果进行的评价）；从评价类型看，文献计量学评价属于事后评价；从评价的主要内容看，利用文献计量学重点测度的是成果的影响力；从评价层次看，文献计量学采用统计学方法，更适合宏观和中观层面的评价，包括国家、学科、机构（研究所、大学、系、研究小组）、期刊等，对于微观的个人、学术成果、具体项目的评价需要慎重，但是可以为同行评议提供参考。与同行评议相比，文献计量学方法的优势在于客观、宏观和全面。相对于同行评议的主观性，文献计量学方法可以较容易避免人情或其他个人因素；相对于专家感知的印象，能够提供更加清晰的全景式定量描述，超越个人视野的限制，弥补同行评议的不足。

二　文献计量学方法的局限性和适用范围

文献计量学方法进行学术评价既有其合理性，同时也有局限性和适用范

---

① Thomson Reuters, Successful Predictions, http：//science. thomsonreuters. com/nobel/successful - predictions/［2011 - 12 - 7］.

围。只有正确理解其局限性，才能达到合理使用的目的。

1. 文献的引证动机并非都是对文献的肯定

文献引用的目的有多种，有些学者分析了引文的动机，韦恩斯托克（Weinstock）将其归纳为 15 条正常动机，而索恩（Thorne）总结了 6 种非正常动机①。对文献的负引，其实质是对被引文献的一种否定。而用文献计量学来测度影响力时，通常指的是正面引用。

文献计量学基于统计学原理，因此得出的结论都是基于一定样本数量，具有统计学意义，并非针对个体。因此，包括类似于"负引"的情况，在总体引文集合中占据较少的数量，在大样本中可以认为是小概率事件而忽略不计。而对于具体成果的被引情况，则要仔细鉴别是否是负面引用。

2. 不同学科的引用规律不同，不能简单比较

不同学科的学术交流圈中，文献的交流特点、引用习惯可能不同，甚至有较大差异，进行不同学科之间的比较是不明智的。通常应当采取"同类相比"的方法。有时为了满足学科间比较的需要，也可以采用一定的技术手段，将数据进行规范化处理，消除学科间的差异，之后再进行跨学科的比较。

3. 文献计量学方法属于统计规律，并不适合评价个体

对于学科、国家、机构等宏观或中观评价对象来说，文献计量学统计结果是有意义的。对于个体的评价，还需要依靠同行评议的方法，但是文献计量学的统计结果可以作为参考。

4. 仅能反映正式学术交流中的情况

利用传统的引文数据库进行文献计量学分析所能揭示出来的是基于学术研究中正式交流渠道的情况，特别是期刊收录和引用的内容，无法反映非正式交流渠道或非学术交流的情况。

但是对于人文社会科学而言，非正式交流及非学术交流也很重要。人文社会科学研究成果可以通过几种渠道发挥作用：正式和非正式学术交流渠道、学者与决策者之间的交流渠道，以及面向公众的交流渠道。一般的统计是基于正式学术交流渠道（也就是正式出版）而进行的，但是在其他几种渠道中的影

---

① 丁学东：《文献计量学基础》，北京大学出版社，1993，第 300～301 页。

响力是测度学者社会影响的重要指标，这时仅靠文献计量学方法就不足以提供完整的评价信息，必须结合其他方法或拓展数据范围。

5. 受到数据的制约

数据质量直接影响到分析结果的可信度。文献计量学方法对于数据质量要求非常高。首先，要求数据库收录完备；其次，还要保证数据准确、指标合理；最后，要认识到有时无论数据质量多好，也还存在系统误差，要采取一定方法将误差降低到可接受的范围。

6. 要充分考虑人文社会科学学术评价中的制约因素

由于人文社会科学领域的文献交流有其独特之处，因此，在自然科学领域中适用程度较好的文献计量学评价方法在人文社会科学领域遇到了很多困难，特别在人文学科中，很多因素制约了文献计量学方法的使用（具体分析见本书第二章）。因此，有必要深入分析人文社会科学各学科成果交流的特点，并采用合适的方法进行评价。

7. 文献计量学指标在学术评价中的使用会改变学者的学术行为

我们必须承认，学术评价方法是一个指挥棒，会直接影响到学者的学术行为。例如，如果评价指标中有发文量，就会促使学者多发表论文。相比之下，文献被引量是一个相对难于控制和改变的指标，但是也有一定的规律可循，如综述类文章一般比论文被引率高，探讨学科热点问题的论文被引机会比较多等等。如果将被引量作为评价指标，就会影响和改变选题方向和引用习惯，最终对学术研究造成影响。

综上所述，对于文献计量学方法的局限和前提条件，需要在使用这种方法时加以考虑和选择。只要使用得当，文献计量学方法在学术评价中还是可以发挥一定作用的。当前出现的很多问题大多属于使用问题，而不是文献计量学方法本身的问题。

三　文献计量学方法与同行评议的关系

文献计量学与同行评议两种方法各有优点，也各有不足，文献计量学方法适合进行宏观评价和全景式描述，而同行评议则可以对具体成果进行深入评价。同时，两者之间也有一定的相关关系。例如，很多期刊论文的发表本身就是同行评议的结果，反映的是同行专家对论文的认可，而引用可以看作另一种开放的、广义的同行评价。很多定量研究显示以引文分析为主的文献计量学方法与同行评议之间存在着正相关关系。

加菲尔德对于诺贝尔奖获得者的分析就是一个例证。加菲尔德分析了1963 年诺贝尔物理学奖、化学奖及医学奖获得者在 1961 年版 SCI 中的被引情况，发现这些著者的被引频次是他们所在领域平均被引频次的 30 倍。他认为，基于引文统计的质量判断与诺贝尔奖委员会的判断之间的相关性非常强[1]。还有一些相关研究比较了被引频次和同行评议的位次，发现两者具有较强的相关性。纳林认为，多数利用文献计量学方法对论文、作者和机构的评价与同行评议结果有很好的相关性。同时，文献计量学指标通常与科学家的直觉高度相关[2]。

文献计量学方法可以作为同行评议的工具。例如，荷兰大学联合会（VSNU）建立的评价体系是基于同行评议的，但在一些学科，对所评价的全部院系的系统性文献计量分析构成评价中输入信息的一部分[3]。而对荷兰大学联合会领域进行的同行评价与被引影响测度的比较表明，两者将近80%的评价是一致的，有22%的结果存在矛盾。当然，同行评议不只是评估院系的研究质量，同时还有其他一些考虑因素。

文献计量学方法还可以作为一面镜子，检验同行评议的偏差。ISI 为美国国家科学基金会对频繁被引用的化学论文的分析表明：大部分被频繁引用的化学家得到美国国家科学基金会的资助，该基金会提供给这些化学家的费用比它资助的平均数高得多，该基金会对化学学科的偏爱后来被纠正[4]。

总之，当前的理论研究和实践都证明：文献计量学方法并不能取代同行评

① 尤金·加菲尔德：《引文索引法的理论及应用》，侯汉清等译，北京图书馆出版社，2004，第53~61 页。
② F. Narin, Evaluative Bibliometrics: The Use of Publication and Citation Analysis in the Evaluation of Scientific Activity, Computer Horizons Inc. , 1976 http://yunus. hacettepe. edu. tr/ ~ tonta/courses/spring2011/bby704/narin_1975_eval – bibliometrics_images. pdf［2011 – 12 – 19］。
③ 亨克·F. 莫德：《科研评价中的引文分析》，佟核丰等译，科学技术文献出版社，2010，第155 页。
④ 尤金·加菲尔德：《引文索引法的理论及应用》，侯汉清等译，北京图书馆出版社，2004，第61 页。

议，它可以作为同行评议的有益工具，同时也作为一面镜子，用来检验同行评议的偏差，保持同行评议的公正性。

四　文献计量学用于学术评价的历史

文献计量学从诞生之日起，就有一些在学术评价方面的探索。随着科学规模的日益增大，文献计量学在学术评价中的应用逐步从实验性研究转向学术管理机构的学术评价活动。

早在 1917 年，F. J. 科尔和伊尔斯（N. B. Eales）就发表了一篇文章，对 1543 ~ 1860 年比较解剖学的文献数量进行了描述和分析，对三个世纪以来参与研究的各国的相对贡献和绩效进行测度。

文献计量学指标应用于科研评价始于 20 世纪的 60 ~ 70 年代，首先出现在美国，然后发展到欧洲各国。《科学引文索引》（SCI）的问世，极大地刺激了文献计量学的发展，文献计量学专家利用引文分析方法定量地研究社会的科学能力、科学前沿发展趋势、科学活动的水平，评价科学论文的质量和进行科学机构与人才评估。1976 年，纳林受到美国科学基金会资助，和他的同事们出版了《评价性文献计量学：利用出版和引用分析评价科学活动》[1] 一书，明确提出了"评价性文献计量学"（Evaluative Bibliometrics）一词，用来表明使用文献计量学技术，特别是出版物和引文分析，来评价科学活动这一领域。该书全面介绍了以出版物和引文为基础的评价活动，并利用 SCI 搜集了 9 个学科中 2000 种期刊的数据，对 100 多个子学科进行了分析。1989 年，匈牙利著名科学计量学专家布劳温教授基于 SCI 数据，利用科学计量指标和引文分析方法来评价国家、地区和科研机构的科研水平及学术地位排序，绘制世界科学地理图。

近年来，文献计量学方法得到较为普遍的重视，亚洲、欧洲地区十分重视文献计量学的评价研究及应用，加拿大、澳大利亚也有深入研究，并开展了一些评估实践。

---

① Narin, Evaluative Bibliometrics: The Use of Publication and Citation Analysis in the Evaluation of Scientific Activity, Computer Horizons Inc., 1976 http://yunus. hacettepe. edu. tr/ ~ tonta/courses/ spring2011/bby704/narin_1975_eval – bibliometrics_images. pdf ［2011 – 12 – 19］.

第三节 常用的文献计量学评价指标

评价指标是决定评价成败的重要因素。科学、合理的指标可以很好地反映被评价对象的主要特点，指标使用不得当，就容易得出错误的结论。

目前常用的评价指标中，期刊评价指标相对成熟，本书第五章详细介绍了期刊评价的历史、方法和具体指标。研究者及研究群体（机构、学科、国家层面）最常用的评价指标主要有三类：第一类是生产率指标，是以评价对象的发文数量为基础的指标；第二类是影响力指标，即以评价对象所发表论著的被引数量为基础的指标；第三类是将生产率和影响力指标相结合的综合指标，如 h 指数。从指标的计算过程来看，又可分为绝对指标（如发文量、被引量）、平均指标（如影响因子）、相对指标（如皇冠指标、RICI）和复杂性指标（如 SJR、特征因子）等类型。

下面我们介绍一些典型的评价指标。为了便于理解，成体系的指标集按照相关体系来介绍。

1. 匈牙利科学院的国家评价指标体系

1989 年，匈牙利科学院的布劳温等人利用 ISI 数据库 1980 年的数据，对去除了 6 个发达国家之后的 32 个国家的自然科学文献与引文影响进行了宏观描述，提供了 12 个指标的统计数据[①]。这项研究产生了广泛的影响。虽然该项目仅针对自然科学进行分析，但是由于多数都是基础指标，也适用于人文社会科学的统计分析。这些指标是：

（1）第一作者人数。

（2）论文数量。

（3）论文的学科分布。

（4）未被引证过的论文数量。

（5）未被引证过的论文所占百分数。

---

① 布劳温（T. Braun）：《科学计量学指标 32 国自然科学文献与引文影响的比较分析》，赵红州、蒋国华译，科学出版社，1989。

（6）被高次引证过的论文数量。

（7）被高次引证过的论文所占百分数。

（8）引文率：按国家和学科，发表于 1978～1979 年的论文在 1980 年被引证的条数。

（9）平均引文率：按国家和学科，根据 SCI 1980 年的数据，将 1978～1979 年发表的有关论文的引文数量，除以所述有关论文数所得的商，即平均引文率。

（10）平均影响系数：按国家和学科，把发表于 1978～1979 年的有关论文的引文期望值，除以所述有关论文数所得的商，即平均影响系数。

（11）期望引文率：先计算每篇相应论文的平均引文率，然后算出（某个国家）论文数量乘以每一种杂志的影响系数（即平均引文率）所得的积，将这两项结果相加，即得某个国家或某门学科的期望引文率。

（12）相对引文率：实际引文率与期望引文率之比。

这个指标体系较为全面地揭示了一个国家各学科的研究规模、科学生产率、在各学科的相对影响力等多方面的情况，是一个相对比较完备的国家科研能力评价指标体系。

2. CWTS 指标——皇冠指标

荷兰莱顿大学科学技术研究中心（Centre for Science and Technology Studies，CWTS）的学者们定义了一系列相关指标，被称为皇冠指标（Crown Indicator），主要用来进行机构、国家和学科的评价[①]。

皇冠指标的主要设计思想是希望解决数据的可比性，通过对数据进行归一化处理，来消除因学科、发文规模等不同而带来的影响，是基于国际平均水平而进行的各种指标测度，可以反映某国家、学科或领域在国际上影响力的位置是否高于（也可能是等于或低于）国际平均水平。

CWTS 首先定义了一系列基本的绩效指标，对机构的产出或影响力进行总体描述，并计算机构的篇均被引次数（CPP）；其次再计算世界范围内在同一

---

① Anthony F. J. van Raan，Measuring Quality and Impact of the Social Sciences Concepts，Opportunities and Drawbacks（Pre-Conference of the 10th International Conference on Science and Technology Indicators University of Vienna，September 17，2008）.

类期刊群中或同一学科领域中的篇均被引次数（*JCSm* 和 *FCSm*），两者之比则成为按该学科归一化的引用分数（*CPP/JCSm* 和 *CPP/FCSm*）。如果其值为 1，表示达到了世界平均水平；其值大于 1（小于 1）表示比世界平均水平高（低）。于是归一化的引用分数在不同学科间就有了可比性。

相关指标包括：

（1）P（产出）：在国际同行评议的引文索引来源期刊中发表论文的数量。

（2）C（绝对影响力）：被出版物引用的次数（自引除外）。

（3）H（h 指数）。

（4）CPP（标准化的产出力影响）：某机构发表论文的平均被引次数。

（5）JCSm：某机构所发表论文的期刊集合中平均每篇论文的被引次数。

（6）FCSm：某机构所主要从事的某个特定领域中所有期刊论文的平均被引次数。

（7）p0：未被引用的论文占全部发表论文的百分比。

（8）JCSm/FCSm：某机构发表论文的期刊集合在某个领域的相对影响。

（9）CPP/JCSm：某机构所发表的论文在发文期刊群中的相对影响力。

（10）CPP/FCSm：某机构所发表的论文在相关学科领域中的相对影响力。

作为研究实例，CWTS 在英国研究绩效的分析研究中应用了这些指标，并且计算出各学科在国际上的研究水平[1]。

3. 卡茨的相对国际引文影响（RICI）[2]

研究表明，在文献引用时也存在规模效应。如果有两篇同样主题、水平相近的论文，一篇出自发文量大的国家，另一篇出自发文量小的国家，通常前者的被引概率比后者大一些。在这种情况下，仅比较平均被引率对发文小国就不够公平。卡茨（J. S. Katz）的研究表明出版物的数量与被引用数量呈指数增长

① A. J. Nederhof，T. N. Van Leeuwen，R. J. W. Tijssen，International Benchmarking and Bibliometric Monitoring of UK Research Performance in the Social Sciences：A CWTS Report for the ESRC Leiden，University of Leiden：Centre for Science and Technology Studies，2006.

② J. Sylvan Katz，Bibliometric Indicators and the Social Sciences，Report for ESRC，1999. http：//www. google. com. hk/url？q = http：//citeseerx. ist. psu. edu/viewdoc/download% 3Fdoi% 3D10. 1. 1. 33. 1640% 26rep% 3Drep1% 26type% 3Dpdf&sa = U&ei = uKCWTr2WEImSiAeTwJSfBQ&ved = 0CBUQFjAA&usg = AFQjCNHCC_n7EHTiVsjOwZg0EoktPw03JA［2011 - 10 - 13］.

的关系。为了减少由于规模带来的影响，卡茨提出了相对国际引文影响（Relative International Citation Impact，RICI）的概念。

卡茨根据大量统计，发现发文量与引文之间的关系是：

$$C = kP^n \qquad (4.1)$$

（C：被引量；P：发文量；k、n 是常数）

在卡茨的数据统计中，$k = 1.31$，$n = 1.06$。

因此，在某领域中期望引文影响的计算公式为：

$$Ie = Ce/P = kP^{n-1} \qquad (4.2)$$

（Ie：期望引文影响力；Ce：期望被引量）

实际的引文影响公式为：

$$Io = Co/P \qquad (4.3)$$

（Io：实际引文影响力；Co：实际被引量）

因此，相对国际引文影响的计算公式为：

$$RICI = Io/Ie = Co/Ce \qquad (4.4)$$

（RICI：相对国际引文影响，可用实际被引量与期望被引量的比值来计算）

RICI 指数消除了由于出版数量增长而带来的影响。这个指标对于一些发文量、被引量较小的国家或机构来说相对比较公平。

卡茨发现，如果按照平均被引量来计算，1981～1998 年美国在心理学和经济学两个学科的多数时间内都超过英国。但是，如果消除掉美国发文规模大的优势，按照这个公式进行计算，英国在 18 年间心理学超过了美国，而经济学则在 13 个区域（每五年算一个统计区域，共 13 个区域）中的 8 个区域超过美国。

4. h 指数

h 指数是 2005 年由美国加州大学圣迭哥分校的物理学家赫希教授提出的。赫希给出的原始定义是："一个科学家的 h 指数值是指在他（她）发表的 N 篇论文中，有 h 篇论文每篇论文的引文数至少为 h 次，同时剩余的（N－h）篇论文每篇论文的引文数都小于 h 次"①。该定义后来被格伦策尔修正为："一个科学家的 h 指数是指在该科学家的 N 篇论文中，最多有 h 篇论文每篇论文的引文数最少为 h 次。"②

h 指数从论文数量和被引频次两个角度来评价科学家个人研究绩效，是对科学家全部科研成果的重要性、意义和影响力进行评估的指标。该指标简单有效，一经问世，就引起了人们的广泛关注。

用 h 指数评价科研人员的绩效可以遏制片面追求论文数量的不良倾向，同时又能够激发科研人员探索深层次科学问题的热情。h 指数强调高被引频次的论文，因此适合于遴选杰出科学家，也可以用于衡量较长时间范围内学者的学术表现。

但是，文献计量学专家也发现了 h 指数所存在的一些问题。

莫德指出，在合作论文中，怎样将团队论文的引文影响力与个人在团队中的工作绩效联系起来是一个问题③。

格伦策尔认为，与 h 指数的优点形成对比的是其下列缺点④：

（1）h 指数对于那些刚开始从事科学研究的人员而言是不利的，因为他们的论文产出和引文率相对较低。

（2）这项指标有可能造成科学家们躺在原来的成就上睡大觉，因为他们即使没有新的论文产出，以往的论文仍然有可能获得新的被引，进而引起 h 指数的增加。

（3）这项指标是基于对科学家长期学术影响的观察。因此，由于上述同样的原因有可能导致我们看不到科学家研究活力的衰退情况。

（4）根据 h 指数的定义，被引频次不能超越论文数量的界限，因此它不利于那些论文数量少而被引频次高的科学家。

（5）h 指数在鉴定杰出贡献者时毫无疑问是有效的，但是对于评价较为优

---

① J. E. Hirsch, An Index to Quantify an Individual's Scientific Output, 2005, http：//arxiv. org/abs/physics/0508025.

② Glänzel：《也谈 h 指数的机会和局限性》，《科学观察》2006 年第 1 期。

③ Henk F Moed.：《h 指数构建有创意 用于评价要慎重》，《科学观察》2006 年第 1 期。

④ Glänzel：《也谈 h 指数的机会和局限性》，《科学观察》2006 年第 1 期。

秀的研究人员并不合适。

针对 h 指数存在的问题，一些文献计量学专家提出了几种修正计算的方法。

比利时著名科学计量学家埃格赫在分析 h 指数评价效果时，提出了一种基于学者以往贡献的 G 指数，即将论文按被引次数从高到低排序，计算排序的序号平方及累积被引频次，累计被引次数大于等于序号平方的最大序号就是 G 指数的值[①]。

金碧辉和鲁索也提出了另外一种将引文数考虑在内的测度方法[②]。他们提出了 R 指数和 AR 指数。R 指数是指 h 指数划定的区域（被称为 h 核）总被引频次的平方根。R 指数可以克服 h 指数区分度不大的问题。AR 指数是指 h 核内每篇论文的年均被引频次总和的平方根。AR 指数是在 R 指数解决了 h 指数的敏感度和区分度问题的基础上，试图采用论文发表年龄这一因变量来解决 h 指数只升不降的问题。

2008 年 6 月，中国科技大学的吴强教授在物理学界著名网站 arXiv 上发表了论文，提出了 W 指数的概念[③]。W 指数的计算方法与 h 指数类似，但是更强调高被引论文，即如果某科学家的 W 篇论文至少被引用了 10W 次，则该科学家的 W 指数就是 W。W 指数在继承 h 指数简洁易懂特点的同时，更关注高被引频次的论文，能更准确地反映出一个科学家代表作的综合影响力。文章提出，W 指数为 1 或 2 的研究者可以说是某领域的"入门级"，W 指数为 3 或 4 标志着一位研究者掌握了"科学活动的艺术"，W 指数为 5 说明是一位成功的研究者，W 指数到达 10 则为"杰出"，而 W 指数在 20 年内达到 15 或者在 30 年内达到 20 才可以被誉为"顶尖科学家"。

除了用于科学家个人绩效评价，h 指数还被延伸到评价其他内容。如布劳恩等人将 h 指数用于期刊学术影响力评价中（参见第五章内容）。也有学者将

---

① Leo Egghe, "Theory and Practise of the g – index", *Scientometrics* Vol. 69, No. 1 (2006): 131 – 152.

② 金碧辉、Rousseau Ronald：《R 指数 AR 指数——指数功能扩展的补充指标》，《科学观察》2007 年第 3 期。

③ Wu, Qiang, The w – index: A Significant Improvement of the h – index, http://arxiv.org/abs/0805.4650v3. [2009 – 2 – 11]

h 指数延伸到对研究机构和出版社的评价。

相对于其他指标而言，h 指数比较适合于个人成果的评价。但是文献计量学专家们也同时强调不能单凭一两项指标对科学家个人科研绩效进行简单评价，要将这些指标与同行评议相结合。

5. 其他指标

除了以上指标外，还有一些非常重要的指标，主要用来进行期刊和网络的评价。用于期刊的评价指标有：影响因子、SJR 和特征因子，用于网络计量学评价中的指标还有网络影响因子等。这些内容在第五、六章有介绍，这里不再重复。

在选择和构建评价指标时，应注意以下几方面问题：

（1）不用单一的指标。单一指标只能反映问题的一个方面，而人文社会科学的学术评估呈现多面性，不能把问题绝对化。

（2）一定要按照同类相比的原则，分学科、分专业进行比较。

（3）根据分析对象的具体情况采用合适的指标，不能用一个尺度去衡量所有的评价对象。

（4）文献计量学得到的结论是在大量数据基础上的统计规律，所以多数指标在进行宏观分析时都比较客观准确，在比较机构、国家、学科差异方面有较强的优势。但是在进行针对一篇文章、一个作者这样的微观分析时就要慎重，由于数据量小，发生偏差的机会比较大，这时就不能将统计结果进行绝对化理解。

（5）在涉及经费、职称评定、奖励等利益分配的时候，由于影响因素更多，就要结合专家意见，甚至以专家意见为主，定量评估为辅。

第四节　部分国家的文献计量学研究
——来自于基金会或科研管理机构的报告

同自然科学相比，文献计量学方法在人文社会科学学术评价中的应用相对较少，但是近年越来越多国家的基金会或者科研管理机构纷纷启动相关研究项目，对于文献计量学方法在人文社会科学领域的理论和应用进行探索性研究。

其中，欧洲开展的研究最多，例如欧盟委员会、英国经社理事会、荷兰皇家科学院等都支持过相关项目或发布了研究报告。其他地区对这个问题也表现出较为强烈的关注，如加拿大人文社会科学研究理事会以及澳大利亚人文、艺术与社会科学理事会等都开展了相关研究。这些研究项目大都由各国知名的文献计量学专家完成，几乎代表了全球最高研究水平，研究内容结合了文献计量学的理论，以评价应用为考察目标，深入探讨了文献计量学方法在人文社会科学学术评价中应用的可能性，有的还利用相关数据进行了试验性分析。这些研究结果直接影响到科研管理部门对评价方法的选择和决策。

这些报告研究的主要问题包括以下几方面：

（1）数据来源：主要探讨 SSCI、A&HCI 数据库在人文社会科学领域文献计量学分析研究及学术评价方面的适用性，分析其他可以作为数据源的数据库的优劣。各地区引文数据库的建设也是研究的热点之一。

（2）统计指标和相关标准：如统计时间窗的长短、各种统计指标的建立及应用条件等。

（3）各种试验性评估研究。

应当说，目前的研究基本上是试验性研究，而且评估大多都在宏观层面。专家们普遍认为，基于当前的条件，对社会科学领域的评价在多数情况下是可以进行的，而人文领域则不太适合。多数专家建议谨慎使用文献计量学指标进行学术评估。

下面对部分国家的研究报告内容及结论进行简要介绍。

1. 欧盟委员会——《欧洲经济学杰出机构图谱分析》[①]

2004 年，欧盟委员会发布了一份研究报告——《欧洲经济学杰出机构图谱分析》（Mapping of Excellence in Economics），对欧洲经济学四个分支学科的发展情况进行了分析测度。报告采用了多种分析方法，包括文献计量学、同行评议、问卷调查以及各国的统计数据等，主要目标是希望寻找一种确定杰出研究机构的方法，让大家都了解“谁在做什么”，以此来促进彼此的竞争和合作。

[①] European Commission, Mapping of Excellence in Economics, Luxembourg: Office for Official Publications of the European Communities, 2004.

所研究的四个分支学科包括：数学与定量方法、劳动与人口经济学、产业组织，以及经济发展、技术变化和增长。

数据主要来源于以下几个途径：

在文献计量学研究方面，利用两个数据库——EconLit 和 SSCI 对期刊论文及其被引用情况进行统计。声望评估通过对欧洲经济协会及其他一些群体的成员的调查来进行。此外，报告还搜集了欧盟委员会所支持的一些项目的数据、欧盟第五个框架计划所支持项目的情况，以及欧盟成员国的相关统计数据。

报告通过研究发现：

文献计量学方法在完备性、可比较性和可靠性方面非常成功。但是不推荐 SSCI 作为唯一的数据源，因为该数据库的引文数量相对较少，同时收录欧洲的期刊非常有限。声望评估的效果还可以，但是还需要增加对杰出团队的确定，调查人数越多，偏差越少，然而受成本限制需要确定合适的调查数量。欧盟委员会的数据是对其他研究成果的有益补充，欧盟框架计划数据还需要更多细致的结构分析。成员国统计数据问题最多，因为各国对指标的定义不同。

相比之下，文献计量学方法用于揭示欧洲经济学杰出机构具有全面、可靠、可比较等特点。如果辅之以其他数据和方法，会得到较为可信的结果。

2. 英国的研究报告

（1）《英国社会科学研究绩效的国际基准比对和文献计量学监测》①

该报告受到英国经社理事会资助，由荷兰莱顿大学科学技术研究中心（CWTS）完成。报告选取了十个学科进行文献计量学分析，包括：经济学和商业、教育学、信息与通信科学、语言和语言学、法律与犯罪、管理与计划、政治学和公共管理、心理学、社会与行为科学、社会学与人类学等。

数据源采用 SSCI 数据库。

报告首先根据学科特点确定引文数据的统计时间范围，经分析确定：多数学科需要 6 年左右，法律与犯罪学、信息与通信科学可以为 4 年。

---

① A. J. Nederhof, T. N. Van Leeuwen, R. J. W. Tijssen, International Benchmarking and Bibliometric Monitoring of UK Research Performance in the Social Sciences: A CWTS Report for the ESRC Leiden, University of Leiden: Centre for Science and Technology Studies, 2006.

其次，根据 CWTS 提出的一些绩效衡量指标，如 P、C、CPP、FCSm、JCSm 等进行计算，将研究水平划分为五个等级：世界领先、高于世界平均水平、部分高于世界平均水平、世界平均水平、低于世界平均水平。

在此基础上，报告对英国十个学科在国际上的影响力进行了分析比较，揭示出各学科在全球的位置。分析结果表明，英国达到世界领先的学科有社会与行为科学，超过世界平均水平的有经济学和商业、语言和语言学、心理学；部分超过世界平均水平的有教育学、法律和犯罪学、管理与计划；处于平均水平的有政治学和公共管理、社会学与人类学；低于世界平均水平的有信息与通信科学。最后，报告还基于过去和当前的数据进行了英国绩效的趋势分析。

报告对文献计量学数据源进行了分析解剖，认为当前广泛应用的 ISI 数据库有其自身的弱点，并提出了五种改进方案，即：

根据期刊和图书的权重为研究成果加权；根据标准方法进行引文分析；利用 ISI 数据库进行包括非 ISI 论文影响分析的引文分析；将一些非 ISI 期刊加入 SSCI 进行回溯研究；构建一个非 ISI 引文数据库。

作者倾向于选择第三种方案，即利用 ISI 数据库进行进行包括非 ISI 论文影响分析的引文分析。

（2）《文献计量学指标与社会科学》①

这是英国苏塞克斯大学的卡茨为 ESRC 撰写的研究报告。该报告阐述了文献计量学指标在社会科学领域中应用时出现的一些问题和指标的利用方法。

报告认为，社会科学领域出版了多种类型的文献，研究的问题也更注重本国和本地问题，这使得基于国际期刊论文的文献计量学指标遇到了一些困难。但是，文献计量学方法在社会科学领域的某些学科中，如心理学和经济学，可以提供较为可信的有关国际社会科学学术研究的规模和影响的测度。

报告利用 1981～1998 年 ISI 光盘数据计算了社会科学领域的相关指标，统计了社会与行为科学中各国在各学科论文中的产出比例，提出了测度影响力指

---

① J. Sylvan Katz, Bibliometric Indicators and the Social Sciences, Report for ESRC, 1999, http：//www. google. com. hk/url？q = http：//citeseerx. ist. psu. edu/viewdoc/download% 3Fdoi% 3D10. 1. 1. 33. 1640% 26rep% 3Drep1% 26type% 3Dpdf&sa = U&ei = uKCWTr2WEImSiAeTwJSfBQ&ved = 0CBUQFjAA&usg = AFQjCNHCC_n7EHTiVsjOwZg0EoktPw03JA ［2011 - 10 - 13］.

标的一种测度方法——相对国际引文影响（RICI），并与论文平均被引率进行了比较。结果发现，如果按照平均每篇论文被引用次数计算，美国在心理学领域要领先于英国，但是如果考虑到发文规模带来的影响，使用 RICI 进行测度，则英国领先于美国。

3. 荷兰——《判断研究的价值——人文社会科学理事会的咨询报告》①

2005 年，荷兰皇家科学院向人文社会科学理事会提交了一份报告，题为《判断研究的价值——人文社会科学理事会的咨询报告》（Judging Research on its Merits—An Advisory Report by the Council for the Humanities and the Social Sciences Council）。报告的主要内容是分析人文社会科学领域研究活动评估过程的特性，包括文献计量学指标的作用。

报告首先分析了研究评估的复杂性。报告认为，人文社会科学的使命不同于自然科学，它以文化、社会为研究对象，对决策者、管理者、法官和公众意见有直接的影响。人文社会科学研究者主要与同行进行学术交流，但他们在与非同行听众的知识交流中也发挥重要的作用。人文社会科学领域需要特殊的文献交流形式，如公共报告、法律咨询或政策论文，或面向一般公众的出版物。

报告分析了文献计量学指标的作用。其中重点分析了 A&HCI 所存在的问题。作者认为，A&HCI 有明显不足，不应被欧洲科学决策者使用，需要建立欧洲人文引文索引（European Citation Index in the Humanities，ECIH）。作者认为，"即便（ECIH）只是研究评价的补充工具，也比仅有一个工具好"。

报告发现现存的另外一些问题是：文献计量学指标来自于自然科学的交流模式，而不是人文社会科学；影响因子作为评价工具被高估；引文统计的时间范围经常太短；不同学科有不同的文化，引用习惯不同，不能相互比较，等等。

报告认为，文献计量学指标在人文社会科学评价中的应用，总体上说相当有限。定量指标对于小的研究领域而言，相对开销较大而重要性不强、可信度较低。在该领域的大多数学科中，对研究行为的评价不能基于简单或统一的文献计量学指标。由于有不同的交流模式，适用于一个学科的方法未必适合其他

① Royal Netherlands Academy of Arts and Sciences, Judging Research on its Merits—An Advisory Report by the Council for the Humanities and the Social Sciences Council, 2005. http://www.knaw.nl/Content/Internet_KNAW/publicaties/pdf/20051029. pdf [2012 - 6 - 19].

学科。此外，评价指标的意义要在同行评议的框架内由专家来解释。

4. 挪威——《挪威的经济研究：文献计量学分析》①

2007 年，挪威研究理事会科学评价部发布了一份报告：《挪威的经济研究：文献计量学分析》（Economic Research in Norway—Bibliometric Analysis）。该报告对挪威研究理事会科学评价部所评估的经济学研究机构进行了文献计量学分析。这份报告严格说来不算是评价报告，但是对学科评估有一定参考作用。

报告论述了文献计量学指标的发展及其局限、文献计量学方法与同行评议的关系，认为同其他人文社会科学的学科相比，经济学相对来说更加适合利用文献计量学指标进行分析。

报告利用数据库对 1996～2006 年挪威经济研究的状况进行了分析。

报告使用的主要数据来源有两个：一个是研究者自己提供的出版物目录，另一个是 ISI 引文索引。前者包括出版社出版的图书、图书的章节、期刊论文、研究所发表的论文或报告、由其他机构出版的论文或报告，以及博士学位论文等。

统计的主要内容包括以下几方面：论著发表的总体情况、国际科学论文分析、国家科学论文分析、灰色文献、期刊文档、引文指标、合作指标等。

5. 加拿大——《文献计量学在人文社会科学中的应用》②

2004 年，加拿大人文社会科学研究理事会（Social Sciences and Humanities Research Council of Canada，SSHRCC）请 Science-Metrix 公司撰写了一个报告——《文献计量学在人文社会科学中的应用》（The Use of Bibliometrics in the Social Sciences and Humanities）。Science-Metrix 是加拿大进行科学、技术和创新测度与评价的专门机构。

报告介绍了文献计量学分析中可以使用的数据库，文献计量学方法的局限性，在人文社会科学领域进行国家绩效的定标比超方法，利用文献计量学确定

---

① The Research Council of Norway, Economic Research in Norway—Bibliometric Analysis, The Research Council of Norway. 2007.

② éric Archambault, étlenne Vignola Gagné, The Use of Bibliometrics in the Social Sciences and Humanities, Science-Metrix Final Report, Prepared the Social Sciences and Humanities Research Council of Canada, 2004, http：//www.science－metrix.com/pdf/SM＿2004＿008＿SSHRC＿Bibliometrics_Social_Science.pdf［2012－8－8］.

人文社会科学研究领域新兴学科和领域的方法等内容。该报告认为，在人文社会科学的很多学科中，要谨慎地使用文献计量学方法。

第五节 文献计量学在国内外人文社会科学学术评价中的应用

文献计量学在国内外人文社会科学学术评价中的应用主要体现在三个方面：一是在科研管理机构的研究评估活动中，文献计量学指标作为正式使用的评价指标或补充性材料；二是作为期刊评价的重要指标；三是部分大学排行榜中也使用了文献计量学指标。期刊评价将在第五章进行专门论述，本节只介绍研究评估和大学排行榜的情况。

一 各国评价项目中的文献计量学应用概况

从实际操作层面看，部分国家在评价体系中采用了文献计量学指标，而另外一些国家的评价方法仍以同行评议为主，总体看来文献计量学指标并未起到决定性作用，它们只适用于部分学科，有时仅作为基础资料供评价者进行参考。下面简单介绍部分采用文献计量学方法的国家的评价体系概况。

1. 英国的大学研究评估活动

英国的学术评价是典型的"国家主导"模式，在利用文献计量学进行学术评估方面开展了很多探索性研究和实践，因此有一定代表性。

英国大学的评估活动始于 1986 年，当时称之为"研究选择性评估"（Research Selectivity Exercise），政府以评估结果为基础对大学拨款进行有选择的削减。

1992 年，英国高等教育资助委员会（Higher Education Funding Council for England，HEFCE）成立，将评估名称改为"研究评估活动"（Research Assessment Exercise，RAE），并分别在 1992、1996、2001 和 2008 年开展了几次研究评估活动。

HEFCE 在《1992 年科研评价实施条例：评价标准》中明确宣布同行评议是科研评价的基石。评估主体分为一级评估委员会（Panel）和二级评估委员会（Sub-panel）两个层次。评估委员会成员利用他们的知识、判断和专业技能，对每个高等院校提交的评估申请形成集体评议意见。评价结果分为 5 个等级，并作为科研经费分配的依据。RAE 实施代表作制度，2008 年 RAE 规定每位研究人员最多提交评价周期内完成的 4 项成果。

在以同行评议作为主要评价方法的同时，HEFCE 还向包括文献计量学指标在内的可能作为同行评议补充的评价方法敞开大门。具体内容包括：采用文献计量学方法，对科学期刊分类评级，此法适用于各个不同的学科领域；允许在评审意见中计入相应科学家产出的被引数量。HEFCE 指出这些文献计量学方法对某些学科尤其适用。

从 2009 年开始，HEFCE 启动新的评估项目——"研究卓越框架"（Research Excellence Framework，REF），该项目将取代 RAE，在 2014 年进行第一轮评估。

REF 对文献计量学方法在评估中的应用进行了一系列实证研究，针对评估所涉及的机构、学科和评估方法进行研究，利用 WoS 和 Scopus 两个数据库进行试验和比较，并进行专家讨论、调研，最后得出相关结论。需要注意的是，试验研究的学科中社会科学的学科相对较少，人文学科基本没有涉及。

2009 年 HEFCE 的一个先导项目研究了引文对 REF 的适用性。该项目得到的主要结论是：在目前阶段，文献计量学方法和数据支持还不够强大，在 REF 中尚不能进行公式化应用，也不能代替专家评审。然而引文方法有相当大的机会用于为专家评审提供信息。同时，文献计量学在先导项目所覆盖的学科中的可用性随学科变化，如果覆盖程度低则会降低引文信息的代表性。在一些以期刊为主的学术交流体系中，文献计量学更有代表性[1]。此后，另外一项研究又对 2009 年的报告进行补充，对文献计量学指标的解释和研制提供参考信息[2]。

同 2008 年的 RAE 相比，2014 年的 REF 无论从整体框架还是细节方面都

---

[1] Report on the Pilot Exercise to Develop Bibliometric Indicators for the Research Excellence Framework, HEFCE Issues paper, September 2009, http://www.hefce.ac.uk/pubs/hefce/2009/09_39/ [2011-11-17].

[2] Analysis of Data from the Pilot Exercise to Develop Bibliometric Indicators for the REF—The Effect of Using Normalised Citation Scores for Particular Staff Characteristics, HEFCE Issues paper, February 2011, http://www.hefce.ac.uk/pubs/hefce/2011/11_03/ [2011-11-17].

将有所变化。

与 RAE 一样，REF 评估主要依靠专家评审。专家小组审阅被评估单位提交的材料，根据他们的专业判断来形成总体的评价。REF 针对所有学科采用同一个评估框架，使用共同的数据和标准的定义与过程，由专家小组按照宽泛的一般性评价标准进行评估。各评价小组的标准可以有弹性，可设置一些专门的评价标准以适应学科间的差异。

评价标准分为三个方面：

（1）产出：占 65%，同国际研究质量标准相比，强调"原创性、重要性和活力"。

（2）影响力：占 20%，指被评价对象在经济、社会和/或文化方面的影响。

（3）环境：占 15%，强调评价对象在更广泛的学科或研究基础上的生命力和可持续性。

HEFCE 在评估框架的"产出"部分提到了引文数据的使用。HEFCE 规定，一些评价小组可以考虑将成果的被引次数作为提交成果学术重要性的附加信息，但是要将专家评审作为主要的评估手段，以便达到对评估标准（原创性、重要性和活力）全方位的判断。HEFCE 不推荐评估小组依靠引文信息选择学者或成果。

REF 要求引文数据来源对学科有较好的覆盖面。经过比较，REF 最后选择了 Scopus 作为引文数据来源。REF 工作人员及指定机构根据提交的成果目录进行检索和匹配，以获得相关的引文数据，并将截至某一时间点的被引次数在评审开始前提交给评审小组。所有的评审小组可以访问的数据是一致和透明的。机构应当依据评估标准的规定（原创性、重要性和严谨），根据自己的判断选择并提交能够代表最高研究质量的成果。[①]

值得注意的是，RAE 和 REF 都是针对大学中不同的院系进行评价，并不是针对个人或单独的研究成果。

2. 澳大利亚的研究评估活动

2004 年 5 月，澳大利亚总理约翰·霍华德宣布澳政府将为由公共经费支

---

① Accessment Framework and Guidance on Submissions，2011，pp. 25 - 26，http：//www. hefce. ac. uk/research/ref/pubs/2011/02_11/02_11. pdf［2011 - 11 - 16］.

持的科学研究建立质量评价及准入制度，即"科研质量框架"（Research Quality Framework，RQF）制度。RQF 旨在确保公共资金确实被用于进行高品质的科研中。

2009 年，RQF 计划被澳大利亚研究理事会的"澳大利亚卓越研究"（Excellence in Research for Australia，ERA）计划所取代。2010 年和 2012 年开展了两轮 ERA 评价活动①。参加评价的学科较为全面，包含了人文社会科学的各学科，评价结果分为五个等级。

ERA 2010 指标分为四大类，其中，"研究质量指标"包括引文分析及同行评议等相关内容，"研究数量及行为指标"包括研究成果的数量等指标。另外的两个指标分别是"研究应用指标"和"认知指标"。

ERA 项目设置了最低门槛。凡使用引文分析指标的学科，在任何一级或二级学科中，如果 2003~2008 年六年间数据库中收录的论文少于 50 篇，则该学科就不被评价。对于没有使用引文分析指标的学科，如果 6 年间发文量低于 30 个成果，也不予评价。成果计算时，一本图书可以折算为 5 个成果。但这种折算方法仅限于确定最低标准，在其他统计指标中一本书仍然视为一个成果。

多数学科提交的是传统的研究成果形式，即图书、图书章节、期刊论文、会议论文等。有些学科可以提供非传统研究成果，如一些人文、艺术和社会科学学科可提交"原创作品"、"现场演出"等成果形式，不过非传统研究成果只能适用于同行评审。

ERA 2010 采用 Scopus 数据库作为文献计量学的数据源。Scopus 将为 ERA 及被评价机构提供相关的引文统计数据及相关学科的引文标杆（benchmarks）。

3. 荷兰标准评价草案

荷兰大学联合会、荷兰科研组织和荷兰皇家科学院共同制定了标准评价草案（Standard Evaluation Protocol）来进行荷兰的学术评价。

草案于 1994 年首次发布，之后分别于 1998、2003、2009 年发布更新版本，其中，最后一个版本的评审将在 2013 年实施。

---

① Excellence in Research for Australia 2010 Report，2010，http：//www. arc. gov. au/era/era_2010/outcomes_2010. htm［2012 - 6 - 13］.

下面以《2003～2009 公共研究机构标准评估草案》（Standard Evaluation Protocol 2003 – 2009 For Public Research Organizations）① 为例进行简单介绍。

该草案规定了受到荷兰公共基金资助的科学研究要进行评估，相关机构必须在三年中进行一次自我评价，六年进行一次外部评价。评价内容不仅包括研究内容，同时也包括主管机构的研究活动管理及发展策略，评价结果主要用于确定未来的研究和政策。

评价的基本单元是研究所（院），即"一个在相同的管理制度下工作的、具有共同使命的团体"。与此同时，也可以对研究项目进行评价。

评价主要从四个方面进行：

（1）质量：指国际认可和创新的潜力，主要由专家评议。

（2）生产率：指科学产出。通常使用定量指标来测度，最经常使用的是文献计量学指标，如发文量和被引量等，有时还使用技术计量学（technometrics）方法评估专利及专利引文，用科学计量学方法评估与研究过程中的社会–经济绩效相关的因素。指标测度的结果需要结合人力资源引进的情况进行评价。

（3）实用性：指科学和社会、经济影响，定性和定量方法均可以使用。

（4）活力和可行性：指弹性、管理和领导。

最终由专家进行综合评议，结果分为优秀、很好、好、满意、不满意五个等级。

总体说来，这是一个指南性文件，它制定了进行学术评价的框架，各机构可以按照自己的具体情况进行调整后再采纳使用。使用的主要评价方法是同行评议，但是其中利用了文献计量学方法对评价单位的生产率情况进行定量评估。

该评估体系在利用文献计量学指标的同时，还特别指出了采用文献计量学方法应当注意的事项，提醒大家合理使用这些指标，注意定量方法的学科适应性以及 ISI 引文索引的局限性。

在体系设计方面，该草案不仅考虑到学术影响，同时还考虑到很多其他因

---

① VSNU，NOW，KNAW，Standard Evaluation Protocol 2003 – 2009 For Public Research Organizations，2003.

素（使命、外部影响等）。该评价体系还设计了"元评价"，也就是对评估过程和评估结果的评审，以保证评估的公正和客观。

这个系统是面对所有研究机构设计的，其中包括人文社会科学机构，但是在具体的文献计量学指标应用方面，没有给出详细的指南。

4. 中国高校系统的人文社会科学学术评价制度

中国高校系统的人文社会科学学术评价制度在变化中不断完善。在 20 世纪 90 年代之前普遍采用同行评议为主的定性评价机制，90 年代开始引入量化评价机制，评价主体以行政机构为主，同时也有专家参与。近年来则有越来越强的定量化色彩。当前很多高校自行制定的评价标准中普遍存在以下问题：过度依赖量化指标，重数量轻质量，以刊评文——以入选何种期刊来判定论文的质量。

以某大学哲学社会科学研究评价指标体系为例①，该校将项目、成果和成果获奖三种类型分别进行评价。项目评价是根据其来源及经费情况给予打分，立项单位的级别越高，对应的分值越高，经费越多，分值越大。成果评价分为三类，分别是：论文类、著作类、报告类。论文类以 CSSCI 中收录、被引数量及转载情况进行考核，对发表在不同层级期刊的论文给予不同分值；著作类根据类型给予不同权重，报告类根据成果最终去向来确定分值，同时考虑字数。成果获奖按国家、教育部、省及其他部级来划分，分别给予不同的分值，主要考虑第一作者。

不可否认，这些评价标准的实施的确起到了提高科学成果产出率的作用，但与此同时，也在学术界、教育界引起了广泛的争议。2011 年 11 月 7 日，教育部出台文件《教育部关于进一步改进高等学校哲学社会科学研究评价的意见》，要求完善以同行专家评价为主的评价机制，正确认识引文数据在科研评价中的作用，避免绝对化②。

---

① 刘大椿等：《人文社会科学研究成果评价体系研究》，经济科学出版社，2009，第 258～263 页。

② 教育部：《关于进一步改进高等学校哲学社会科学研究评价的意见》，教社科 ［2011］4 号，2011。http://www.moe.edu.cn/publicfiles/business/htmlfiles/moe/A13_zcwj/201111/126301.html.［2011 - 11 - 11］.

5. 其他国家的评估活动

除了以上国家外，还有一些国家的学术评估活动中使用了发文量和被引量两类数据。

希克斯介绍了其他国家利用文献计量学方法进行学术评估的概况[①]：

匈牙利科学院对其研究所进行全面评估，使用同行评议和定量指标。

波兰科学研究委员会制定了经费拨款计划，采用了定量指标进行评估，其中文献计量学方法包括同行评议期刊的论文数，图书（专著）的数量以及相应的被引量。

斯洛文尼亚研究局的评估采用定性和定量指标，包括 ISI 期刊及其他数据库期刊、国家期刊的发文量，图书的数量等。斯洛文尼亚评审委员会评估所资助的高校院系的指标包括前五年的发文量、前五年在 SCI 的被引量以及其他一些指标。

南非国家研究基金会评估系统的研究成果中包括同行评议的期刊、图书、会议邀请、教材等类型，被引率也被谨慎地使用。

二　大学排名

当前大学排名有三种常用方法：第一种主要依靠同行调查和定量指标，但没有使用文献计量学指标；第二种使用同行调查和定量指标，其中部分为文献计量学指标；第三种仅使用定量指标，而且文献计量学指标权重很高。《美国新闻和世界报道》大学排名、英国《泰晤士报高等教育特刊》世界大学排名以及上海交通大学世界大学学术排名是这三种类型的代表。中国国内现行的各种大学排行榜大多属于第三种。

1.《美国新闻与世界报道》杂志的大学排名

《美国新闻与世界报道》（US News and World Report，简称《美新》）杂志的大学排名是由美国民间组织研制的、具有世界影响力的大学排行榜。1983年，《美新》第一次推出全美大学排名，以后每两年一次，主要面向本科教育

---

① Diana Hicks, Jian Wang, Towards a Bibliometric Database for the Social Sciences and Humanities, 2009, http：//works. bepress. com/diana_hicks/18 ［2011 - 12 - 7］.

的院校。1987 年后又改为每年评选一次，并开始涉及研究生教育。大学排名的主要目的是为学生及其家长在选择高校时提供参考信息。实际上，这个排名在一定程度上也影响了政府的教育决策与拨款数量，还影响了校外捐助的资金流向。

《美新》的评估体系分为七大类指标，分别是本科学术声誉、新生录取水平、师资力量、学生毕业率和新生保有率、财政资金、校友捐赠和毕业率表现。这些指标中有同行评估调查，也有大量客观的定量指标，但没有使用文献计量学指标。

除了对大学排名，每一年度，《美新》都对商业、教育、工程、医学、法律、医药、科学、社会科学、人文学以及艺术和保健等学院进行专门的研究生院排行，这个排行体现的学术与专业特色更为明显，根据不同学科的特点，分别对各学院的各种指标赋以不同的权重（见表 4-2）。

表 4-2 《美新》研究生院排行中各学院的指标权重

学院 \ 指标	质量评估	学生的选择尺度	就业成功率	师资	研究活动
商业学院	0.40	0.25	0.35	—	—
教育学院	0.40	0.18	—	0.12	0.30
工程学院	0.40	0.10	—	0.25	0.25
医学院 研究型	0.40	0.20		0.10	0.30
医学院 基础医疗型	0.40	0.15		0.15	0.30
法律	0.40	0.25	0.20	0.15	—
健康学科	同行评估调查(1.00)				
科学博士项目	调查(1.00)				
社会科学与人文学博士项目	同行评估调查(1.00)				
图书馆信息研究	同行评估调查(1.00)				
艺术硕士	同行评估调查(1.00)				

资料来源：米红、李小娃，《〈美国新闻与世界报道〉研究生院排行方法论的分析与启示》，《大学·研究与评价》2009 年第 3 期。

从指标权重可以看出，质量评估是各学院最重要的评价指标，在每个学院的评价中权重都为最高，而健康学科、社会科学与人文科学博士项目、图书馆信息研究以及艺术硕士等学科完全依靠同行评议形式的质量评估，科学博士项目的评估以对相关科学学院中熟悉该领域的学术人员进行调查的方法为主。

研究生排行榜中也没有使用文献计量学指标。

2. 泰晤士报高等教育世界大学排名

泰晤士报高等教育世界大学排名（Times Higher Education World University Rankings），由《泰晤士报高等教育专刊》（Times Higher Education，THE）和英国著名高等教育研究机构夸夸雷利·西蒙兹（Quacquarelli Symonds，QS）联合推出，首次出版于 2004 年，之后每年更新一次。它基于教学、师资、就业率和国际学生比例等一系列指标，包括全球前 500 名学校的综合排名，以及在科学、技术、生物医学、社会科学和人文艺术等五个专业领域的前 300 名学校排名。与其他排名相比，泰晤士报排名收录了更多的非美国大学，尤其是英国的大学。

2004～2009 年数据的构成包括：40% 同行评议、20% 论文引用、20% 学生－教师人数比，此外，还包括国际学生和国际员工情况。

但是这个排行榜受到一些质疑，质疑的重点集中在同行评议和引用两个指标上。在旧的 THE－QS 标准中，同行评议调查的反馈率非常低，根本无法反映各学校真实的声望和口碑，引文统计法没有考虑到学科之间引用水平的显著差异，也带来了评价结果的误差。

于是《泰晤士报高等教育专刊》2010 年开始启动全新的评价系统，他们放弃与 QS 的合作，开始与汤森路透公司合作。声望调查采用第三方专家和伊普索·莫利（Ipsos Mori）调查机构的数据，样本量由 2009 年的 3500 个增长到 2010 年的 13388 个，50 多名教育界权威人士参与了对排名的审定，汤森路透集团提供了所需的文献计量学数据。各院校需提供 13 项独立的考评指标，以便评审委员会对大学从事的教学、研究及知识转移等各项活动进行全面的评估。评估体系中加强了文献计量学指标的权重，适当减少了同行评议的分量。

这 13 项独立的考评指标可划分为 5 大类[①]：

（1）教学——学习环境、师生比例、颁发的学士/博士学位等（占总评分的 30%）

（2）研究——研究数量，收入及声望（占总评分的 30%）

（3）论文引用数量——科研的影响力（占总评分的 30%）

（4）产业收入——创新，即来自产业和学术人员的科研收入（占总评分的 2.5%）

（5）国际视野——国际学生数量、国际教职员工及跨境学术研究（占总评分的 7.5%）

3. 世界大学学术排名[②]

世界大学学术排名（Academic Ranking of World Universities，ARWU）是由上海交通大学世界一流大学研究中心和高等教育研究所的研究人员出于学术兴趣独立研究完成的，于 2003 年首次在网上公布，此后每年更新。排名的初衷是寻找中国大学和世界名牌大学在科研方面的差距。排名方法的客观性和透明性是 ARWU 的特点。

ARWU 采用国际可比的科研成果和学术表现作为评价指标，具体包括：

获诺贝尔奖和菲尔兹奖的校友折合数、获诺贝尔奖和菲尔兹奖的教师折合数、各学科被引用次数最高的科学家数、在 SCIE[③] 或 SSCI 收录的杂志上发表的论文折合数、被 SCIE 和 SSCI 收录的高质量论文比例，以及科研经费情况，具体内容见表4 - 3。

世界大学学科领域排名包括五个学科领域，分别是：数学与自然科学、工程/技术与计算机科学、生命科学与农学、临床医学与药学、社会科学。其中，社会科学包括经济学、社会学、政治学、法学、教育学、管理学等学科。

---

① Phil Baty：《世界大学排名的历史、方法和影响》，国际大学评价研究高端论坛——泰晤士报高等教育全球大学排名实践与研究暨第 2 届科研管理与评价高级研修班，中国科学技术信息研究所，2010 年 6 月 25 日。

② http://www.arwu.org/.

③ SCIE 是科学引文索引扩展版（Science Citation Index Expanded）的缩写，是汤森路透公司在原有的 SCI 基础上精选了另外的一些期刊所形成的网络版数据库。

表 4 - 3　世界大学排名的指标与权重

指标	权重	理科	工科	生命	医科	社科
获奖校友 (Alumni)	10%	1951 年后获得诺贝尔物理学奖、化学奖和菲尔兹数学奖的校友折合数	未使用	1951 年后获得诺贝尔生理或医学奖的校友折合数	1951 年后获得诺贝尔生理或医学奖的校友折合数	1951 年后获得诺贝尔经济学奖的校友折合数
获奖教师 (Award)	15%	1961 年后获得诺贝尔物理学奖、化学奖和菲尔兹数学奖的教师折合数	未使用	1961 年后获得诺贝尔生理或医学奖的教师折合数	1961 年后获得诺贝尔生理或医学奖的教师折合数	1961 年后获得诺贝尔经济学奖的教师折合数
高被引科学家(HiCi)	25%	含 5 个学科的高被引科学家：数学、物理、化学、地学、空间科学	含 3 个学科的高被引科学家：工学、计算机、材料	含 8 个学科的高被引科学家：生物学/生物化学等	含 3 个学科的高被引科学家：临床医学、药学、社会科学（部分）	含 2 个学科的高被引科学家：社会科学（部分）、经济学/商学
论文数 (PUB)	25%	理科领域的 SCIE 论文	工科领域的 SCIE 论文	生命领域的 SCIE 论文	医科领域的 SCIE 论文	文科领域的 SSCI 论文
高质量论文比例(TOP)	25%	理科论文中发表在影响因子前 20% 期刊上的比例	工科论文中发表在影响因子前 20% 期刊上的比例	生命领域论文中发表在影响因子前 20% 期刊上的比例	医科论文中发表在影响因子前 20% 期刊上的比例	社科论文中发表在影响因子前 20% 期刊上的比例
科研经费 (Fund)	25%	未使用	工科科研经费数	未使用	未使用	未使用

由于很难找到合理的并且国际可比的指标，ARWU 没有对艺术与人文学科进行世界排名。

具体的指标定义与统计方法如下：

获奖校友：是指一所大学的校友获得的诺贝尔科学奖（物理、化学、经济学）、菲尔兹数学奖和计算机图灵奖的折合数。校友是指在一所大学获得学士、硕士或博士学位的人。为了更客观地反映一所大学的学术表现，获奖者根据获得学位的时间早晚被赋予不同的权重，每回推十年权重递减 20%，假如 1991 ~ 2000 年取得学位的获奖者权重为 100%，则1981 ~ 1990 年的权重为

80%，1951～1960 年的权重为 20%。最后计算 1951 年以来的获奖折合数。如果一个校友在一所学校获得两个或以上学位，只计算最近的一次。

获奖教师：是指一所大学的教师获得的诺贝尔科学奖（物理、化学、经济学）、菲尔兹数学奖和计算机图灵奖的折合数。按有关网站公布的获奖人获奖时所在单位统计。同获奖校友的计算方法类似，不同年代的获奖者被赋予不同的权重，每回推十年权重递减 20%。诺贝尔科学奖共享者的权重为获得奖金的比例。当一名获奖人同时署名两个单位时，每个单位各计 0.5。

高被引科学家：是指一所大学在各个学科的高被引科学家总数。根据汤森路透公布的 20 年来 21 个学科内被引用次数最高的研究人员数统计。如果 1 名研究人员同时出现在多个学科，他在每个学科的权重就是涉及学科数的倒数。

论文数：是指一所大学过去两年被 SCIE 和 SSCI 收录的各学科的论文数量，只统计研究论文（Article）和发表在期刊上的会议论文（Proceedings Paper），不统计综述（Review）或快讯（Letter）等。每所大学的研究论文根据发表的期刊所对应的学科（Subject Category）被划分到相应的学科，发表在跨学科期刊上的论文按照期刊所涉及的学科进行相应拆分。

高质量论文比例：是指一所大学过去两年（例如 2008 年和 2009 年）各学科的论文中发表在前 20% 的期刊上的比例。前 20% 期刊定义为各学科影响因子处在最高 20% 的期刊，根据 2008 版 JCR 公布的期刊影响因子判断。为了避免由少量刊载在跨领域期刊上的论文对某一领域的统计结果产生歪曲，该指标的计算设置了论文数的底限，即一所大学在某一学科的论文数必须超过全世界在该学科发文最多的三所大学的平均值的 10%，才计算这所大学在相应学科领域的该项指标，否则该指标的权重被分配到其他指标上。

该项目的优点是非常透明，评价指标及数据来源都公布在网站上，可以进行验证。此外，所采用的指标相对简单，易于操作。

4. 国内的大学排行榜

近年来，国内的大学排行榜越来越多，它们的主要特点是：

一是以定量指标为主，都使用了文献计量学数据，作为学术研究的衡量尺度；二是缺乏权威的调查和同行评议，网大的排行榜虽然进行了声誉数据调查，向大学校长发送评分问卷，但回收率较低（2011 年调查中有效回复率仅为 18.55%）[1]；三是所有学科几乎按照同样的指标进行考量；四是面向高考及考研市场的需求。

目前，在国内有较大影响的中国大学排行榜有以下三个：

（1）广东管理科学研究院武书连课题组的《中国大学评价》

1993 年 6 月，武书连等在《广东科技报》整版发表《中国大学评价——1991 年研究与发展》，开始了大学评价研究。1997 年在《科学学与科学技术管理》发表论文《中国大学研究与发展成果评价（节录）》[2]，详细介绍了其评价思想。

此后相关结果每年发布一次。从 2010 年开始，课题组取消所有调查问卷，指标均改为定量数据。截至本书完稿时的最新版本为"武书连 2012 年大学排行榜"[3]。其国内论文及引用统计的数据来源于武书连研发的《科学引文数据库》（Science Citation Database，SCD）[4]。

（2）网大（中国）公司的大学排行榜

网大（中国）公司自 1999 年开始每年发布中国大学排行榜[5]。该排行榜参考《美新》的方法，定性评价与定量评价相结合，其中学术成果一项使用了文献统计指标。

网大排名所使用的指标中，学术成果占权重的 22%，其中，SCI（总量和人均）占总分值的 8.1%，EI[6]（总量和人均）占 5.5%，SSCI（总量和人均）占 6.2%，CSSCI（总量和人均）占 2.2%。

（3）武汉大学中国科学评价研究中心的系列报告

自 2004 年起，武汉大学中国科学评价研究中心开始按年度连续发布《中

---

① 2011 年网大声誉调查与院校数据核查，http://rank2011.netbig.com/article/20/.［2011 – 11 – 11］。

② 武书连、吕嘉、郭石林：《中国大学研究与发展成果评价（节录）》，《科学学与科学技术管理》1997 年第 7 期。

③ http://edu.qq.com/zt2011/2012dxph/index.htm［2012 – 6 – 12］.

④ www.yaxue.net［2012 – 6 – 12］.

⑤ http://rank.netbig.com/.［2011 – 11 – 11］.

⑥ EI 是《工程索引》（The Engineering Index）的缩写，是著名的工程技术类文献检索工具。

国大学及学科专业评价报告》、《中国研究生教育评价报告》、《世界一流大学及科研机构学科竞争力评价报告》、《中国学术期刊评价报告》、《世界一流大学及研究机构评价报告》等一系列评价报告。从 2010 年起，以上报告在"中国科教评价网"上发布①。

总体看来，大学排行榜的各项指标中，不仅包括研究水平，同时还有学校声誉、招生情况等因素，几乎所有的考核内容最后都量化为具体的指标，采用的方法为了便于操作而相对简单。当前，这些排行榜虽然存在很多争议，但是也有巨大的社会影响。正如《美国新闻与世界报道》主任摩尔斯（Robert J. Morse）所说的，排名是目前全球性的现象，有关排名的争议将会持续下去，但是学术界将对国家和全球排名保持浓厚的兴趣②。

三 研究者感知的计量学评估

尽管在科研管理机构的评价制度中，文献计量学方法使用得还不是很广泛，但是在实际的科研活动中，文献计量学相关指标已经直接或间接渗透到单位对科研人员的聘用、升职等很多方面。

2010 年，《自然》（Nature）杂志就计量学使用方面的问题调查了全球 150 名读者和 30 位学术机构的院长、系主任及其他管理者③。3/4 的被调查者认为计量学方法被应用于聘用及升职，将近 70% 的人相信在目前的转正（转为终身制副教授）和绩效评估方面使用了计量学方法。认为在工资分配方面采用计量学方法进行评价的被访者比认为没有采用的被访者大约多 10 个百分点，认为研究经费分配方面采用该方法的被访者比认为没有采用的被访者略少一些。

但是与一般研究者的感知不同的是，大部分管理者坚持认为计量方法在聘用、升职和转为终身副教授方面不像普通被调查者想象得那样使用得那么多。牛津大学数学、物理与生命科学部主任哈利迪（Alex Halliday）说："定量方

---

① http：//www. nseac. com/. ［2011 – 11 – 11］.

② Robert J. Morse：《〈美国新闻与世界报道〉大学排名经验及美国高等教育政策》，《评价与管理》2010 年第 4 期。

③ Alison Abbott. etc.，"Do Metrics Matter?"，*Nature* Vol. 465（2010）：860 – 862.

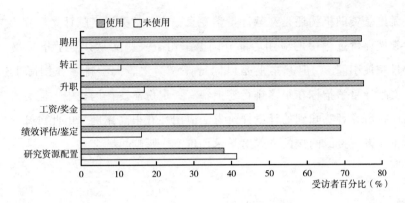

图 4 -1 关于定量方法使用情况的调查

资料来源：Alison Abbott. etc. "Do metrics matter?", *Nature*. Vol. 465 (2010)：860 - 862。

法并没有使用很多，最重要的是推荐信、面谈和简历，以及我们对发表的论文的意见。"

为什么管理者和研究人员对定量指标的感觉差异这么大呢？清华大学施一公教授一语道破了天机，他说："我们并不看（被评价者的）论文发表记录，也不告知评审专家这么做，但实际上评价指标确实有影响，因为评审专家会看这些东西。"

麻省理工学院研究副院长与副教务长卡尼萨雷斯（Claude Canizares）认为："我们很少（几乎是零）注意引文指标和论文发表数量，但是，如果某个人在影响因子较高的期刊上发表多篇论文，就好像得到了另外一系列推荐信——评审那些论文的同行给了很高的分数。"

因此，即便管理机构并没有直接使用文献计量学指标，但是相关的数据和影响还是会渗透到学术评估中来。

由此看来，不管愿意不愿意，直接还是间接，文献计量学指标对于学术评价的影响是不可忽视的。

从本节中介绍的研究成果和评价实践大致可以看出，基于文献计量学方法进行的学术评估活动，主要开展于自然科学领域，在人文社会科学领域相对较少，目前的人文社会科学学术评价还是主要依靠同行评议的方法来进行。但是，无论是资助机构还是文献计量学专家，都非常关注文献计量学在人文社会科学领域评价过程中的应用。部分国家采用了一些文献计量学指标（主要是发文量和被引量），但基本上是以同行评议为主。大学排名在国际上影响较大，文献计量学指标在很多排行榜上都有一定份额。在调查中，同管理者的认识相反，研究者感知到的计量评价方法应用却有很高比例。由此可知，文献计量学正在以直接或间接的方式对学术评价产生影响。

第六节　争论与思考

一　关于文献计量学方法的争论

自从文献计量学方法应用于学术评价，相关的争论就没有停止过。以学术界为主的反对派对其进行猛烈抨击，文献计量学专家则一直主张合理使用。

1. 反对的意见

学术界的抨击非常激烈和尖锐。抨击的主要问题是 SSCI 等引文数据库用于学术评价、以刊评文现象，以及由此而带来的学术不公、重数量轻质量，甚至学术失范、学术腐败等。

刘明总结了现行学术评价定量化取向的八大弊端，即激励短期行为、助长本位主义、强化长官意志、滋生学术掮客、扼杀学者个性、推动全民学术、诱发资源外流、误识良莠人才等①。

2010 年，在"学术批评网"上开始了被称之为"CSSCI 风波"的大讨论。首先是湖南师范大学博士生褚俊海率先声讨 CSSCI，认为它是"学术界的窃国大盗"②，继而众多学者开始呼应。杨玉圣在学术批评网发表题为《炮轰 CSSCI（论纲）——兼论学术腐败》③ 的文章，称李国杰院士把 SCI 称

---

① 刘明：《学术评价制度批判》，长江文艺出版社，2006，第 48 ~ 56 页。
② 褚俊海：《CSSCI：学术界的窃国大盗》，学术批评网首发 2010 年 1 月 2 日，http：// www. acriticism. com/article. asp？Newsid = 11839&type = 1000. ［2011 - 12 - 5］。
③ 杨玉圣：《炮轰 CSSCI（论纲）——兼论学术腐败》，学术批评网转发首发 2010 年 1 月 14 日，http：//www. acriticism. com/article. asp？Newsid = 11344 ［2012 - 4 - 5］。

为"Stupid Chinese Ideas"（愚蠢的中国想法），与此类似，CSSCI 也可以形象地解释为"Chinese Stupid Stupid Chinese Ideas"（中国人傻而又傻的想法）。

2010 年 7 月 30 日，《人民日报》发表余三定的文章《岂能"只认衣裳不认人"——"CSSCI 风波"引发的思考》①，认为："一些论文评价机构和评价者也不看论文质量如何，甚至完全不阅读论文，只在评基地、评项目、评职称时核对一下该论文是否发表在'CSSCI'来源期刊上。这就造成了学术评价和学术活动中'只认衣裳不认人'的弊端，即原本作为一种手段的学术评价机制反而成为学术研究的目的。"

中国内地如此，台湾地区的情况也相同。台湾政治大学法律系教授郭明政撰文《以 SSCI 及 TSSCI 为名的学术大屠杀——废文弃法的文化大革命》，针对台湾地区教育界以 SSCI 和 TSSCI 为评价手段带来的过分强调国际化的问题提出批评。

他分析道："（根据现行的评价方法），今后应数系、统计系、资科系、资管系、金融系的多数教师应可陆续成为第一级、第二级的教授。反之，中文、哲学、历史、日文、俄文、阿文、法律等系的教授除非特例，否则很难不被归类为第三级、第四级的教授。此外，也可区分为 SSCI 级，TSSCI 级与普通级，抑或分为'全美化级'、'半美化级'及'不美化级'。"

"五本英文专著也比不上一篇 SSCI 论文。同样的，纵然有人以中文撰写了享誉国际的权威书籍或论文，但只因为他使用中文而不会有任何价值。"

作者提出明确的建议：

"——国科会、'教育部'明确宣布任何教育评鉴与 SSCI、TSSCI、SCI、A&HCI 无关；

——立即废除任何以 SSCI、TSSCI、SCI、A&HCI、EI 为依据的学术评鉴或奖励；

——立即废除国科会社会科学研究中心，至少应将 TSSCI 回归资料库的

① 余三定：《岂能"只认衣裳不认人"——"CSSCI 风波"引发的思考》，《人民日报》2010 年 7 月 30 日。http://theory.people.com.cn/GB/12292733.html［2012 - 8 - 8］。

角色。"

不仅中国大陆和台湾地区的情况如此，其实在国外，自从引文索引产生后，关于它在评价方面应用的争论就没有停止过。

上一节提到的《自然》杂志就计量学使用问题进行的调查中，其中的一个调查问题是："总体上说，你对所使用的定量方法是否满意？"

结果发现63%的调查对象对这种方法不满意（包括"一点也不满意"和"不是非常满意"），见图4-2。

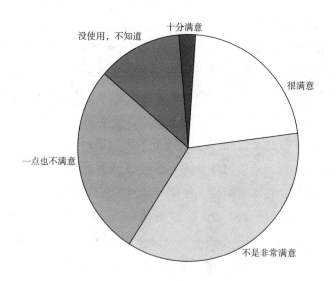

图4-2　对定量评价的满意度

资料来源：Alison Abbott. etc. "Do metrics matter?", *Nature*.
Vol. 465（2010）：860-862。

不仅如此，在文献计量学研究较为发达的欧洲，受欧洲科学基金会资助的ERIH项目所推出的期刊目录也遭到了期刊界的强烈反对。该库的建设目标是为了让欧洲的人文学科获得更高的显示度。2009年，ERIH期刊初选目录提出后，遭到很多期刊编辑部的联名抵制，并以《处于威胁之中的期刊》（Journals under Threat）为题发表了一封公开信。国际艺术史研究机构协会（International Association of Research Institutes in the History of Art）在其网站主页上也发表声明，代表 26 家机构批评和反对 ERIH。相关情况详见第五章。

2. 合理使用的意见

与文献计量学方法的狂热追逐者和猛烈抨击者相比，文献计量学家们始终保持了冷静的头脑。多数文献计量专家并不是一味强调文献计量学方法的有效性，而是通过对这种方法的理论分析和实证研究，得出在一定条件下合理使用文献计量学方法的建议。他们明确指出这种方法的局限性和适用性，同时也清晰地勾勒出该方法在科研评价中可以发挥的作用。

引文分析的创始人加菲尔德认为，对于那些从定量数据中得出的定性结论总是取决于其应用中的智慧[①]。因此文献计量学方法能否成功运用在很大程度上取决于数据使用是否得当，分析是否到位。

荷兰莱顿大学教授 H. F. 莫德说过："只有当文献计量学指标具备了足够先进的技术水平，只有当人们对文献计量学指标的自身缺陷有了足够的认识时，也只有在这些指标与其他更多的定性评价信息相融合时，文献计量学指标才能成为科研绩效评价的有效工具。"[②]

比利时文献计量学专家 R. 鲁索也强调："科学计量学指标并不是要取代专家，而是为了能够对研究工作进行观察和评论，从而使专家能掌握足够的信息，形成根据更充分的意见，并在更高的信息集成水平上更具有权威性。"[③]

中国文献计量学专家曾经对 SCI 的功能做过很多客观评判，对人文社会科学领域也有很好的参考作用。

北京大学教授孙亦樑、徐克敏曾在 2002 年撰文指出："勿轻视 SCI，勿滥用 SCI"[④]。

中国科学院专家金碧辉认为："评价功能是 SCI 的一种衍生功能，在宏观上具有统计意义，在微观层次上，特别是在科学价值的判定上，具有很大的局限性。"

---

① 金碧辉等：《SCI 期刊定量指标的国际比较》，《中国科技期刊研究》2002 年第 2 期。

② H. F. Moed, "Bibliometric Indicators Reflect Publication and Management Strategies", *Scientometrics* Vol. 47, No. 2 (2000): 323 – 346.

③ Ronald Rousseau：《评价科研机构的文献计量学和经济计量学指标》，载蒋国华主编《科研评价与指标》，红旗出版社，2000，第 17 页。

④ 孙亦樑、徐克敏：《勿轻视 SCI，勿滥用 SCI》，《中国科技期刊研究》2002 年第 1 期。

"定量数据可以利用，但不能滥用。同行评议有其不足，但不能摒弃。要在建立和完善公平公正的同行评议制度的基础上，科学合理地利用定量数据。这是现阶段科技评价中最富于挑战的问题。"①

中国科技信息研究所的专家认为："SCI 不可能是十全十美的。由于文献计量学理论的局限性、国际数据采集的不完整性以及统计评价方法的不全面性，都使 SCI 作为科研绩效评价指标难免存在一些缺点和不足。但我们应该充分发挥它的功能和资源，而不是求全责备、因噎废食。"②

其实，学术界对文献计量方法也不完全是反对之声。很多学者提出各种建议来改善评价指标，使其更为合理，如物理学家赫希 2005 年提出一种定量评价科研人员学术成就的指标——h 指数，该指标目前成为一个非常重要的文献计量学指标。

在 2010 年《自然》的调查中，尽管很多人对量化指标不满意，但是也有1/4 左右的调查对象表示满意（包括"十分满意"和"很满意"）。部分被调查者欢迎量化指标，他们认为这些指标透明、客观。还有人认为，量化指标可以打破机构原有的人情网络，对年轻的研究者有利。

欧洲的一位化学与工程系主任认为："相对于定性指标，我更喜欢这个（量化指标）"。

还有一些对本机构使用量化指标不满意的人是因为他们感到量化指标使用得不够，或者正在使用的量化指标对不同的人标准不一致，例如他们认为"定量指标对学院或教务长级别是无效的"。

令人惊讶的是，如果被调查者希望评价方式有所变化的话，定量指标并不是必须被取消的。调查中请被调查者选择五种他们希望采用的评价标准，结果比例最高的四种是：在高影响因子的期刊上发表论文、获奖情况、培训和指导学生、已发表研究成果被引次数。

因此，调查者认为，对管理者来说，最大的挑战不是减少对定量指标的依

---

① 金碧辉：《文献计量学指标与科技评价》，科技评价培训班讲义。
② 庞景安、武夷山执笔《中国科技界应当如何对待 SCI》，《光明日报》2002 年 1 月 18 日，第 B01 版。

赖，而是如何将这些指标变得更加清晰、一致和透明[①]。

3. 管理部门的反思与政策调整

在中国，随着量化评价和文献计量学方法过度应用于学术评价，一些弊端逐渐显现出来，科研管理部门也开始对此进行反思和校正。

自然科学领域率先利用文献计量学方法进行学术评价，也较早开始反省和进行纠正。2003 年 5 月，科技部、教育部、中国科学院、中国工程院和国家自然科学基金委员会五部委联合发布《关于改进科学技术评价工作的决定》[②]，指出：

"科学论文是科学技术产出的一种忠实记录，刊物的影响因子，在用于宏观上判断科学技术产出的总体情况是有意义的，但不宜作为具体论文内在价值的判断标准。要正确看待 SCI（科学引文索引）、EI（工程索引）等数据库在科学技术评价中的作用。SCI、EI 等收录论文数量只是科学技术评价中的定量指标之一，反对单纯以论文发表数量评价个人学术水平和贡献的做法，要提倡科学论文内在价值的判断，强调论文的被引用情况，并根据不同学科领域区别对待，避免绝对化。"

2012 年 5 月，中国科学院下发《关于改革科技评价，建立重大产出导向研究评价体系的决定》。《决定》指出，中科院今后考核各研究所，主要看其重大产出如何，突出科技创新的原创性、突破性和实际贡献；在 SCI 论文方面，不再看总共产出多少篇，而是看其"Top 1% 论文"（即进入每个学科被引用频次前 1% 的论文）有多少[③]。这个文件意味着中国科学院的评价体制将发生重大变化。

2011 年 11 月 7 日，教育部下发了《关于进一步改进高等学校哲学社会科学研究评价的意见》[④]。教育部提出，要从根本上改变简单以成果数量评价人

---

① Alison Abbott. etc.，"Do Metrics Matter?"，*Nature* Vol. 465（2010）：860 – 862.

② 科学技术部等：《关于改进科学技术评价工作的决定》，国科发基字 ［2003］142 号，2003。

③ 《中科院建立研究评价新体系》，《科技日报》2012 年 5 月 12 日，http：//digitalpaper. stdaily. com：81/http_www. kjrb. com/kjrb/html/2012 – 05/12/content_154054. htm？div = – 1 ［2012 – 6 – 13］。

④ 教育部：《关于进一步改进高等学校哲学社会科学研究评价的意见》，教社科 ［2011］4 号，2011。http：//www. moe. edu. cn/publicfiles/business/htmlfiles/moe/A13 ＿ zcwj/201111/126301. html. ［2011 – 11 – 11］.

才、评价业绩的做法，反对各种简单化的科研排名。

教育部决定，要完善以同行专家评价为主的评价机制，同时加强评价制度建设。确立质量第一的评价导向，大力推进优秀成果和代表作评价。建立健全符合哲学社会科学特点的分类评价标准体系，并区别对待不同类型的研究成果。

与此同时，文件对文献计量学方法作出了明确的规定："正确认识《科学引文索引》（SCI）、《社会科学引文索引》（SSCI）、《艺术与人文引文索引》（A&HCI）、《中文社会科学引文索引》（CSSCI）等引文数据在科研评价中的作用，避免绝对化。摒弃简单以出版社和刊物的不同判断研究成果质量的做法。"

教育部强调要"合理运用恰当的评价方式。要深刻认识哲学社会科学研究和评价的复杂性，准确把握评价对象的不同特点，坚持同行评价和社会评价相协调、定性评价与定量评价相结合、过程评价与结果评价相衔接、当前评价和长远评价相补充，增强评价结果的科学性和公信力。"

这些规定都有利于纠正以往过度依赖文献计量学指标的问题，有助于合理使用文献计量学指标，使之回归正轨。与此同时，通过采取其他措施规范学术评价制度，规范学术评价行为，最终促进学术发展。

二 对文献计量学的误用与误解

文献计量学指标的利用有很多先决条件，不满足条件的使用必然导致评价结果的不合理。目前存在着一些对文献计量学方法的误用，这些误用导致了学术界对计量方法的误解，这是该方法在学术界受到强烈抨击的重要原因。

当前存在的主要的误用和误解包括：

1. 以刊评文

"以刊评文"是对文献计量学方法最大的误用，也是学者对文献计量学方法抨击最猛烈的地方。

实际上，文献计量学领域对此是有共识的。很多学者撰文强调不能用期刊的影响因子来代表论文的质量。著名文献计量学家范拉恩说："如果有一个每一位文献计量学家都同意的观点的话，那就是：你们永远不要用刊物的影响因子来评价一篇论文或某个研究人员的学术表现——因为那是一种不可饶恕的大罪。"①

2. 指标的不合理使用

目前存在着很多指标使用不合理的现象。第一，存在指标简单化倾向：为了便于操作，仅使用可以方便得到的数据进行评估，却忽略了重要但是难于获取的数据，或者用一个简单指标来评价复杂的内容。第二，存在指标的滥用和绝对化现象：不分学科和对象，使用同样的指标和尺度去衡量所有的评价对象，不考虑它们是否存在可比性。第三，统计源数据覆盖面不足，不能覆盖被评价对象的主要内容和文献类型。第四，评价缺乏滞后期：一般来说，文献在发表后的 2～5 年内被引次数达到高峰，人文社会科学和外文文献的引用高峰会来得晚一些，但持续的时间较长，如果用文献计量学方法评估最新 1～2 年的成果，得出的结论可能会与实际情况有偏差。

3. 忽视文献计量学的适用范围

很多情况下，评价体系忽略了文献计量学的适用范围，如将被引次数等作为衡量一项成果或一个学者的唯一指标。而文献计量学的理论基础之一是统计学，因此在达到一定数量之后这些数据才有意义。因此更适合进行国家、学科、机构等宏观层面的统计和分析，微观分析时要慎重。

4. 认为量化方法等于文献计量学方法

有人常将量化方法等同于文献计量学方法。实际上，文献计量学指标只是量化指标中的一小部分，如经费额度、人员状况等都不属于文献计量学范畴。常用的最具文献计量学特点的指标是被引量和发文量统计。

5. 认为定量评价导致造假和学术腐败

这是对文献计量学方法的误解。目前，很多人把过多的学术不端问题归咎于量化评价上。其实，同行评议中的问题也相当严重，在某种程度上，量化评价也是管理部门为了避免同行评议中的问题而采取的不得已的方法。造假和学术腐败有很多原因，主要问题不在于使用了定量的评价方法，而在于学术体制、学风、学术道德等等许多大的环境，不解决这些问题，无

---

① Richard Van Noorden, "A Profusion of Measures", *Nature* (2010): 864 – 866.

论是定量还是定性，都无法摆脱这种状况。客观地说，定量评价使造假的成本更高。

三 合理利用文献计量学方法

通过本章的论述可以看出，学术评价是大趋势，是学术共同体内部的需求，也是管理部门的需求。在全球人文社会科学领域，学术评价目前依靠的主要力量是学术共同体，主要方式是同行评议。引文是对学术共同体评价的一种间接反映，文献计量学方法是同行评议的补充、工具和镜子。

相对于同行评议，定量评价可以比较全面、客观地描述学术评价对象的状况。然而定量的方法不是万能的，有些东西无法用定量方法来评价，文献计量学方法的应用有其前提条件，只有符合定量评价条件的对象才可以进行评价和比较。在人文社会科学领域，由于学科、地域、语言和政治、社会环境的差异，进行定量评价的难度更大。即便对于符合定量评价条件的对象，也须在合适的时间和合适的地点采用合适的方法来开展评价活动。评价者必须做到对每一种方法可能存在的缺点心中有数，同时采用其他方法来弥补这些不足。而当前最好的办法是将同行评议和定量评估相结合。

文献计量学方法在进行宏观层面（国家、学科、研究机构）的分析时具有更强的优势。而从国家主导的评价体系来看，评价对象也应当是针对较为宏观的机构或专业。微观层面评价过程中，文献计量学指标可作为同行评议的参考，要谨慎对待评价过程。同时，文献计量学适合评价影响突出的机构、人才和成果。

相对于人文学科而言，社会科学领域的文献计量分析更可靠。当前条件下，对人文学科进行计量评价的条件还不够成熟。统计源的选取非常重要，文献类型是关注的重点，必要时可使用多个数据库。评价时要特别注意一些细节问题（如数据质量、时间范围，统计过程、合作问题的处理等），否则会得出不科学或与事实不符的结论。

客观地说，并不存在一个通用的指标，可以用来衡量所有的学术成果，因而不能将定量指标绝对化使用。要根据具体情况确定使用哪些指标，采用什么方法。

总之，文献计量学指标可以对宏观、总体状况分布提供全面、定量、客观的描述，这是同行评议达不到的；同行评议适合对具体的内容根据学术标准和专家知识进行评判，这又是统计数据所不能准确揭示的。在统计层面，每一个汇总数据并不能准确代表具体对象的实际情况，但是可以作为个体评价的参考。同行评议和文献计量学评价方法两者应该结合起来。在国家、学科评估方面，多利用文献计量学的分析，在个人、项目、成果等微观层次上的评价，以同行评议为主，同时可以参考文献计量学统计数据。

作为文献计量学研究者，我们希望能够正确看待文献计量学指标进行学术评价的现象，发挥文献计量学真正的作用。

第五章
期刊评价与核心期刊研究

第一节　核心期刊概念的产生及发展

核心期刊是学术界近年的一个热门话题。一方面，"核心期刊"这个概念受到热烈追捧，几乎每一种期刊都想成为核心期刊，很多作者都希望在核心期刊上发表论文；另一方面，核心期刊又遭到学术界的猛烈抨击，似乎它成了学术腐败和学术不端的罪魁祸首。因此弄清核心期刊的来龙去脉和评选标准，看清它的作用与局限，就成了十分重要的问题。

一　核心期刊概念的产生——布拉德福定律

布拉德福（Samuel Clement Bradford）是英国著名文献学家，曾担任英国科学博物院图书馆馆长。他在工作中发现，在科技论文的文摘和标引过程中存在大量的漏摘、漏标和重复标引现象。当时的 300 种文摘和索引期刊每年摘登 75 万篇论文，相当于相关领域发表论文的总量。但是由于重复，仅有 25 万篇不同的论文被标引，其余的 50 万篇论文被漏标。于是他给出一个假设：某一特定学科的论文大部分都集中在少数的专业期刊内，但是同时也有少量论文散布于大量的其他相关期刊中。他与助手对馆藏的"应用地球物理学"和"润滑"两个主题领域的期刊论文进行统计，发现了后人称之为"布拉德福文献分散定律"（Bradford's Law of Scattering，简称为布氏定律）的数学规律，并以《专门学科的情报源》（Sources of

Information on Specific Subjects） 为题撰写了论文发表在 1934 年的《工程》（Engineering） 杂志上①。

布氏定律可以表述为："如果将科技期刊按期刊在某专业论文的数量多寡，以递减顺序排列，则可分出一个核心区和相继的几个区域，每区刊载的论文量相等，此时核心区期刊和相继区域期刊数量成 $1:n:n^2\cdots\cdots$ 的关系。"

布拉德福还用期刊统计表和图像方式来计算和阐明布氏定律，后人称之为区域描述法和图像表示法。

1. 区域描述法

布拉德福分别统计了应用地球物理学和润滑两个学科在 1928～1931 年及 1931～1933 年 6 月间相关期刊的载文情况，并按照期刊载文量从高到低的顺序排列，给予相应的等级号。之后，他计算了期刊的累积载文量（见表 5 - 1、表 5 - 2）。

表 5 - 1　应用地球物理学期刊分区数据

A 同一等级的期刊数	B 载文量	C 累积期刊量	D 累积载文量	E lgC	分区	期刊数量	论文数量
1	93	1	93	0.000			
1	86	2	179	0.301			
1	56	3	235	0.477			
1	48	4	283	0.602			
1	46	5	329	0.699	a	9	429
1	35	6	364	0.778			
1	28	7	392	0.845			
1	20	8	412	0.903			
1	17	9	429	0.954			

① Bradford, S. C., "Sources of Information on Specific Subjects", *Engineering* Vol. 137 (1934): 85 - 86, Reprinted in *Journal of Information Science* Vol. 10 (1985): 176 - 180.

续表

A 同一等级的期刊数	B 载文量	C 累积期刊量	D 累积载文量	E lgC	分区	期刊数量	论文数量
4	16	13	493	1.114			
1	15	14	508	1.146			
5	14	19	578	1.279			
1	12	20	590	1.301			
2	11	22	612	1.342			
5	10	27	662	1.431	b	59	499
3	9	30	689	1.477			
8	8	38	753	1.580			
7	7	45	802	1.653			
11	6	56	868	1.748			
12	5	68	928	1.833			
17	4	85	996	1.929			
23	3	108	1065	2.033	c	258	404
49	2	157	1163	2.196			
169	1	326	1332	2.513			

表 5-2 润滑期刊分区数据

A 同一等级的期刊数	B 载文量	C 累积期刊量	D 累积载文量	E lgC	分区	期刊数量	论文数量
1	22	1	22	0.000			
1	18	2	40	0.301			
1	15	3	55	0.477	a	8	110
2	13	5	81	0.699			
2	10	7	101	0.845			
1	9	8	110	0.903			
3	8	11	134	1.041			
3	7	14	155	1.146			
1	6	15	161	1.176			
7	5	22	196	1.342	b	29	133
2	4	24	204	1.380			
13	3	37	243	1.568			
25	2	62	293	1.792	c	127	152
102	1	164	395	2.215			

注：以上两表根据布拉德福原始论文的数据制成。

布拉德福发现，可以将专业期刊分为 a、b、c 三个区域，每个区域的期刊收录该专业论文的总量大致相同，各区期刊累积量之比近似于一个公比约为 5 的等比数列。

以应用地球物理学领域为例，布拉德福将期刊分为三个区，每个区的论文数量大致相等，即：$429:499:404 \approx 1:1:1$

各区相应期刊的累计量之比约为：$9:59:258 \approx 1:5:5^2$

同样，润滑领域的文献也有此规律：

各区论文数量之比约为：$110:130:152 \approx 1:1:1$

各区期刊的累计量之比约为：$8:29:127 \approx 1:5:5^2$

由此推断出，a、b、c 三个区的论文数量约为 $1:1:1$，三个区期刊累积量之比约为 $1:5:5^2$。

2. 图像表示法

布拉德福将表 5 – 1、表 5 – 2 中累积期刊量的对数（E 列）作为横坐标，累积载文量（D 列）作为纵坐标画出图像，得到了两条形状非常相近的曲线。曲线开始的部分略微弯曲，之后几乎呈一条直线。布拉德福将两条具体学科的曲线抽象为图 5 – 1 中的一般意义上的曲线，并将拐点设置为 P_1，分别向 X、Y 两轴做垂线，得到 X_1 和 Y_1 两个点，之后按照 OY_1 的长度分别确定 Y_2、Y_3 的位置，使 $Y_1Y_2 = Y_2Y_3 = OY_1$。同时，从 Y_2、Y_3 做水平线，分别与曲线相交于 P_2、P_3，从 P_2、P_3 向 X 轴做垂线，确定了 X_2、X_3 的位置，这样就可以得到三个区域。由于 P_1P_3 是直线，因此 $X_1X_2 = X_2X_3$。令 α 为第一区的期刊数，β 为第一、第二区的累积期刊数，γ 为第一、第二、第三区的累积期刊数，则有以下推论：

$$\mathrm{Lg}\alpha = r \text{ 或者 } \alpha = 10^r$$
$$\mathrm{Lg}\beta = r + s \text{ 或者 } \beta = 10^{(r+s)} = 10^r \times 10^s$$
$$\mathrm{Lg}\gamma = r + 2s \text{ 或者 } \gamma = 10^{(r+2s)} = 10^r \times (10^s)^2$$
$$\text{设 } 10^s = n$$
$$\text{则}: \alpha : \beta : \gamma = 1 : n : n^2 \tag{5.1}$$

由此得到布氏定律。系数 n 也称为布拉德福系数，在布拉德福的统计中 n 约等于 5。

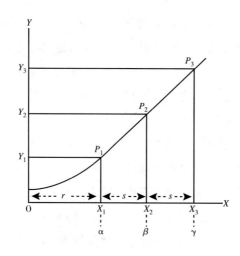

图 5 - 1　布氏定律的图像表示

资料来源：Bradford，S. C.，"Sources of Information on Specific Subjects"，*Engineering*，Vol. 137 （1934）：85 - 86，Reprinted in *Journal of Information Science*. Vol. 10 （1985）：176 - 180。

关于为什么期刊的分布会有核心区和非核心区之分，布拉德福认为，首先，由于科学的整体性，即科学是在实践上先后相继、各个专业间内容相关的整体，因此属于某学科的文献，不仅会出现在这个学科的专业期刊上，而且也可能出现在其他学科的期刊上。其次，科学中各个学科专业之间联系的紧密程度不一，造成了刊载文献在相应期刊中的不均匀分布。

布氏定律第一次定量地揭示了文献的离散分布特征，成为文献计量学领域的基本定律之一。B. C. 布鲁克斯对此评价道："布拉德福本人并不知道，他在这方面所做的事情很可能已经开创了统计学的一个新分支——有关个性的统计学。它的出现将会导致诞生新的基本数学思想，这或许能使数学在社会科学领域中变得更为有用。"①

二　布氏定律的修正和发展

布拉德福的论文发表后，最初并没有引起广泛的注意。1948 年，布拉德

---

① 转引自丁学东《文献计量学基础》，北京大学出版社，1993，第 122 页。

福出版了《文献工作》（Documentation）一书，将这篇论文作为其中的一章收录进去，并重命名为《文献的紊乱》（Documentary Chaos）。这本书引起了英国文献学家维克利（B. C. Vickery）的注意。同年，维克利发表论文，肯定和高度评价了布拉德福开创性的工作，并首次提出了"布拉德福分布"和"布拉德福定律"的概念。与此同时，他指出了该定律中区域法和图像法在数学上存在的矛盾，并提出了自己的修正和补充，为该定律的确立和发展做出了重要贡献。

此后，布氏定律引起学者们的极大关注。对它的研究主要分为两个方面，一方面是理论研究，大量运用数学和统计学理论进行深入探讨，另一方面是应用研究，结合文献工作中的实际情况开展期刊选择和评价活动。20 世纪 60 年代是理论研究的高峰，大量研究集中于该定律的检验、修正和完善，并试图寻找更为精确的经验分布公式，以提高其科学性和精确度。这些研究对布氏定律的完善和发展起到重要作用。除了理论研究之外，还有大量的数据分析，多数都验证了布氏定律的合理性。

在这期间，区域法得到进一步发展。同年，美国的莱姆库勒（F. F. Leimkuhler）发展了布氏定律的区域描述方法，建立了"莱姆库勒公式"。同年，美国学者格鲁斯（Q. V. Groos）指出布拉德福曲线在进入直线部分后，并不是无休止地延伸下去，而是到一定程度就要弯曲下垂，使得布拉德福曲线变为三个部分：上升的曲线——直线——弯曲下垂的曲线，弯曲下垂的部分被称为"格鲁斯下垂"（Groos Drop）。1969 年，高夫曼提出了最小核心区与最大划分区数的概念。

图像法也有相应的发展。1968 年，英国的 B. C. 布鲁克斯首次针对图像法中的布拉德福曲线提出了相应的数学表达式，并在 1969 年进行了修正，最终确立了"布鲁克斯公式"。B. C. 布鲁克斯首先导出布氏定律的公式为：$R(n) = Klgn$；后来他考虑到期刊序号 n 和载文量的不均匀变化，对上式进行了修正。布鲁克斯公式的一个重要结果是将布拉德福曲线作为两个分段函数来描述：

$$R(n) = \alpha n^{\beta} \qquad 1 \leqslant n < c \qquad\qquad (5.2)$$
$$R(n) = Klg(n/s) \qquad c \leqslant n \leqslant N \qquad\qquad (5.3)$$

这两个方程分别表示图像的曲线和直线部分。

其中，n 为期刊等级排列的序号；

$R(n)$ 为对应于 n 的相关论文累计数；

α 为第一级期刊中相关论文数 $R(1)$，即载文量最高的期刊中的论文数；

c 为核心区的期刊数，即曲线进入光滑直线部分交点的 n 值；

N 为按等级排列的期刊总数；

β 为参数，与核心区的期刊数量有关，大小等于分布图中曲线部分的曲率，且总小于 1；

K 为参数，等于曲线中直线部分的斜率；

s 为参数，其值等于图形直线部分反向延伸与横轴交点的 n 值。

布鲁克斯公式使布氏定律在理论上趋于完善。

1960 年，英国的肯德尔（M. G. Kendall）首次发现"布氏定律"在结构上与"齐夫定律"的相似性。在后来的研究中，学者们发现布氏定律、齐夫定律和洛特卡定律这三个内容各异的文献计量学基本定律实际上属于同一类分布体系，同时，文献计量学中的很多分布，如流通量按被借阅图书或期刊分布，引文量按被引期刊或作者等分布规律也属于这一体系，于是将这一体系命名为布拉德福-齐夫-洛特卡分布体系。这一体系符合负幂指数型分布，可以用公式表述为：

$$f(x) = \frac{C}{x^{\alpha}} \qquad (1.2 < \alpha < 3) \qquad (5.4)$$

西蒙（H. A. Simon）、普赖斯、布克斯坦（A. Bookstein）和 B. C. 布鲁克斯等从"成功产生成功"和"马太效应"等原则出发，利用不同的数学方法推导出文献计量学中普遍存在的幂律分布规律。这些研究使得布氏定律从一个经验定律上升到文献计量学乃至社会科学、自然中的普遍规律[1]。近年来，统计物理学家发现网络信息增长模型也满足幂律分布，并将这类问题归结为复杂网络问题[2]（详见本书第六章）。

随着布氏定律的逐步成熟，它在理论上进一步发展的难度越来越大。20

---

① 丁学东：《文献计量学基础》，北京大学出版社，1993，第 265~297 页。

② 胡海波、王林：《幂律分布研究简史》，《物理》2005 年 34 卷第 12 期。

世纪 70 年代之后，理论研究的高峰逐渐过去，对布氏定律的应用成为主要的研究和实践内容。其中，《科学引文索引》创始人加菲尔德首次利用引文分析法对期刊进行选择和评价，使得核心期刊的概念得到广泛普及和巨大发展。

加菲尔德从引文角度证实了核心期刊的存在，即科学期刊的引文分布也存在集中与离散规律，他提出了加菲尔德文献集中定律（Garfield's Law of Concentration）：

"（按照文献核心程度排序后的）一个学科文献的尾部，在很大程度上是由其他学科文献的核心部分组成。事实上，学科之间的交叉如此严重，以至于所有科学技术学科的核心文献仅有 1000 种期刊，也可能少至 500 种。"加菲尔德认为："该定律意味着，一个好的综合性科学图书馆，要想收藏所有学科的核心文献，其收藏期刊数量不必多于一个精良的专业图书馆收藏的有关某个学科的所有期刊文献数。"①

这个定律成为《科学引文索引》选择来源期刊的依据。

随后，加菲尔德又在《期刊引证报告》（JCR）中设立了多个评价指标，如影响因子、即年指标等，逐步展开了对期刊个体的评价，由此对期刊的研究从宏观分布进一步发展到微观评价。

布氏定律与加菲尔德定律的实质都是对文献离散分布状况的描述，只是从不同角度来进行揭示而已。布拉德福是从单一学科的角度考虑期刊的论文分布状况，这时期刊论文是分散的，他考虑的是怎样才能将一个学科的文献收录完全；而加菲尔德则从多个学科整体收录的角度来看待期刊论文的分布，由于一个学科的外围文献经常是其他学科的核心文献，因此在去掉各学科之间的重复部分之后，可以看出整体文献集合的收敛性，确定怎样选择最经济。从研究方法看，前者从发文的角度，只考虑内容的相关性，后者则从引文的角度，考虑了相关性并将其拓展到期刊的质量评价方面。

引文评价方法的高度实用性和质量评价功能这两个特点使得布氏定律的发展从纯粹的理论研究过渡到期刊评价的应用领域。

---

① 尤金·加菲尔德：《引文索引法的理论及应用》，侯汉清等译，北京图书馆出版社，2004，第16 页。

目前，国外关于期刊评价和核心期刊方面的研究更集中于影响因子及相关主题。在期刊评价方面，近年来还出现了期刊 h 指数、特征因子、SJR 等新的评价指标，学者们针对这些指标开展了很多研究和应用。

在核心期刊的遴选实践方面，国外相对比较冷静和理智。除了汤森路透的WoS 系列引文数据库中对来源期刊遴选及《期刊引证报告》得到大家关注之外，很少见到核心期刊表。汤森路透认为用引文指标确定来源期刊的方法有其适用范围，例如，在 SCI 和 SSCI 的选刊中，引文指标是重要的数据依据，而A&HCI 的选刊过程则没有利用引文方法，同时艺术与人文领域也没有相应的期刊引证报告。期刊界对核心期刊表现出审慎的态度。近年欧洲科学基金会资助的 ERIH 项目所推出的期刊目录就遭到了期刊界的强烈反对。相比之下，国内图书情报界、编辑出版部门、管理评价部门对核心期刊的追捧及学术界对核心期刊的猛烈抨击，似乎更加值得我们深思。

学者们还针对一些新型资源进行了布氏定律的验证和应用研究，如西班牙学者验证了网络文献的分布符合布氏定律①，巴伊兰（Bar-Ilan）发现在网络新闻组中也可以划分出核心新闻组等不同的区域②。德国研究者发现布氏定律在数字图书馆中可用来确定核心论文，从而作为信息检索支持机制和语义处理异质性模型结果的分析工具③。

三　布氏定律的意义及应用

布氏定律是文献计量学最核心的定律之一，对于文献计量学的发展和文献工作的改进和优化都具有重要意义。

在文献利用过程中，文献的分散是可以明显感知的，布拉德福的重要贡献在于运用统计学方法找到了文献分散的定量规律，其重要意义有两点：一是促进了文献理论和情报理论的数学化、模型化，二是在于它对文献工作的指导意义。

---

① Cristina Faba-Perez, V. P. Guerrero-Bote, "Sitation Distributions and Bradford's Law in a Closed Web Space", *Journal of Documentation* Vol. 59, No. 5（2003）：558 – 580.

② 转引自庞景安《网络环境中的文献计量学经典定律》，《图书情报工作》2009 第 53 卷第 2 期。

③ Philipp Mayr, "Applying Bradford's Law of Scattering in Digital Libraries", http：//www. ib. hu － berlin. de/ ～ mayr/arbeiten/mayr － ISSI07. pdf［2011 – 8 – 9］.

有了布氏定律的指导，可以有意识地将有限的资源用在核心区，达到以少胜多、以小搏大的效果，在保障文献服务效果的同时，最大限度地节约经费和人力。

集中与离散的性质在很多情况下都可能存在，不仅是期刊论文的分布，同时也包括作者、出版社、网络文献、文献利用率等许多方面，因此在实际工作中可以作为指导原则进行应用。目前，布氏定律的主要应用包括：

（1）核心期刊评选：核心期刊是布氏定律的直接产物，也是布氏定律应用中最有影响力的概念，评选出的核心期刊表在文献资源建设、期刊的评价管理、作者投稿，以及学术评价方面都有很多应用。

（2）文献资源建设：图书情报机构可以利用布氏定律确定本机构相关学科的核心资源，如核心期刊、核心出版社、核心作者等，为图书情报机构选择购买、剔除期刊和图书提供依据，由此可以节约采访经费，优化馆藏结构，这是布氏定律在图书情报领域最早和最重要的应用。目前，电子资源的评价和选择也可以根据布氏定律来进行，与此相关的研究结果对于电子资源、纸本资源的长期保存政策的制定也是重要的参考依据。

（3）读者文献服务：相关的核心期刊、核心出版社、核心作者目录可以帮助读者缩小查阅范围，精选所需资料，节省查阅文献的时间，高效快速地选择合适的文献来源以获取本领域的权威知识。此外，对于读者购买图书、期刊也可以提供一定的参考。

（4）作者投稿指南：核心期刊目录可以帮助作者了解期刊的影响力及学术地位，提供投稿指南。

（5）情报检索：可以估计全检某专业论文和相应期刊的总数；根据期刊论文检出要求，估计被检期刊的最小数量；还可以进行检出效率的计算以及对检索工具的评估，具体计算方法见丁学东的《文献计量学基础》[1]。

（6）期刊的宏观评价与管理：核心期刊表可以对期刊工作者提供关于同类期刊质量、数量及分布的分析，这是期刊编辑部了解相关环境的重要参考，也为管理部门制定期刊的宏观管理政策提供定性和定量的参考依据。

（7）核心网站的评价：布氏定律应用于网站分析时，可以通过对网页、

---

[1] 丁学东：《文献计量学基础》，北京大学出版社，1993，第176～179页。

网站的集中或离散程度进行分析来提供网站评价信息，确定核心网站。

除了以上几方面，利用核心期刊进行学术评价是近年来在中国发展最快、应用最广泛，同时也最受人诟病的应用。目前，很多机构将核心期刊用于成果、人才、机构的评价，一些高校采用了"以刊论文"的评价方式，以刊物是否"核心"来评价学术论文的质量，期刊管理机构也以是否入选核心期刊作为进行资助的依据。因此是否入选核心期刊成为决定期刊生死存亡的头等大事，能否在核心期刊上发表文章，成为学生能否毕业、研究人员能否评上职称的重要指标。自此，核心期刊的功能被异化了。

四 中国的布氏定律及核心期刊研究

对核心期刊的早期研究及应用基本上围绕着图书馆馆藏建设进行。但是近年来，由于各种学术评价体系越来越多地利用了核心期刊的相关指标，因而核心期刊早已不仅仅局限在图书情报领域，而是成为文献计量学、期刊、科研管理等多个领域，甚至整个学术界的热门话题。

中国对核心期刊的研究工作始于 20 世纪 70 年代。1973 年，中国图书进出口公司《国外书讯》创刊，在第 9 期摘译了题为《世界重点科技期刊》的文章①。文章内容很简单，作者认为引文法在核心期刊选择中有很重要的作用，根据《科学引文索引》1965 年引用 1963～1964 年英国期刊文献的数据，计算出 165 种期刊的被引量占总被引量的 95.02%，表现出明显的"核心"效应，文章还列出了 165 种常用英国科技期刊的刊号。该刊在同年的第 11～12 期刊登了一篇题为《世界化学类核心期刊》的文章②，较为详细地介绍了国外学者对世界化学核心期刊的遴选方法。此后，学者们撰写了更多的论文，一些国外科技"核心期刊表"被翻译成中文。《世界图书》B 辑在 1981 年第 6 期开辟了"国外科技核心期刊专辑"，发表了吴尔中撰写的《核心期刊的意义及其鉴定法》、《介绍〈科学引文索引〉多学科核心期刊 500 种》等论文，公布了一大批个人遴选的各学科国外科技核心期刊。

---

① 《世界重点科技期刊》，《国外书讯》1973 年第 9 期。
② 《世界化学类核心期刊》，《国外书讯》1973 年第 11～12 期。

在核心期刊的理论方面，这一时期侧重于对国外研究的介绍，以及从数学角度对布氏定律进行的验证、解释及对其局限性的分析。

1980 年，王津生在《情报科学》上发表了《浅谈布拉德福分散定律及其应用》，对布氏定律做了初步介绍①。1981 年，杨廷郊、马费城详细介绍了布氏定律的基本原理及国外学者对布氏定律的修正及发展②③，杨学山也以《布赖特福定律原理浅析》为题发表论文，用泊松过程来推导布氏定律的发生原理④。同年，陈光祚发表《布拉德德定律在测定核心期刊中的局限性》，对核心期刊进行了较为明确的定义，并指出布氏定律在测定核心期刊时，对载文量大的期刊比较合适，而一些载文量较小的期刊则容易被排除在核心期刊之外。他提出在选择某一主题相关的核心期刊时，除了按照论文绝对数量来确定核心期刊之外，还应当按照期刊发表该主题占期刊发文总量的百分比，从论文的相对数量角度来补充核心期刊的范围，建议某一主题论文占该刊全部论文 50% 以上者均可作为核心期刊⑤。之后，有大量论文从数学角度讨论布氏定律，如匡兴华、王崇德都发表过相关论文⑥⑦，杨殿梅还发表了系列论文研究布氏定律。

1983 年，孟连生发表《中文科学引文分析》⑧，这是国内首次利用较大规模数据进行的中文引文的实证研究，其中包括对引文离散性与集中性特征的定量分析。数据统计范围为 1980 年出版的 132 种中文期刊，共计 7658 篇论文。论文揭示了学科之间的引证关系和 C 类（边缘）期刊的分布情况，并尝试用引文的集中性特征确定中文科学核心期刊，验证加菲尔德文献集中定律。

在 20 世纪 80 年代，核心期刊选择方法是相关研究的重要主题之一，如罗式胜的《核心期刊综合鉴定法探讨》⑨、杨殿梅的《最佳期刊订阅方案的数学模型》⑩、

① 王津生：《浅谈布拉德福分散定律及其应用》，《情报科学》1980 年第 2 期。
② 杨廷郊、马费城：《布拉德福定律的基本原理及应用》，《技术与市场》1981 年第 3 期。
③ 杨廷郊、马费城：《布拉德福定律的理论发展》，《技术与市场》1981 年第 4 期。
④ 杨学山：《布赖特福定律原理浅析》，《情报科学》1981 年第 5 期。
⑤ 陈光祚：《布拉德德定律在测定核心期刊中的局限性》，《情报科学》1981 年第 1 期。
⑥ 匡兴华：《布氏定律的维氏推论 维氏公式的布氏近似》，《情报科学》1983 年第 1 期。
⑦ 王崇德：《布拉德福定律两种形式的一致性》，《情报杂志》1985 年第 2 期。
⑧ 孟连生：《中文科学引文分析》，《情报科学》1983 年第 1 期。
⑨ 罗式胜：《核心期刊综合鉴定法探讨》，《图书与情报》1987 增刊第 1 期。
⑩ 杨殿梅：《最佳期刊订阅方案的数学模型》，《情报学报》1989 年第 2 期。

杨廷郊的《论核心期刊的科学选择》①、王伟的《Dhawan 期刊筛选模型的确立》② 等论文。这些论文总结出核心期刊的选择方法大致有三种：引文分析法、文摘统计法以及与期刊利用统计相结合的综合选刊方法。王秀成的《利用引文分析法测定核心期刊的局限性及综合测定核心期刊的新模型》③ 分析了引文分析法的局限性，提出采用综合评价测定模型。该测定模型综合考虑期刊影响因子、期刊载文比例数和期刊利用次数（包括借阅率、复制率等）三者的比例，并赋予三者不同的权重系数。这些期刊选择方法奠定了核心期刊选择的基本思路，并一直被沿用至今。

梁春阳运用"单项分析、全面综合"的理论方法体系，对中国民族研究中文期刊分别列出了引文法、文摘法、载文率法所选出的核心期刊表，并取三表相交部分作为核心期刊，发现其结果是将一些引文率、载文率很高，但其他指标相对较低的期刊排除在核心期刊之外。梁氏为了解决这个问题，再次对三表中排列在前几名的期刊运用布氏定律与相交的方法结合起来进行补选，按其计算结果，将补选的核心期刊依次排列在核心期刊表内，形成比较理想的核心期刊表，为优化综合选刊方法研究奠定了基础④。

这一阶段也有对核心期刊的质疑和思考。如万良春在《我对"核心期刊"的看法》一文⑤中谈到："'核心期刊'是一个相对概念，只能作为各专业图书情报部门开展有关工作的参考，而不能作为一种绝对依据。因为事实上并没有一种绝对精确的确定'核心期刊'的方法，也没有一个绝对严格的划分'核心期刊'的标准。"

于鸣镝先生在 1983～1990 年分别撰写了三篇论文论述利用引文选刊的局限性⑥⑦⑧。他讨论了由于引用行为、引文类型的不同，以及受马太效应、韦泰

---

① 杨廷郊：《论核心期刊的科学选择（上）——科技期刊引用的调查与分析》，《图书情报工作》1984 年第 5 期。

② 王伟：《Dhawan 期刊筛选模型的确立》，《情报学刊》1987 年第 2 期。

③ 王秀成：《利用引文分析法测定核心期刊的局限性及综合测定核心期刊的新模型》，《情报理论与实践》1989 年第 6 期。

④ 梁春阳：《民族研究核心期刊初探》，《图书理论与实践》1990 年第 1 期。

⑤ 万良春：《我对"核心期刊"的看法》，《图书馆工作与研究》1983 年第 1 期。

⑥ 于鸣镝：《引文选刊的局限性》，《图书情报工作》1983 年第 3 期。

⑦ 于鸣镝：《再论引文选刊的局限性》，《图书情报工作》1989 年第 6 期。

⑧ 于鸣镝：《三论引文选刊的局限性》，《图书情报工作》1990 年第 6 期。

姆效应、波敦克效应和努道普效应的影响而产生引文差异，这些因素导致利用引文方法选刊的不准确。

陆伯华运用布氏定律的基本原理，结合他个人在编辑《国外科技核心期刊专辑》工作中的体会，阐述了文摘法是确定核心期刊的行之有效的方法，同时也指出了文摘法的局限性①。

从 20 世纪 90 年代中期开始，布氏定律的研究重点发生较大转移，从理论模型研究布氏定律的论文数量越来越少。在这为数不多的论文中，最有代表性的是马费城及合作者的研究。他们撰写了一系列论文②③④，在定量研究的基础上以采自现代大型数据库的数据重新验证布氏定律在现代科学发展条件下的适用性，考察其分布状态的变化，并研究这种变化的原因。同时，试图为布氏定律寻求微观层次上的依据，解释其形成的原因和机理，探索宏观和微观两个层次的相关关系。

还有些研究验证了网络环境下文献信息的布拉德福分布。如张洋发现"期刊万维网下载总频次"在期刊中的分布具有明显的布拉德福分布特征，该指标与"载文量"、"被引数"等传统指标一样，可以反映期刊对于该专业的贡献大小和在专业中的地位，但反映程度有所差别⑤。而袁毅的统计结果表明网络学术信息分布规律不满足布拉德福以应用地球物理学及润滑学为样本所展示的文献分布规律，主要问题在于第三区网页数明显增大⑥。

这一阶段，布氏定律在期刊评价中的应用逐步成为国内的研究热点，期刊评价指标研究和核心期刊遴选是两个重要的研究方向。有关"核心期刊"的相关论文数量一路攀升。据统计，2001 年以来，该主题每年的发文量都在 55 篇以上，2004 年甚至达到了 119 篇⑦。围绕具体期刊进行评价和文献计量研究

① 陆伯华：《用文摘法确定核心期刊及其局限性》，《情报科学》1983 年第 3 期。
② 马费成、陈锐、袁红：《科学信息离散分布规律的研究——从文献单元到内容单元的实证分析（Ⅰ）：总体研究框架》，《情报学报》1999 年第 1 期。
③ 马费成、陈锐：《科学信息离散分布规律研究——从文献单元到内容单元的实证分析（Ⅱ）：文献离散分布的布氏区域分析》，《情报学报》1999 年第 2 期。
④ 马费成、陈锐：《科学信息离散分布的机理分析》，《中国图书馆学报》2000 年第 5 期。
⑤ 张洋：《期刊 Web 下载总频次的布拉德福分布研究》，《图书情报知识》2006 年第 11 期。
⑥ 袁毅：《网络结构单元中学术信息分布规律研究》，《现代情报》2006 年第 2 期。
⑦ 黄国彬、孟连生：《1989～2005 年中国期刊评价发展述评》，《数字图书馆论坛》2007 年第 3 期。

的论文数量迅速上升，期刊评价研究的重点已经从宏观的分布研究变为微观的评价活动。

近十余年的核心期刊研究中，有关核心期刊遴选、期刊学术评价及核心期刊功能变异的话题及争鸣等已经成为最大热点，研究的焦点主要集中在"什么是核心期刊"、"核心期刊的测定方法"、"核心期刊是否等同于高质量的期刊"、"核心期刊上的论文是否等同与高质量的论文"等方面。与此同时，"核心期刊"的研究者也从图书情报界发展到编辑出版领域，乃至整个学术界，《中国科技期刊研究》、《编辑学报》等均发表了许多相关论文。相对于图书情报机构，编辑出版部门侧重于对期刊评价功能的研究，而科研管理部门更关注核心期刊在学术评价中的作用。这一时期，核心期刊的广泛应用也引发了学术界的强烈批评。

在发表大量学术论文的同时，也有一批相关的论著问世。南京大学叶继元教授于 1995 年推出的《核心期刊概论》是较早进行核心期刊研究的专著，他在 2007 年出版的《期刊信息资源建设研究》一书中也有一些文章涉及核心期刊。2008 年，他又主编了《中国哲学社会科学学术期刊合理布局研究》一书，将核心期刊的研究进一步深化。钱荣贵是期刊界的代表，2006 年，他出版了专著《核心期刊与期刊评价》，全面介绍了"核心期刊"的理论源流及在中国的发展概况，同时针砭核心期刊引发的诸多负面效应，探求问题症结，尝试构建中国学术期刊的综合评价指标体系。

第二节　期刊评价方法及测度指标

从文献计量学角度看，期刊评价方法可分为定性和定量两种主要的评价方法。定性评价主要依靠专家对期刊的主观认识和判断，定量评价方法主要包括引文法、文摘法和流通法。常用的期刊定量评价测度指标包括引文相关指标、文摘量、索引量、图书馆流通指标等多种指标，随着技术和方法的发展，还出现了一些新指标。

一　期刊评价方法

在布氏定律应用于期刊评价之前，图书馆出于订刊的需要，主要采用以下方法对期刊进行选择和评价[①]：

（1）使用征订目录等工具书进行查阅；

（2）对读者或专家意见进行征询。

这种做法只能适用于期刊品种不多的情况，同时对于读者不知道或不熟悉的期刊无法评价。另外，靠刊名或简介选刊，还可能造成严重的误订和漏订。

布氏定律的发现使得期刊评价有了定量的依据和方法。但是早期的核心期刊确定方法多从馆藏建设的角度考虑，以单一学科为主，规模较小，主要考察期刊在内容上的相关性，基础数据的获取很困难。自从加菲尔德创立引文索引并将引文分析法应用于期刊评价之后，人们才有可能进行多学科、大规模的期刊评价。目前的核心期刊选择通常是系统化的、涉及多学科，一般基于大规模数据统计，多从评价的角度来确定期刊选择标准。

期刊评价方法通常可以分为定性和定量两种，定性评价主要依靠学科专家、编辑专家和图书馆专家对期刊的主观认识和判断。目前，多数期刊评价是将定性和定量结合，但是大多以定量为主，在定量分析的基础上，由评审专家对评价结果进行审核和调整。

常用的定量方法可分为引文法、文摘法和流通法，这三种方法各有利弊。

引文法是目前应用最为广泛，也是最重要的期刊定量评价方法。它可以提供影响因子、即年指标、被引量、发文量，以及期刊 h 指数、特征因子、SJR 指数等多个方面的评价指标，还可以计算出期刊的半衰期、自引率、他引率等描述性指标，较为客观地从多角度反映期刊的影响力、载文量及期刊特征等方面的定量信息。随着引文数据库的建立和完善，数据的可获得性也越来越好。但是引文法也存在一些问题，由于引用的目的和动机多种多样，影响引用的因素也很多，引文数据是否能够真正反映期刊及论文的质量受到人们的质疑。

文摘法有以下两个优点：首先，多数文摘都经过专业人员的选择，反映了论文的质量和学科相关性；其次，文摘的文献报道速度比引文法快、数据较为全面。利用文摘法选刊也存在局限性：第一，有些小型专业期刊和具有很高使

[①] 杨廷郊：《论核心期刊的科学选择（上）——科技期刊引用的调查与分析》，《图书情报知识》1984 年第 5 期。

用价值的应用性期刊经常不被文摘杂志所摘录；第二，内容范围受到文摘收录方向的制约，如《高等学校文科学术文摘》只收录高校发表的论文，其他机构的不予收录；第三，受文摘源与文摘员素质、水平等种种因素的限制；第四，规模太大的文摘数据库往往收录过全，失去了评价意义，而规模太小的文摘刊物则存在学科范围失之过窄的缺点，也没有普遍的应用价值。

流通法直接反映了用户对文献的使用情况，是面向馆藏建设的核心期刊选择中的常用方法。随着核心期刊功能从馆藏评价到学术评价的转变，流通法的重要性逐步降低，统计范围也从单馆扩展到一定范围内的多个图书馆的流通量。由于网络文献和数据库的大量使用，期刊流通统计目前已为万维网期刊全文下载量统计所代替。流通法的弊端在于数据收录的不全面和不完整。纸本文献的流通数据基本上仅限于对本馆期刊利用状况的统计，而且很难统计到具体期刊论文的利用量，数据搜集较为困难，在使用方面有很多限制。数据库使用统计在一定程度上弥补了这个缺陷，但是很多数据库提供了包库和镜像两种使用方式，从数据库商那里获得的包库使用统计并不包括在其他用户镜像网站上的使用数据，从而导致数据的不完整。此外，目前信息获取方式存在多种渠道，没有通过图书馆网站访问或非图书馆管理的资源使用量难以获得使用统计数据。

近十几年来，核心期刊的评价功能越来越强，指导期刊订购和典藏成为次要的功能，再加上流通法本身的局限，因此在期刊评价体系中馆藏利用指标逐渐弱化，而专家对期刊的定性评价成为一种重要的评价方法。

客观地说，任何一种单一的方法都不够完美。为此，很早就有学者提出期刊筛选模型，该模型综合考虑了引文法、文摘法和期刊流通中的相关数据。具体模型见图 5 - 2①。

在图 5 - 2 中，圆 A 代表引文分析法确定的核心期刊，圆 B 代表文摘统计法确定的核心期刊，圆 C 代表本馆读者对期刊的实际利用情况（包括借阅、复制等），三个圆相互有重叠，分别是 AB、AC、BC 和 ABC。如果希望选择本

---

① Dhawan, S M, Phull, S K, Jain, S P. Selection of Scientific Journals: A Model J. DOC. 1980, 36（1）: 24 - 41. 转引自王伟:《Dhawan 期刊筛选模型的确立——选择核心期刊方法述评》,《情报学刊》1987 年第 2 期。

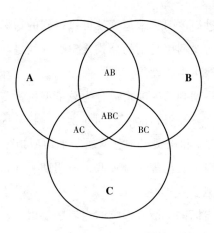

图 5 - 2　期刊筛选模型

馆的核心期刊表，只需从中选出 ABC、AC、BC 三部分期刊；如果需要选择本学科的重要期刊，则可以选择 ABC 和 AB。

　　这种期刊筛选模型早期使用较多。目前常用的综合分析法不采用图 5 - 2 中取几个集合交集的做法，而是将不同评价方法细化为各种定量指标（也可包括专家评议的打分）根据一定方法对指标进行加权，并计算加权和，将最后的计算结果作为综合值来进行降序排列，根据一定比例确定核心期刊。层次分析法经常被用来确定各指标的权重，有时也人为规定加权比例。

二　期刊的评价与测度指标

1. 期刊评价指标概述

　　期刊的定量评价测度包括引文相关指标、文摘量、索引量、图书馆流通量等多种指标体系，随着技术和方法的发展，还出现了一些新的指标。

　　按照数据的来源，可以分为来自引文库和文摘库的指标、来自图书馆流通数据的指标、来自数据库使用统计和网络日志指标等多种类型。其中使用最多的是引文指标，包括从引文数据库中统计得来的各种关于来源文献和被引文献的指标。

　　按照指标的计算方法，可以分为直接指标、简单指标和复杂指标。直接指标可以从数据库中直接检索获得，如被引次数、载文量等；简单指标是指利用数据库统计结果，通过简单的算术运算就可以得到的指标，如期刊影响因子和即年指标；复杂指标需要利用复杂的公式或模型，经过繁复的运算之后得到的指标，如特征因子、网络中心度等。

叶鹰及其合作者将期刊的测度指标分为总量型指标与平均型指标。他们通过实证分析证明，论文总被引频次、期刊 h 指数、特征因子为总量型指标，影响因子、即年指标、SJR 和论文影响分值属于平均型指标。但是数据表明 h 指数在总量型因子中的因子载荷都相对较低，说明期刊 h 指数相对于其他总量型参数，更接近于平均型参数[①]。

在所有期刊评价指标中，最有影响的当属影响因子，这个计算简单而表现力强的指标，一经出现便得到广泛应用。不过随着新型指标的出现，影响因子的核心地位逐渐下降。

为了考察期刊评价指标中有哪些能够测度"科学影响力"，博伦（Bollen）等总结了多种出版物评价指标，对 39 个评价性指标进行了分析比较。39 个指标中有 19 个来自于 2007 年版 JCR，16 个来自于 MESUR 项目中的资源使用统计数据，还有 4 个来自于 SCImago。博伦等将传统的基于引文的指标与网络环境下的资源使用率、社会网络中的中心度测量方法等多种指标进行了主成分分析。图 5-3 中，第一个主成分（横轴）是指标的时效性，从高到低分别表示期刊评价指标的"快速"与"延迟"，第二个主成分（纵轴）是社会网络测度，从高到低分别表示期刊的"流行"与"声望"。研究结果表明期刊的科学影响力是一个多维结构，但是不能用任何单一指标来测量，虽然一些指标比另外一些更适于测度。此外，常用的期刊影响因子（JIF）已经不再位于各种评价指标整体结构的核心位置[②]。

虽然有很多指标可以进行期刊评价和描述，但是我们必须注意，任何一个指标所描述的内容都是有限的，它可能在描述某种特征时非常有效，但是不能揭示另外一些方面的特征，能够很好地描述总体的指标很难同时也有效地描述细节。因此，必须根据测评的具体目的来选择合适的指标。

[①]　叶鹰、唐健辉、赵星：《h 指数与 h 型指数研究》，科学出版社，2011。

[②]　J. Bollen etc., "A Principal Component Analysis of 39 Scientific Impact Measures", *PLoS ONE* Vol. 4, No. 6 (2009): e6022. doi: 10.1371/journal. pone. 0006022. [2011 - 11 - 16].

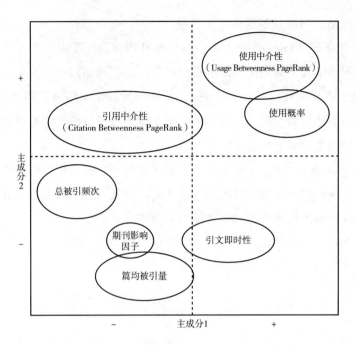

图 5 - 3　各测度指标的主成分分析示意图

2. 传统的文献计量学测度指标

自从加菲尔德利用引文索引对来源期刊进行选择，并在 JCR 中发布各种期刊统计指标之后，以引文体系为主的期刊评价指标成为国际通行的核心期刊测定指标体系。

当前国际上较为常用的期刊评价指标如下：

• 载文量（Articles）：期刊发表论文的总篇数。

• 总被引频次（Total Cites）：期刊论文的总被引次数。

• 影响因子（Impact Factor）：某种期刊前两年发表的论文在当年的被引次数与该刊前两年发表论文数之比。影响因子衡量的是论文的平均被引率。其计算公式是：

$$IF_j = \frac{C_j}{P_j} \qquad (5.5)$$

其中，IF_j 为 j 刊的影响因子；C_j 是某刊前两年发表论文在统计当年的总被引次数；P_j 是该刊前两年刊载论文数量。

● 即年指标（Immediacy Index）：指某种期刊当年发表论文在当年的被引次数与该刊当年载文量之比。即年指标是一个表征期刊即时被引速率的指标。

● 被引半衰期（Cited Half-Life）：指某种期刊在引用该刊的全部论文中，其较新的一半是在多长时间内发表的，这个时间段就是该刊的被引半衰期。被引半衰期是测度期刊老化速度的一种指标。

● 引用半衰期（Citing Half-life）：指某种期刊在其当年引用的论文中，其较新的一半是在多长时间内发表的，这个时间段就是该刊的引用半衰期。引用半衰期可以反映出期刊作者利用文献的新颖度。

● 自引率（Self-Citing Rate）：指某刊的全部参考文献中，引用该刊自身发表论文所占的百分比。其计算公式为：

$$\text{某刊的自引率} = \frac{\text{该刊引用自身发表论文的数量}}{\text{该刊参考文献的总数}} \tag{5.6}$$

● 自被引率（Self-Cited Rate）：指某刊的全部被引频次中，被该刊自身所引用的次数所占的比例。其计算公式为：

$$\text{某刊的自被引率} = \frac{\text{被该刊自身所引用的次数}}{\text{该刊被引用总数}} \tag{5.7}$$

● 他引率（Non-Self-Cited Rate）：指该期刊全部被引频次中，被其他刊引用的次数所占的百分比。其计算公式为：

$$\text{某刊的他引率} = \frac{\text{其他期刊对该刊的引用次数}}{\text{该刊被引用总数}} \tag{5.8}$$

● 普赖斯指数（Price Index）：某刊近五年发表论文的被引用数量占该刊全部被引用数量的百分比。其计算公式为：

$$\text{普赖斯指数} = \frac{\text{某刊近五年发表论文的被引用频次}}{\text{该刊被引用的总频次}} \times 100\% \tag{5.9}$$

以上这些指标中大部分都是加菲尔德出版 JCR 时创建的指标。长期以来，这些最基础和最经典的指标一直出现在 JCR 中。为了便于在学科内部与其他期刊进行比较，JCR 近年还提供了学科类指标，包括：

● 中值影响因子（Median Impact Factor）：将某学科中的所有期刊按影响因子从大到小排序，居于中间位置期刊的影响因子便是该学科期刊的中值影响因子。

● 学科集合影响因子（Aggregate Impact Factor）：某学科所有期刊前两年发表的论文在当年的被引次数与该学科所有期刊前两年发表论文数之比。该指标反映了该学科中论文的平均被引率。

● 学科集合即年指标（Aggregate Immediacy Index）：某学科所有期刊当年发表的论文在当年被引次数与该学科期刊当年载文量之比。该指标反映该学科的期刊平均被引率。

● 学科集合被引半衰期（Aggregate Cited Half-Life），学科集合被引半衰期反映学科文献的老化速度。其计算方法是：某学科中所有期刊在被引的全部论文中，其较新的一半是在多长时间内发表的，这个时间段就是该学科的被引半衰期。

在传统指标中，影响因子是最重要的期刊评价指标。影响因子的数据统计年代通常为两年，但是在有些学科，文献的引用高峰到来得比较晚，因此从2009 年开始，JCR 中不但提供了两年的影响因子，同时还增加了五年影响因子（5 – Year Impact Factor），即某刊前五年发表论文在统计当年的总被引次数除以该刊前五年载文量的值。

影响因子对于学科依赖性较强，不同的学科之间影响因子差异很大，因此不宜进行跨学科的影响因子比较。为此，很多学者对影响因子进行了改进，形成了多种类型、更加专业的影响因子。

拉米雷斯等提出了"再标准化影响因子（Renomalized Impact Factor）"[1]，计算方法如下：

$$F_c = \frac{F - F_{med}}{F_{max} - F_{med}} \tag{5.10}$$

其中，F_c 为一个期刊集合中某刊的再标准化影响因子；

---

[1] A. M. Ramírez, E. O. García, J. A. Delrío, "Renomalized Impact Factor", *Scientometrics* Vol. 47, No. 1（2000）：3 – 9.

F 为该刊的影响因子；

F_{med} 为期刊集合中影响因子的中值；

F_{max} 为期刊集合中影响因子的最大值。

F_c 反映的是某刊影响因子在期刊集合中的相对位置。F_c 最大为 1，当 $F_c > 0$ 时，说明该刊的影响因子在中值以上，即至少有一半的期刊影响因子低于该刊；如果 $F_c < 0$，说明至少有一半的期刊影响因子高于该刊。

埃格赫和鲁索提出了全球影响因子（Global Impact Factor，GIF）和相对影响因子（Relative Impact Factor，RIF）的概念[①]。

全球影响因子用来衡量全球期刊或某学科全部期刊的平均影响力，实际上是一个集合中所有期刊的平均影响因子。计算方法如下：

$$GIF = \frac{\sum_{k=1}^{N} C_k}{\sum_{k=1}^{N} P_k} \tag{5.11}$$

其中，$1 \leqslant k \leqslant N$；

N 为期刊总数；

C_k 为第 k 种期刊的被引频次；

P_k 为第 k 种期刊的发文量。

相对影响因子测度在一个期刊集合中（如某学科的期刊、某国家的期刊等），某刊相对于整体而言的影响因子。具体计算方法是用某刊的影响因子除以该学科的全球影响因子，计算公式如下：

$$RIF_j = \frac{IF_j}{GIF} \tag{5.12}$$

其中，IF_j 为 j 刊的影响因子；RIF_j 为 j 刊的相对影响因子。

通过相对影响因子可以进行不同学科期刊的比较。

埃格赫等还通过数据检验发现相对影响因子在反映一个期刊集合内部某种

---

① Leo Egghe, Ronald Rousseau, "A General Framework for Relative Impact Indicators", *Canadian Journal of Information and Library Science* Vol. 27, No. 1 (2003): 29 – 48.

期刊的相对贡献方面比拉米雷斯的再标准化影响因子更加灵敏。

在国内期刊评价指标体系中，基本的引文指标与国际通行的指标大致相同，期刊载文量、被引频次、影响因子、即年指标等是最常用的测度指标。对于影响因子的计算也有一些调整，如一些期刊评价标准中提出了三年影响因子，还有些提出了学科影响因子等，用来测度某刊发表的文章被某一学科的期刊所引用的平均次数。

此外，一些期刊评价体系还设计了其他的统计指标[1][2]，这些指标对 JCR 指标进行拓展，其中一部分指标并没有评价功能，但可以揭示期刊或学科的特点。它们主要包括：

● 基金论文比：指来源期刊中，各类基金资助的论文占全部论文的比例。

● 被引速率：由于人文社会科学发文周期长，即年指标不能有效地反映出期刊引用速度，于是将引用与发文年代均增加一年，形成被引速率这一指标。

$$被引速率 = \frac{该刊当年论文和前一年论文在当年被引用的总次数}{该刊当年和前一年发表的论文总数} \quad (5.13)$$

● 被引广度：该期刊的论文被多少种期刊引用过，该刊的被引广度就是多少。早期的被引广度不区分被引用多少次，只要某刊被另一种期刊引用过，被引广度就算作 1。南京大学《中国人文社会科学期刊学术影响力报告（2009 版）》中考虑到被引次数太少的两刊之间的关系具有偶然性，因此将计算方法修订为：引用该刊 1、2、3、4 次的期刊数量分别加权 0.2、0.4、0.6、0.8，5 次及以上的权重为 1，这样计算所有期刊引用量的加权后的总和，即为该刊的被引广度。

● 学科扩散指标：指在统计源期刊范围内，引用该刊的期刊数量与其所在学科全部期刊数量之比。计算公式为：

$$学科扩散指标 = \frac{引用该刊的期刊数量}{所在学科期刊数} \quad (5.14)$$

---

① 苏新宁主编《中国人文社会科学期刊学术影响力报告（2009 版）》，中国社会科学出版社，2009，第 1~34 页。

② 曾建勋主编《2009 年版中国期刊引证报告（扩刊版）》，科学技术文献出版社，2009，第 7~8 页。

● 学科影响指标：指期刊所在学科内，引用该刊的期刊数占全部期刊数量的比例。计算公式为：

$$\text{学科影响指标} = \frac{\text{所在学科内引用被评价期刊的期刊数量}}{\text{所在学科的期刊数}} \tag{5.15}$$

● 文献选出率：按统计源的选取原则选出的文献数与期刊的发表文献数之比。

此外，还有平均作者数、地区分布数、机构分布数、海外论文比等指标，分别用来描述合作规模、论文来源广度等方面的情况。

3. 新型文献计量学指标

近年来，随着文献计量学研究的深入和技术手段的发展，又有一些不同于以往的全新指标出现，如期刊的 h 指数、SJR 和特征因子等。

2005 年由赫希提出的 h 指数从论文数量和论文被引频次两个角度来评价科学家个人的研究绩效，匈牙利文献计量学家布劳恩等人进一步发展了该思想，将 h 指数用于期刊的学术影响力评价，并做出如下界定：对于一种期刊，如果它发表的全部论文中有 h 篇文章，每篇被引用数至少为 h，同时要满足 h 这个自然数为最大，那么 h 即为该期刊的 h 指数[①]。

h 指数用于期刊评价具有传统指标不具备的优点。该指标从论文数量和被引频次两个方面揭示期刊的影响，主要是对期刊高水平论文数量及其被引强度的表征，以往的其他指标很难如此准确地描述这一部分内容。当然，h 指数的应用也有局限，由于它是一个累积量，因此反映不出期刊的最新变化，另外它对于那些新刊、小刊不利，因为这些期刊的累积论文产出量或被引率相对较低。

西班牙的一个研究小组受到 Google 的 PageRank 算法的启发，基于爱思唯尔的 Scopus 数据库提出了 SJR（SCImago Journal Rank）指标。2008 年，《自然》杂志报道了这个指标及其算法。该指标在计算时对来自高声望期刊的引用赋予更高的权重，是一个同时衡量期刊被引数量和质量的指标，被认为是对

---

① T. Braun, W. Glänzel, A. Schubert, "A Hirsch-type Index for Journals", *Scientometrics* Vol. 69, No. 1 (2006): 169 – 173.

ISI 期刊影响因子的强有力的挑战。

SJR 的计算步骤如下[①]：

步骤 1：为所有期刊设定 SJR 初始值。初始值不影响终值，只影响迭代次数；

步骤 2：按下式进行新的 SJR 值计算：

$$SJR_i = \frac{1-d-e}{N} + e \cdot \frac{Art_i}{\sum\limits_{j=1}^{N} Art_j} + d \cdot \sum\limits_{j=1}^{N} \frac{C_{ji} \cdot SJR_i}{C_j} \cdot \frac{1 - \left[\sum\limits_{k \in \{Dn\}} SJR_k\right]}{\sum\limits_{h=1}^{N} \sum\limits_{k=1}^{N} \frac{C_{kh} \cdot SJR_k}{C_k}} +$$
$$d \cdot \left[\sum\limits_{k \in \{Dn\}} SJR_k\right] \cdot \frac{Art_i}{\sum\limits_{j=1}^{N} Art_j} \tag{5.16}$$

其中 SJR_i 为期刊 i 的 SJR 值，C_{ji} 为期刊 j 对期刊 i 的引用数量，C_j 为期刊 j 的参考文献数量，N 为期刊总数，Art_j 为期刊 j 的论文总数，Dn 表示无参考文献的论文，d 和 e 为常数，通常取 $d = 0.85$，$e = 0.10$。

步骤 3：重复步骤 2，直到下次计算的 SJR 的变化值小于给定阈值时终止计算。

作为 Scopus 的竞争对手，汤森路透科技集团于 2009 年 1 月在 2007 年版《期刊引证报告》（增强版）中推出新的评价指标——特征因子（Eigenfactor）。特征因子最初由华盛顿大学的学者提出。该指标也借鉴了 PageRank 算法，认为来自更好期刊的引用比来自一般期刊的引用具有更大的说服力。特征因子的基本假设是：期刊越多地被高影响力的期刊所引用，其影响力就越大。

该指标的取值可分成两个层面：期刊特征因子分值（Eigenfactor Score）和论文影响分值（Article Influence Score）。

特征因子分值测度的是过去五年中期刊发表的论文在 JCR 统计年被引用情况。与影响因子类似，期刊特征因子分值实质上为被引证次数与论文总数的比值，只是在计算时不像影响因子那样将所有施引期刊的权值设定为 1，而是

---

① 赵星、高小强、唐宇：《SJR 与影响因子、h 指数的比较及 SJR 的扩展设想》，《大学图书馆学报》2009 年第 2 期。

根据期刊的影响力赋予不同的权重。特征因子分值的计算原理是这样的：首先随机选择一份期刊，并随机选择该刊中的一篇参考文献，链接到另外一种期刊，然后从第二种期刊中随机选取一篇参考文献再链接到下一种刊，依此类推。很显然，如果这个动作无限地进行下去，越是影响力大的期刊，被链接的次数越多。某个期刊被链接几率的百分值，就是该期刊的特征因子分值。

论文影响分值是在特征因子分值的基础上衡量每篇论文的平均影响力，等于特征因子分值除以期刊所发表论文的标准化比值。论文影响分值平均值为1.00，大于1.00表明期刊中每篇论文的平均影响力高于平均水平，反之则表明期刊中每篇论文的平均影响力低于平均水平。

SJR 和特征因子两者的计算思路相同，它们的共同优点是考虑到不同层次期刊的引用权重，通过引文构建起文献引用网络，从而对期刊的影响力进行评价，也就是说不仅考虑了引文的绝对数量，同时也考虑了引文的质量。同时，这两种评价指标在算法上还排除了自引。

由于 SJR 以 Scopus 作为基础数据，特征因子的数据来自 WoS，而 Scopus 比 WoS 在人文社会科学领域收录范围更广，包含了更多的非英文刊，因而 SJR 对于非英语国家的期刊可以提供更全面的评估。

但是，这两个指标也存在一些问题，最明显的是计算难度很大，要求有封闭、完整的数据支持和强大的运算能力，相比之下，h 指数和影响因子更容易计算。其次，这些指标还有一些其他的影响因素。窦曦骞、祁延莉证实特征因子值的大小更加依赖期刊的被引次数和发文量，特别是发文量的高低对特征因子值的大小影响极大[①]。

本书作者认为，这两种指标的加权方式对影响力大的期刊有较好的区分作用，对大量影响力不高的期刊区分度较低。因此，对人文社会科学这样地域性较强、引用相对分散的学科，这两种指标是否可以比影响因子能够更好地揭示期刊的差异，还需要进行更加深入的分析和研究。

4. 其他的定量指标

除了以上基于引文库的指标外，还有一些期刊的统计指标也常被用来进行

---

① 窦曦骞、祁延莉：《特征因子与论文影响力指标初探》，《大学图书馆学报》2009 年第 6 期。

期刊评价，主要包括文摘量、索引量、图书馆流通数据、网络数据库中的论文和期刊下载量等指标。

文摘量是指期刊论文被文摘类期刊（或全文转载性期刊）或数据库转载、摘录的次数。

索引量是指期刊论文被索引期刊或索引数据库标引的次数。

图书馆流通数据主要指图书馆的文献被复印、浏览和借阅的情况统计，包括期刊论文复印量、期刊和图书的借阅统计等。该类指标由于统计困难、统计范围较小而使用得不多，已经被期刊全文数据库下载统计所代替。

期刊全文下载量是指期刊在某一期刊全文数据库中的下载篇次。当前国际上多数期刊出版商和数据库服务商都遵循 COUNTER 或类似标准[1]，这些标准提供了每种期刊按时段下载的具体情况。

在期刊影响因子的基础上，有人提出了使用影响因子（Usage Impact Factor）的概念，来描述在数据库中期刊论文的平均使用率。其基本定义与期刊影响因子相同，即某种期刊前两年发表的论文在当年的使用量与该刊前两年发表的论文数之比。其中，"使用量"可以采用"全文下载量"或"文摘浏览次数"等指标[2]。

受到社会网络研究的启发，近年来还出现了一些新的指标，网络中心度指标就是其中一种。网络中心度是社会网络理论中最重要和常用的概念工具之一，可以测度网络节点在网络中的位置或优势的差异。用在文献计量学分析时，中心度反映了网络节点的重要程度，可用于期刊、论文和作者评价中。其中常用的指标包括：

（1）点度中心度（Degree Centrality）：用于测度网络中一个节点与其他节点直接连接数的总和。

（2）间距中心度（Betweenness Centrality）：指网络图中某一节点与其他各

---

① COUNTER 是 "Counting Online Usage of Networked Electronic Resources（网络电子资源在线使用统计）" 的缩写。

② Johan Bollen，Herbert Van de Sompel，"Usage Impact Factor：The Effects of Sample Characteristics on Usage-based Impact Metrics"，*Journal of the American Society for Information Science and Technology* Vol. 55，No. 1（2008）：136 – 149.

节点之间相间隔的程度，表示一个节点在多大程度上是图中其他节点的"中介"。期刊间距中心度测量的是一种期刊能在多大程度上影响其他期刊，同时，此类期刊也具有期刊之间沟通桥梁的作用。

（3）紧密中心度（Closeness Centrality）：依据网络中各节点之间的紧密型或距离而测量的中心度。测量出的距离越短，说明网络的紧密中心度越高，表明了某种期刊和其他期刊之间关系的密切程度和是否处于中心位置。

三个指标中，点度中心度更侧重于描述局部，反映某个节点直接联系的情况，后两个指标可以测量与某节点有直接和间接联系的状况，反映的是节点在整个网络中的表现。

第三节　国内外核心期刊遴选与评价实践

核心期刊的遴选与期刊评价是当前布氏定律最重要的应用。国外的期刊评价开始得较早，发展稳定，影响力大。国内的核心期刊遴选从 20 世纪 90 年代开始，出现了若干种人文社会科学核心期刊表，并被广泛应用于期刊管理和学术评价，但由此也引发了学术界的强烈批评。

一　国外期刊评价实践

同国内相比，海外的期刊评价开始得很早，形成了较为成熟、稳定的方法，产生了一定影响。其中影响力最大的是汤森路透对 WoS 系列引文数据库来源期刊的选择，以及 JCR 的期刊统计指标。此外，很多二次文献数据库对来源期刊的选择也可以看作期刊评价的一种实践。近年来，欧洲科学基金会资助的"欧洲人文索引"项目对国际及欧洲期刊进行了评选。

1. SSCI 和 A&HCI 的选刊标准

WoS 引文数据库的选刊依据是加菲尔德文献集中定律（详见本章第一节），该定律表明只需几百种、最多上千种期刊就可以构成多学科的核心期刊体系。

WoS 引文数据库对来源期刊的选择十分严格，也是利用引文分析方法进行期刊遴选的开创者。此后的核心期刊遴选和期刊评价中，引文指标都是最重要的指标之一。尽管国外很多学者对 SSCI 和 A&HCI 的来源期刊提出很多质疑，但是无论怎样，这两个数据库的来源期刊目录是目前全球人文社会科学领域最为权威的核心期刊表。2012 年，SSCI 和 A&HCI 分别收录 3033 种和 1675 种期刊。

WoS 负责选刊的编辑都是各学科的专家，其来源期刊的选择采用定性和定量两种方法，选刊标准主要包括四个方面，即期刊出版标准、编辑内容、国际多样性和引文分析[①]：

●出版标准：包括时效性、编辑惯例、英文文献著录信息和同行评议过程等方面。

●编辑内容：判断有关领域的研究在数据库中是否已经很好地覆盖或收录，是否还需要增加新的期刊。

●国际多样性：考察作者、期刊编辑、编委会和审稿人的国际多样性，同时也会甄别在某个地区内突出的、有影响力的区域代表性期刊，以全面反映全球范围内科学研究和发展的情况。

●引文分析：专家利用引文分析数据发现对科学研究最重要、最有用和最有影响力的期刊。WoS 针对学科之间的差别，制定了不同的引文分析策略，如对已被收录的期刊、新创刊的期刊和未被收录的期刊采用不同的数据进行分析。同时，自引率也是一个考虑因素，自引比率过高的期刊可能会被剔除。

在 WoS 中，社会科学领域期刊的选刊原则基本上同自然科学一样，引文分析是 SSCI 来源刊选择的非常重要的依据。此外，在 SSCI 选刊过程中除了依据以上四条标准以外，还会对一些区域性主题的期刊进行倾斜，因为"区域性研究作为本地社会科学研究的主题具有特殊的重要性，经常是学术研究的主题"[②]。

A&HCI 的选刊过程与自然科学和社会科学相似，也包括期刊出版标准、编辑内容、国际多样性等方面的内容，出版标准（包括时效性）在艺术与人文期刊选刊过程中非常重要，但在引文数据的使用方面则与 SCI 和 SSCI 有较大差异。由于人文学科的研究特点及引用模式与自然科学和社会科学不同，有

---

① The Thomson Reuters Journal Selection Process, http：//thomsonreuters. com/products_services/ science/free/essays/journal_selection_process/. ［2011－7－28］

② ibid.

更多的思辨性内容，更多地引用非刊资料，因此引文数据仅作参考。在某些艺术与人文学术领域，如区域文学研究，用英文发表全文也不是必需的条件。

SSCI 和 A&HCI 在全球有很大影响，在文献检索、引文分析、科研管理和评价方面都有非常广泛的应用。另一方面，学者们对于这两个数据库的期刊收录和选择也提出了很多尖锐的批评意见，详见第三章的相关内容。

2.《期刊引证报告》

期刊引证报告（Journal Citation Report，JCR）是 ISI 于 1975 年推出的基于引文统计数据的多学科期刊评价工具，它有科学版（JCR Science Edition）和社会科学版（JCR Social Sciences Edition）两个版本。社科版 JCR 的收录范围是 SSCI 中的来源期刊，2011 年收录期刊 2966 种。艺术与人文学科没有相应的期刊引证报告。

JCR 的各项指标目前已经成为期刊评价的重要指标。在 1975 年出版的第一本 JCR 中，期刊排序部分的主要指标是被引频次、发文量、影响因子和即年指标，具体指标如下[①]：

- 1974 年期刊总被引频次；
- 1972 年和 1973 年发表论文的被引频次及总和；
- 1972 年和 1973 年发表的论文数及总和；
- 影响因子；
- 1974 年发表论文的被引频次；
- 1974 年发表的论文数；
- 即年指标。

30 多年来，JCR 的指标体系较为稳定，一直以期刊被引频次、论文数、影响因子、被引半衰期、即年指标五项主要内容作为评价期刊的主要指标。

2009 年，《期刊引用报告》（增强版）推出，从 2007 年的统计数据开始改版。其中较大的改动有：增加了五年影响因子、特征因子值和论文影响分值等几个新指标，原有的指标依然保留。

---

① 尤金·加菲尔德：《引文索引法的理论及应用》，侯汉清等译，北京图书馆出版社，2004，第 125 页。

JCR 目前收录的期刊指标如下：总被引频次、影响因子、5 年影响因子、即年指标、被引半衰期、当前论文数、特征因子分值和论文影响分值。

此外，JCR 还提供了各学科的总体和平均指标，包括：总被引量、中值影响因子、学科集合影响因子、学科集合即年指标、学科集合被引半衰期、学科的期刊数和论文数等。这些指标描述了各学科期刊和论文的发表及被引的总体和一般状况，便于各期刊进行学科内的比较。

3. Scopus 的选刊原则

Scopus 是爱思唯尔公司 2004 年 11 月正式发布的二次文献数据库。2006 年 1 月，Scopus 推出引文跟踪功能，收录了 1996 年以来的期刊引文信息。

Scopus 设立内容选择与咨询委员会（The Scopus Content Selection and Advisory Board，CSAB），由 20 位科学家、教授以及 10 名学科图书馆员组成，CSAB 负责决定 Scopus 的收录内容。专家们从定性和定量两个方面进行期刊评价，选刊原则包括五个方面：期刊政策、内容、引文、出版规律及在线可获得性[①]：

- 期刊政策：包括令人信服的编辑方针、编辑的地域多样性、作者的地域多样性、同行评议、有罗马字符的引文信息、有英文文摘。
- 内容：包括本领域的学术贡献、有清晰的摘要、符合该期刊的既定目标和范围、论文的可读性等。
- 引文：包括期刊论文在 Scopus 数据库中的被引情况，以及期刊编辑在 Scopus 数据库中的被引情况。
- 出版规律：要求按时出版。
- 在线可获得性：包括可在线获取内容、提供英文期刊主页、期刊主页的质量等。

2009 年 6 月，爱思唯尔宣布增强 Scopus 数据库对人文学科期刊的收录力度，将人文学科的期刊数量增长了将近一倍，达到 3500 种，其中新增期刊主要来自 ERIH 的期刊目录。增加的期刊主要包括以下几个方面的主题内容：文

---

① Scopus Content Coverage，http：//www. info. sciverse. com/UserFiles/2662% 20Scopus% 20Content% 20Coverage. pdf ［2011 - 8 - 5］.

学与文学理论、艺术与人文总论、历史和视觉/表演艺术。这些期刊的地域分布是：60%来自欧洲、中东和非洲地区，38%来自美洲地区，2%来自亚太地区①。Scopus 将提供这些期刊的引文数据。

总体说来，Scopus 收录的期刊数量比 WoS 多，特别是非英语期刊多，期刊的来源更加广泛。

4. 《欧洲人文引文索引》（ERIH）的来源期刊选择②

由于 WoS 引文数据库对人文社会科学期刊覆盖率低、对英文期刊更加偏爱等原因，欧洲学者一直呼吁建立欧洲自己的人文社会科学引文数据库。2002年，欧洲科学基金会启动了"欧洲人文学参考文献索引"（ERIH）项目，目的是为人文学科提供更高的显示度。该数据库主要涵盖欧洲人文研究领域，以期刊为基础，多语种，分为 14 个学科。2007 年，ERIH 公布期刊初选目录，共收录 907 种期刊，其中 41%为非英语文种。

2008~2011 年 1 月，ERIH 启动了一个在线反馈程序，请研究者、编辑、出版商和其他团体提供有关期刊的信息，结果共得到 28 个国家的 3400 张表格的数据。在此基础上，项目组于 2011 年推出修订目录。

ERIH 对来源期刊的选择完全依靠同行评议方法，要求期刊必须满足国际学术标准，并符合基本的出版标准。

最初，期刊被分为 A、B、C 三类，后来改为国家期刊（NATional Category Journals）和国际期刊（INTernational Category Journals）两大类，分别简称为 NAT 和 INT，由各学科专家组来判断期刊的所属类别。

国家期刊具有以下特点：是在欧洲主要语言环境下的读者群中有被认可的学术影响的欧洲出版物；目标读者主要在国内学术社区，但是偶尔也被其他国家引用；出版物语言为全国性或区域性欧洲语言。

---

① Scopus Works with European Science Foundation to Expand Arts and Humanities Coverage, http：// www. elsevier. com/wps/find/ authored_ newsitem. cws _ home/companynews05 _01241 ［2011 – 9 – 14］.

② European Reference Index for the Humanities（ERIH）Report 2008 – 2009, http：//www. esf. org/index. php? eID = tx _ nawsecuredl&u = 0&file = fileadmin/be _ user/research _ areas/HUM/Documents/ NETWORKS/ERIH_ Report _2008 _2009. pdf&t = 1311997766&hash = bfd592c44c5cb1f2d9cb1563100d25ac ［2011 – 7 – 29］.

国际期刊包括欧洲和非欧洲的出版物，在本领域学者中具有国际认可的学术影响，经常被来自全世界的学者引用。在出版物语言方面，可以是主要的国际语言，如英语、法语、德语、俄语和西班牙语等，也可以是某一学科或研究领域中的国际化语言，如艺术史中的意大利语。具有国际化特点、用欧洲或非欧洲语言出版的非欧洲期刊（如中文期刊）也可以收录。

国际期刊又根据影响和范围分为 INT1 和 INT2 两小类。INT1 类期刊是在不同国家、不同研究领域的研究者中具有高显示度和影响力的国际出版物，有规律地被来自全世界的学者引用。INT2 类期刊是在不同国家、不同研究领域中具有较高的显示度和影响力的国际出版物。

ERIH 的期刊目录公布后产生了较大的社会反响，成为 Scopus 数据库增加人文学科期刊的主要来源。但是，该目录也受到了抵制，很多期刊编辑部和学协会发表了公开信和声明，反对推出这样一个用于评价目的的期刊目录。

二 中国大陆地区核心期刊遴选与期刊评价实践

中国大陆地区核心期刊的遴选实践始于 20 世纪 80 年代对外文科技核心期刊的遴选。1992 年，北京大学《中文核心期刊要目总览》发布了国内第一部包含人文社会科学及自然科学各学科的中文核心期刊目录。进入 21 世纪，核心期刊的影响延伸到学术界和编辑出版领域，出现了多份核心期刊表及期刊引证报告。

由于缺乏中文期刊的相关数据，国内早期核心期刊遴选大多基于国外数据，确定的是国外核心期刊。

1981 年，《世界图书》B 辑开辟了"国外科技核心期刊专辑"，刊登了一大批个人遴选的各专业国外科技核心期刊。1991 年世界图书出版公司出版了《国外科技核心期刊手册》，对国外科技核心期刊进行大规模遴选。此外，还有一些零散的单一学科的核心期刊表。这些核心期刊表的共同特点是以国外自然科学期刊为研究对象，这既是图书馆外刊订购的需要，也是缺乏中文期刊数据的结果。另外一个特点是每个专业都有不同的期刊选择方法和数据来源，根据学科的具体情况来确定本学科的核心期刊，采用的主要指标包括被引量、被摘量、馆藏流通情况等，应用范围基本上局限在图书情报领域。

1988 年，兰州大学图书馆的靖钦恕和线家秀根据自建的期刊引文数据库制作出"中国自然科学核心期刊"表，这是国内学者第一次较大规模地研制中文自然科学核心期刊表。

随着对核心期刊理论和遴选方法的深入了解，20 世纪 90 年代开始，中文核心期刊研究和遴选工作成为核心期刊领域的主流工作，全国开始了大规模、全学科的核心期刊目录遴选。人文社会科学领域的核心期刊表也随之出现，并在 21 世纪得到迅速发展，由不同机构制作出多种不同的核心期刊表。目前国内有较大影响的核心期刊目录主要有三种：

（1）北京大学图书馆的《中文核心期刊要目总览》。

（2）中国社会科学院文献信息中心的《中国人文社会科学核心期刊要览》。

（3）南京大学中国社会科学研究评价中心的 CSSCI 数据库来源期刊虽然没有叫做核心期刊的名称，但是很多人都把它们当做核心期刊。从 2007 年开始，南京大学又推出《中国人文社会科学期刊学术影响力报告》。

CSSCI 确定来源期刊的主要依据是引文数据库的被引量、影响因子和专家评审意见。《中文核心期刊要目总览》、《中国人文社会科学核心期刊要览》及《中国人文社会科学期刊学术影响力报告》这三种期刊表均采用文献计量学方法与专家鉴定相结合的方式（即定量与定性相结合）综合测定核心期刊或统计源期刊。其中，前两种核心期刊表的测度指标更多一些，不仅包括引文数据库的指标，同时还将其他数据库中的指标如"被索率"、"转摘率"等加入进来。

2008 年年底，中国科学评价研究中心与武汉大学图书馆合作研发、出版了《中国学术期刊评价研究报告》，将期刊分为权威期刊和核心期刊，并制作出排行榜。

除了相关核心期刊表的研制之外，与南京大学的《中国人文社会科学期刊学术影响力报告》类似，中国科学技术信息研究所及清华大学中国学术期刊（光盘版）电子杂志社等机构分别发布了期刊引证报告。这些报告有的提供了类似核心期刊表那样的排名，或对期刊进行分区，同时更多的是从不同角度列出了期刊的多方面数据指标，可以供期刊编辑部门和图书情报部门及读者参考。

下面对几种比较重要的核心期刊表和期刊引证报告做简单介绍。

1. 《世界图书》B 辑的国外科技核心期刊列表

中国核心期刊的遴选实践最先发端于对国外期刊的遴选。

1981 年，《世界图书》B 辑出版了国外科技核心期刊专辑，刊登了自然科学、工程技术领域 79 个学科及子学科的国外核心期刊及 9 个子学科的常用外文期刊。在这个专辑中，既有一级学科如物理、化学的核心期刊，同时也有各子学科的核心期刊，如化学中就包含了物理化学、化学物理、催化、电化学、有机化学与高分子化学、分析化学、结晶学等专业领域。

这些核心期刊选刊方法大多基于引文统计及文摘，但各学科的数据来源和选刊方法则根据学科的性质和具体情况有所差异。由于这些核心期刊目录的主要作用是为图书馆的资源采访、馆藏建设及读者阅读提供参考依据，因此，在测度方法上都使用了部分图书馆的文献流通指标。

该专辑不仅公布了核心期刊目录，同时也对核心期刊的作用及选刊方法进行研究，如专辑的第一篇文章就是吴尔中先生撰写的《核心期刊的意义及其鉴定法》。吴尔中认为核心期刊的遴选主要有以下几种方法[1]：

（1）引文法

吴尔中认为，对于多学科的核心期刊来说，引文法是一种重要方法，期刊应着重在利用上。相比之下，期刊被引次数越多，说明利用的人越多，因此应当参照 SCI 的期刊被引次数顺序表，必要时再参考效果系数（即影响因子——本书作者注）顺序表。专业核心期刊的确定有几种方法：可以参照 SCI 的多学科核心期刊表选出与本单位专业有关的期刊，也可以参照其他学者的核心期刊表，如《近期目次》（Current Contents）上经常刊登的核心期刊表。

（2）文摘/索引法

各学科都有自己的文摘或索引，被索（摘）的期刊通常质量较高。

（3）馆藏统计法

即根据馆内各种记录来确定某馆的核心期刊表。可以考虑的因素有：

- 按期刊价格分级，价格越低的得分越高；
- 按期刊在一、二年内借出次数；

---

[1]　吴尔中：《核心期刊的意义及其鉴定法》，《世界图书 B 辑》1981 年第 6 期。

- 统计期刊在馆际互借中的外借情况;

- 对来馆请求复制的统计;

- 按照期刊是否在附近地区入藏作统计,他馆未入藏者得分高;

- 读者推荐的期刊,特别是来馆频繁、专业较强的专业人员的推荐得分高;

- 本馆文献报道中的统计数量。

2. 靖钦恕、线家秀的 "中国自然科学核心期刊"①

1988 年,兰州大学图书馆的靖钦恕和线家秀公布了 "中国自然科学核心期刊" 表,这是国内学者第一次较大规模对中文自然科学学科制定核心期刊列表。他们以 1980~1986 年国内出版的 10 种自然科学期刊为数据源,辑录卡片 1.5 万余张,建立了 "中文自然科学引文索引"。之后按各刊在 7 年中的被引用次数降序排列,选出 104 种期刊作为核心期刊。其中,学报类期刊占 60%,通报、评论类刊物占 40%。

该核心期刊表仅使用一种指标(被引频次),方法非常简单,但由于是第一次基于自建引文索引对中文期刊进行的核心期刊遴选工作,因此在国内产生了一定影响。

3. 世界图书出版公司出版的《国外科技核心期刊手册》

1991 年,世界图书出版公司出版了《国外科技核心期刊手册》②。

这本手册是继该公司 1981 年的《世界图书》B 辑之后又一次在核心期刊领域内的实践。该手册明确提出确定核心期刊的指导思想是能够反映当前该学科的世界发展水平和发展动向,而不单纯以馆藏建设作为目标。与 1981 年的《世界图书》B 辑的编制方法类似,该书并不是用统一的方法来确定所有学科的核心期刊,每个学科或专业中核心期刊的选择方法和数据来源都根据本学科的具体情况决定。手册共收录 100 篇文章,涉及大小专业 140 余个。

值得一提的是,该书附录中列出了 "社会科学类核心期刊" 目录。

---

① 靖钦恕、线家秀:《中国自然科学核心期刊》,《世界图书》1988 年第 1 期。

② 陆伯华主编《国外科技核心期刊手册》,世界图书出版公司,1991。

4. 北京大学的《中文核心期刊要目总览》及《国外人文社会科学核心期刊总览》

北京大学图书馆从 1990 年开始，与北京高校期刊工作研究会共同发起了中文核心期刊研究工作，1992 年制订出第一版《中文核心期刊要目总览》，以后每四年左右动态评估一次，截至 2012 年 6 月，已经发布了六版，最新版是 2011 年版。《中文核心期刊要目总览》第一版出版后，北大图书馆又陆续出版了《国外人文社会科学核心期刊总览》和《国外科学技术核心期刊总览》。三种核心期刊目录出版情况如下：

● 《中文核心期刊要目总览》，北京大学出版社，1992 年版，1996 年版，2000 年版，2004 年版，2008 年版，2011 年版；

● 《国外人文社会科学核心期刊总览》，北京大学出版社，1997 年版，2000 年版，2004 年版；

● 《国外科学技术核心期刊总览》，北京大学出版社，2004 年版。

其中前两种最有影响，它们分别列出了中、外文人文社会科学领域的核心期刊。《中文核心期刊要目总览》是国内最早的包含人文社会科学及自然科学各个学科的中文核心期刊目录，同时也是连续更新、出版时间最长的核心期刊目录。《国外人文社会科学核心期刊总览》是国内第一个国外人文社会科学领域的核心期刊目录。

(1)《中文核心期刊要目总览》

几个版本的《中文核心期刊要目总览》主要特点如下[1][2]：

1)《中文核心期刊要目总览》采用多指标评价体系，并逐步优化评价指标。

1992 年版采用三个评价指标：载文量、文摘量、被引量，相关数据是利用书本式检索工具手工统计的。

1996 年版和 2000 年版采用六个评价指标：被索量、被摘量、被引量、载

---

[1]　蔡蓉华、史复洋：《〈中文核心期刊要目总览〉研究综述》，《大学图书馆学报》2002 年第 5 期。

[2]　蔡蓉华、史复洋、何浚：《研究报告》，载朱强、戴龙基、蔡蓉华主编《中文核心期刊要目总览》(2008 年版)，北京大学出版社，2008，第 1～11 页。

文量、被摘率、影响因子。同 1992 年相比，增加了影响因子和被摘率，提高了论文学术质量的评价作用，相应降低了发文量的比例，因而有益于提高综合评价结果的质量。

2004 年版继续对评价指标体系进行调整，采用七个指标：被索量、被摘量、被引量、他引量、影响因子、被摘率、被国内外重要检索工具收录和获国家级奖数量。在这一版中，取消了载文量指标，以进一步降低发文量在评价中的作用；增加他引量指标，适当降低不恰当自引的作用；增加被国内外重要检索工具收录和获奖量指标，更加重视期刊学术质量在评价中的作用。

同 2004 年版相比，2008 年版又增加了基金论文比、万维网下载量两个指标，共包括被索量、被摘量、被引量、他引量、被摘率、影响因子、获国家奖或被国内外重要检索工具收录、基金论文比、万维网下载量等 9 个评价指标，选作评价指标统计源的数据库及文摘刊物达 80 余种，统计文献量达 32400 余万篇次（数据统计时间范围为 2003 至 2005 年），涉及期刊 12400 余种。

2）根据模糊数学理论建立了一套综合评价数学模式，并使用计算机完成复杂的数学运算。

1992 年版采用平均百分比综合评价法，从 1996 年版开始采用模糊数学综合评价法。

3）建立了专家评审制度。

除了计算定量评价指标，《中文核心期刊要目总览》还建立了专家评审制度。当统计指标计算完成后，将定量统计结果请数名学科专家进行定性评审，然后根据专家意见核查统计数据，纠正偏差，最终得到比较客观的评价结果。2008 年版有 5500 多位学科专家参加了核心期刊评审工作。

4）确定了界定核心期刊数量的原则。

《中文核心期刊要目总览》编辑者蔡蓉华等认为，核心区的划分总体上应该遵循以下原则：核心原则——既然是核心，数量就应该尽量少；代表性原则——要包含尽可能多的文献量；实用性原则——可以根据需要确定核心期刊的数量，如用作期刊订购和收藏，核心区可以取大一些，如用作学术评价，核心区可以取小一些。这三个原则是相互制约的，应同时予以考虑，不可偏废。

《中文核心期刊要目总览》的初衷是要为图书情报部门提供订购和导读参

考，根据上述原则，选取的核心期刊数量应该比较多。《总览》1992 年版共选出核心期刊 2174 种，后根据专家意见，适当减少了核心期刊的数量，以便兼顾在学术评价方面的参考作用，1996 年版核心期刊数量压缩到 1595 种，2000 年版为 1571 种，2004 年版为 1798 种，2008 年版为 1980 余种。

（2）《国外人文社会科学核心期刊总览》

1997 年，北京大学和南京大学的专家们编辑出版了《国外人文社会科学核心期刊总览》。这是中国对国外人文社会科学领域核心期刊进行的第一次大规模全方位的遴选，并采用统一方法确定各学科的核心期刊。

1997 年版《国外人文社会科学核心期刊总览》的期刊遴选步骤是：采集数据、综合筛选、专家评审。

首先，采用文摘法和引文法，按照被摘量、被引量、影响因子三个定量指标，分别形成三个备选核心期刊表；其次，将三个核心期刊表做的初选结果构成矩阵，计算单指标的隶属度，并按照专家评定法选取权重，将各指标进行加权平均，选择出核心期刊表；最后，征询专家意见进行评审和个别调整，形成了最终的核心期刊表，共收录期刊 1249 种。

2000 年版采用的方法与 1997 年基本相同，收录期刊 1427 种。

2004 年版又增加了流通量和被重要检索工具收录量两个指标，并增加了统计源的数量。

2004 年版的数据统计源包括：

- 被摘量：统计源为 16 种专业文摘。
- 被引量和影响因子：采用 A&HCI 和 SSCI 的统计结果。
- 流通量：EBSCO 学术期刊数据库（EBSCO Academic Search Premier）在 CALIS 院校中使用时的全文下载量。
- 被重要检索工具收录：来源包括 A&HCI、SSCI 以及美国的《图书馆杂志》（Magazines for Libraries）。

2004 年，考虑到各学科权重的一致性以及相同来源指标权重的一致性，编辑部参考专家意见对指标权重进行了一些调整。2004 年版最终收录 23 个国家和地区的核心期刊 1406 种。此外，为了满足需要较多期刊用户的需要，还收录了扩展区期刊 1278 种。

截至 2012 年年底，《国外人文社会科学核心期刊总览》没有再出新的版本。

5. 中国社会科学院文献信息中心的《中国人文社会科学核心期刊要览》①②

中国社会科学院文献信息中心分别在 2004、2008 年出版了《中国人文社会科学核心期刊要览》（以下简称《要览》）。两版《要览》的主要研制原则是相同的，2008 版仅做了少量调整。其中最大的不同在于增大了专家评审的权重，即从 2004 年的 0.2 变为 2008 年的 0.3，而来自统计数据的权重则由 0.8 降低到 0.7。此外，2008 版《要览》还去除了一些指标虽高，但学术性不强的期刊，并对二级学科及重要研究领域中的优秀期刊给予更多关注。

下面以 2008 版为例说明《要览》的研制方法：

（1）《要览》的统计数据来自多个数据库。

第一是中国社会科学院文献信息中心建立的"中国人文社会科学引文数据库"（CHSSCD）。第二是中国社会科学院文献信息中心建立的"中国人文社会科学转摘率统计数据库"，该库数据来自三种类型的报刊：①《中国社会科学文摘》、《新华文摘》和《高等学校文科学术文摘》；②重要报纸理论版和核心期刊中转摘的文章；③中国人民大学书报资料中心《复印报刊资料》。2008 版《要览》选用了其中 1995～2006 年的转摘数据作为统计数据。第三是来自 2003～2007 年公开发表的期刊统计数据，包括其他评价系统公布的核心期刊、引文数据库来源期刊、期刊引证报告中的各类统计数据等。

（2）《要览》的主要统计指标包括期刊总被引、期刊影响因子和转摘率。其他辅助性评价指标还有他引量、学科载文量、引文率、即年影响因子、借阅率和下载率等。

鉴于综合性期刊与专业期刊的显著差异，《要览》将专业期刊与综合性期刊分开，分别进行比较。

---

① 姜晓辉：《中国人文社会科学核心期刊要览（2004 年版）研制报告》，载姜晓辉主编《中国人文社会科学核心期刊要览》，社会科学文献出版社，2004，第 1～16 页。

② 姜晓辉：《中国人文社会科学核心期刊要览（2008 年版）研制报告》，载姜晓辉主编《中国人文社会科学核心期刊要览》，社会科学文献出版社，2008，第 1～16 页。

2008 版《要览》的分学科统计指标主要分为三类：

A 类为分学科影响因子及被引指标。基础指标包括：2005 年分学科影响因子、2003～2005 年分学科影响因子均值、基于 2005 年来源刊的分学科他引、基于 2003～2005 年来源刊的分学科被引。

B 类为影响因子。基础指标包括：2005 年影响因子、2003～2005 年影响因子均值。

C 类为转摘频次。基础指标包括：2003～2005 年中国人民大学书报资料中心《复印报刊资料》转摘频次，2003～2005 年核心期刊与重要报刊转摘频次，2003～2005 年《中国社会科学文摘》、《新华文摘》和《高等学校文科学术文摘》转摘频次，1995～2006 年 40 种报刊转摘频次。

综合性学术期刊的统计指标也分为三类。A 类为影响因子，B 类为转摘频次，C 类为在分学科的位次。在实际操作过程中，C 类指标常用综合性学术期刊进入分学科核心区的学科数量值来表示其在分学科的影响力。

（3）核心期刊的遴选过程如下：搜集数据，确定各指标的权重，生成期刊的统计数据综合值；确定各学科和综合性期刊的核心期刊预选范围；进行专家论证；根据计算公式确定综合评价值（综合评价值＝数据综合值×0.7＋专家评价值×0.3）；分别生成各学科核心期刊表和综合性人文社会科学核心期刊表。

《中国人文社会科学核心期刊要览》严格控制核心期刊数量，其 2004 版收录核心期刊 344 种，2008 版收录 386 种。

6. 南京大学的 CSSCI 来源期刊及《中国人文社会科学期刊学术影响力报告》

南京大学中国社会科学研究评价中心 2000 年推出 CSSCI 数据库。CSSCI 首批入选期刊为 496 种，后来每两年调整一次，一直在 400～550 种之间波动，2010～2011 年为 527 种。

（1）CSSCI 选刊指标与比例

CSSCI 早期的来源期刊遴选方法和程序如下[①]：

---

① 邹志仁：《〈中文社会科学引文索引〉（CSSCI）的新进展》，《南京大学学报（哲学·人文科学·社会科学)》2002 年第 39 卷第 5 期。

首先确定来源刊总数在 500 种左右；各学科刊物原则上应按该学科正式出版发行刊物数量的 15% ~ 18% 选取；选取的主要指标是影响因子（权重 95%），其次考虑一级学科的完整性、学科的规模、地区因素、人力资源等因素（权重约 5%）；收集、整理各项基础数据，在此基础上提出来源期刊分学科应选期刊数；之后进行专家评议、打分。最后，经教育部社政司审定，即可确定来源期刊目录。

2000 年以来，CSSCI 选刊指标历经了多次变化和调整①。2005 年选刊指标由他引影响因子替换了影响因子，2007 年增加了被引次数。

他引影响因子是指其他期刊引用某期刊的影响因子，即该刊前两年论文被其他期刊在统计年引用的篇均次数。被引次数是指期刊自创刊以来所刊载论文被引用的总次数。CSSCI 采用这些指标的目的就是为了体现期刊长期以来的学术影响。2007 年，CSSCI 在遴选来源期刊时，上述两个指标的权重分配比例为 8∶2，即他引影响因子占 80%，被引次数占 20%。

近几年，CSSCI 将来源期刊的数量调整为中国公开发行学术期刊总数的 20%，大约为 540 种。

各学科入选期刊数量根据学科期刊总量和研究人员数量综合确定。对于综合类期刊（包括综合类学报），主要由综合类期刊总量来确定，入选期刊数为其总数量的 20%。

为了兼顾地区和学科的发展，更为科学地考虑期刊的学科布局和地区布局，CSSCI 对于一些没有期刊进入 CSSCI 来源期刊表的学科和地区给予特别的政策，如在该学科或该地区范围内选择指标值最靠前的期刊进入 CSSCI。

（2）CSSCI 的集刊与扩展刊

从 2005 年开始，CSSCI 增加了集刊。学术集刊是用以书代刊形式出版的一种特殊的文献，它没有连续出版物刊号，但是具有正式书号，具有相对稳定、统一的题名，以分册形式按一定周期定期出版，并有年、卷、期等标识序号，计划无限期出版。集刊通常采取同行评议制，能反映当前中国哲学社会科

---

① 苏新宁：《入选 CSSCI 来源期刊应关注的问题》，《中国社会科学院报》2008 年 10 月 16 日，第 6 版。http://ssic.cass.cn/yb/3/6 - 1. html ［2009 - 4 - 1］.

学各个学科、领域最新研究成果。

集刊的入选首先需要满足条件的编辑部提出申请。

集刊的评价采取定性和定量相结合的方法。定量指标包括集刊被引次数和影响因子（二者权重为 2∶8），定性评价主要根据学科专家的意见，定量与定性的权重之比为 6∶4。

CSSCI 指导委员会确定了集刊选刊的原则和遴选方法。CSSCI 在 2005～2007 年共收录来源集刊 33 种，2008～2009 年增加到 86 种，自 2010 年开始不再收录集刊。

CSSCI 数据库从 2008 年开始，还增加了扩展版来源期刊。扩展刊遴选的标准仍坚持来源期刊的标准，同时兼顾地区和学科的平衡。扩展版期刊由四部分组成：此次落选的原来源期刊、他引影响因子与总被引次数的加权值接近来源期刊的期刊、集刊中最近已获得 CN 号的期刊以及考虑地区和学科合理布局的期刊。2008 年 CSSCI 扩展版收录期刊的数量为 CSSCI 来源期刊的 30% 左右，共有 152 种。2010～2011 年收录扩展版来源期刊 172 种。

（3）《中国人文社会科学期刊学术影响力报告》

CSSCI 自从面世以来，在社会上得到广泛应用，其来源期刊虽然没有核心期刊的名称，但是大家都认为它是一种核心期刊表，很多编辑部以进入 CSSCI 来源刊为荣，CSSCI 来源期刊表也被图书情报界和期刊界认为是国内最有影响的三大核心期刊表之一。

但是由于来源期刊与核心期刊的遴选目的和方法都有所不同，数量也受到数据库建设规模的影响，因此并不能算作真正意义上的核心期刊。正如 CSSCI 负责人苏新宁所说的："核心期刊和引文索引中的来源期刊的内涵是不完全一样的。核心期刊完全从期刊质量和学术影响力考虑，而来源期刊还需要兼顾地区、学科等因素。因此，即使同一个学科的来源期刊也并不一定比非来源期刊有更高的质量和学术影响。"[①]

因此，南京大学一直在探索核心期刊的评选，并分别于 2007 年和 2009 年

---

① 苏新宁主编《中国人文社会科学期刊学术影响力报告（2009 版）》，中国社会科学出版社，2009，第 34 页。

出版了《中国人文社会科学学术影响力报告》，对 23 个学科的 2000 多种学术期刊进行综合评价。统计指标分为学术规范量化指标、被引指标、二次文献全文转摘指标和万维网即年下载率指标等四大类一级指标及 20 项二级指标。

该报告将一些传统的指标根据人文社会科学的特点进行修正，如由于人文社会科学发文周期长，即年指标不能有效地反映出期刊引用速率，于是将即年指标中的引用与发文年代均增加一年，形成被引速率这一新指标。此外，影响因子的统计时间范围也扩展为三年。2007 年版的报告中被引广度的计算并不区分被引频次，2009 年版则将被引 1 次到 5 次的广度做递增运算，以示区别。

《报告》的主要指标如下①：

• 学术规范量化指标（权重 0.15）：包括期刊篇均引用文献数、基金论文比、作者地区广度、标注作者机构论文比、本机构论文比（该指标仅针对高校学报）。

• 被引指标（权重 0.60）：包括被引次数（权重 0.10）、被引速率（权重 0.10）、影响因子（权重 0.30）、被引广度（权重 0.10）。其中，影响因子的计算时间为三年。

• 二次文献全文转摘指标（权重 0.10）：目前国内 4 种重要的人文社会科学二次文献期刊中全文转摘的数量，包括《新华文摘》、《中国社会科学文摘》、《复印报刊资料》和《高等学校文科学术文摘》。

• 万维网即年下载率指标（权重 0.15）：期刊在某一期刊全文数据库中当年出版并上网的论文在当年被全文下载的次数与该期刊当年出版并上网论文总数之比。

以上指标的数据来源于 CSSCI、中南财经政法大学图书馆建立的转摘数据库和 CNKI 的万维网即年下载率统计。

得到各刊的指标后，《报告》将指标在学科内部按照最大值进行归一化处理，再加权计算该刊的综合值。最后根据期刊的综合值划分为四个区域：A 类期刊（权威学术期刊区）、B 类期刊（核心学术期刊区）、C 类期刊（扩展学

---

① 苏新宁主编《中国人文社会科学期刊学术影响力报告（2009 版）》，中国社会科学出版社，2009，第 1 ~ 34 页。

术期刊区）、D 类期刊（一般学术期刊区）。

7. 武汉大学的《中国学术期刊评价研究报告——RCCSE 权威期刊和核心期刊排行榜》①②

2009 年，武汉大学中国科学评价研究中心与武汉大学图书馆合作研发、出版了《中国学术期刊评价研究报告——RCCSE 权威期刊和核心期刊排行榜》③，对中国内地出版的 6170 种中文学术期刊进行评价。该报告的目的是"评价管理导向与情报服务导向相结合"④，将期刊分为权威期刊、核心期刊等五个等级，以排行榜形式发布。

《排行榜》采用了《中华人民共和国学科分类与代码》国家标准（GB/T13745 – 92）中的 58 个一级学科作为学术期刊学科分类的依据，增加了自然科学综合、医学综合和人文社会科学综合三个综合性类目，并规定每种期刊只入一个类目。

报告采用五个定量指标和一个定性指标进行期刊评价。其中，定性指标为专家定性评价的分数，该指标的权重相对较低。具体指标及权重见表 5 – 3：

表 5 – 3 《中国学术期刊评价研究报告》采用的指标及权重

评价指标	基金论文比	总被引频次	影响因子	万维网下载率	二次文献转载或收录	专家定性评价
权重	0.15	0.20	0.35	0.05	0.20	0.05

在数据来源方面，基金论文比、总被引频次、影响因子、万维网即年下载率这四个评价指标的数据主要来自清华同方《中国学术期刊引证报告》与《万方学术期刊引证报告》，对于两个数据库均收录的数据，则取两者中的最大值；若任一数据库中数据空缺，则取其中之一。社会科学类期刊二次文献被

---

① 邱均平等：《中国学术期刊评价的特色、做法与结果分析》，《重庆大学学报（社会科学版）》2008 年第 14 卷第 4 期。

② 邱均平等编著《中国学术期刊评价研究报告——权威期刊和核心期刊排行榜》，科学出版社，2009。

③ RCCSE 为 Research Center for Chinese Science Evaluation（中国科学评价研究中心）的缩写。

④ 邱均平等编著《中国学术期刊评价研究报告——权威期刊和核心期刊排行榜》，科学出版社，2009，第 i～ii 页。

《新华文摘》、《中国社会科学文摘》、《人大报刊复印资料》摘转的数据通过这三个文摘刊物的网络版获得，自然科学类期刊被国外重要数据库收录的信息主要通过检索相关数据库获得。

将期刊的五个定量指标计算得分并排序后，将前25%的期刊分别送给专家打分。专家评审的指标有五个，包括文章质量/作者构成（30分），专家或读者使用、阅读情况（30分），出版发行状况（20分），编辑质量（10分）和社会声誉（10分）。

之后，将定量指标得到的分数与专家打分结果进行集成，在学科分类排序的基础上，计算出各刊的最终得分并降序排列，报告将期刊分为A＋（权威期刊，排在前5%的期刊）、A（核心期刊，排名在5%～25%之间）、B＋（排名在20%～50%之间）、B（排名在50%～80%之间）、C（排名在80%～100%之间）五个等级。

报告的研制者认为，核心期刊是指针对某一学科或专业领域来说，刊载大量专业论文和利用率较高的少数重要期刊，而权威期刊是核心期刊中的"核心"，是最重要的核心期刊，在学术界与科研人员心目中享有权威地位和最高学术水平[1]。

8. 中国科学技术信息研究所的《中国期刊引证报告（扩刊版）》[2][3]

《中国期刊引证报告（扩刊版）》从2006年开始由中国科学技术信息研究所信息资源中心与万方数据股份有限公司联合编制出版，每年出版一次。该书收录学术期刊6000余种，其中社会科学期刊2000余种。书中提供了期刊的引用和被引用数量，以及引用效率、引用网络、期刊自引等方面的统计分析数据。《中国期刊引证报告（扩刊版）》依照《中国图书资料分类法》，参考其他同类研究的类目体系，将统计源期刊分为基础科学、工业技术、农业科学、医药卫生、哲学政法、社会科学、经济管理、教科文艺等8个大类、120余个

---

① 邱均平等编著《中国学术期刊评价研究报告——权威期刊和核心期刊排行榜》，科学出版社，2009，第21页。

② 曾建勋主编《2006年版中国期刊引证报告（扩刊版）》，科学技术文献出版社，2006，第1～3页。

③ 曾建勋主编《2009年版中国期刊引证报告（扩刊版）》，科学技术文献出版社，2009，第1～8页。

小类。

《中国期刊引证报告（扩刊版）》共采用期刊引用和来源两方面的 18 项指标，它们是：

（1）期刊被引计量指标：总被引频次、影响因子、学科扩散指标、学科影响指标、引用刊数、即年指标、他引率、被引半衰期和 h 指数。

（2）来源期刊计量指标：来源文献量、平均引文数、平均作者数、地区分布数、机构分布数、海外论文比、基金论文比、文献选出率和引用半衰期。

该书还有姊妹篇——《中国科技期刊引证报告》（核心版），但后者没有包括社会科学期刊。

9. 清华大学中国学术期刊（光盘版）电子杂志社的系列期刊报告

清华大学中国学术期刊（光盘版）电子杂志社从 2002 年开始出版《中国学术期刊综合引证报告》，每年出版一卷。该报告分为 A、B、C、D、E 五辑，内容分别涉及大学学报、社会科学、自然科学、医药及农业等不同领域。统计指标包括载文量、总被引频次、他引总引比、影响因子、即年指标、被引半衰期等。为了便于比较，还给出了各学科指标的均值，包括：总被引频次均值、影响因子均值和即年指标均值①。

《中国学术期刊综合引证报告》共出版 7 卷，2009 年改名为《中国科技期刊影响因子年报》，2010 年年底又发布了 2010 年版《中国学术期刊影响因子年报》，分为自然科学与工程技术、人文社会科学两个版本。2010 年的《中国学术期刊影响因子年报》（人文社会科学·2010 版）包括复合总被引频次、复合影响因子（含期刊影响因子、他引影响因子和即年指标）等指标。所谓"复合"，主要指统计源的多样化，即从以前的仅收录期刊扩展为包括博士和硕士学位论文、学术会议论文，以及期刊在内的多个统计源。

该报告还有相关的数据库，可以提供期刊的发文量、引用量、三种影响因子（复合影响因子、期刊综合影响因子及人文社会科学影响因子）及其他参考指标（基金论文比、引用半衰期、引用期刊数、被引半衰期、被引期刊数、他引总引比、万维网即年下载率、万维网下载量）的查询功能。

---

① 清华大学中国学术期刊电子杂志社：《中国学术期刊综合引证报告（2004 版）》，2004。

三 中国台湾地区的核心期刊评价实践

近年来，台湾地区学术部门也很重视核心期刊的评价和筛选，台湾社会科学引文索引的来源期刊和台湾人文学引文索引核心期刊分别代表了社会科学和人文学科的核心期刊。

1. 台湾社会科学引文索引的来源期刊

1999 年开始建立的台湾社会科学引文索引（TSSCI），其来源期刊经过严格筛选，可以视为台湾地区的社会科学核心期刊。TSSCI 建立的目标之一就是分析台湾地区出版的社会科学核心期刊被引用情形及其影响力。

TSSCI 具有严格的期刊评选程序，同时每年还对来源期刊进行调整。期刊的遴选过程中主要依靠专家评审，同时参考资料库中的一些指标，编辑部也参与其中的一部分工作。期刊遴选过程如下①②：

（1）由期刊提出申请

提出申请的期刊必须符合下列条件：

• 非综合性大学学报；

• 近三年出版周期固定且出刊频率为半年刊或更密集，并出满应出期数；

• 近三年每期刊登经匿名审查的学术论文至少 4 篇；

• 按 TSSCI 收录期刊基本评量标准计分，近三年评量分数平均在 60 分以上。

基本评量标准分为四大项，各大项的配分如下：一、期刊格式，8 分；二、论文格式，38 分；三、编辑作业（包括编辑规范、内编比例、稿源、退稿率），38 分；四、刊行作业（出刊频率及匿名评审），16 分。满分为 100 分，另有减分项目，主要包括未及时送达 TSSCI、延迟出版和内稿比例太高等因素。

申请时需要提交近三年的期刊纸本及 PDF 电子版，并填写相关的问卷，

---

① 《台湾社会科学引文索引》资料库期刊收录实施方案，http：//ssrc. sinica. edu. tw/ssrc – home/5 – 43 – 2009. htm. ［2011 – 8 – 9］。

② 《台湾社会科学引文索引》资料库收录期刊基本评量标准，http：//ssrc. sinica. edu. tw/ssrc – home/5 – 7. htm. ［2011 – 8 – 9］。

如果属于已经收录在国际专业领域数据库的期刊，应附上相关证明文件。

（2）初审

由各学科组成的期刊评审委员会进行审查。评审委员会就申请收录的期刊所刊登论文的学术品质进行审查，并参考该学科期刊排序结果及期刊评量分数等相关资料，综合做出是否推荐收录或调整收录的建议。

（3）复审

召开联席会议进行复审，联席会议成员是各学科期刊评审委员会主席或指定人选。

已被收录的期刊，如果遇有期刊排序的结果、期刊评量分数等有明显下降情况，需要委员会重新进行审查。如果初审结果建议取消收录，相关学科会将初审意见抄送期刊编辑委员会，并请其回应，再将回应意见送交联席会议议决。经联席会议议决被排除收录的期刊，在重新申请时要就审查意见提出充分的改善说明，供评审委员会参考。

（4）公布审查结果

2010 年 TSSCI 共收录 85 种期刊，涉及 9 个学科，包括：人类学、社会学（含传播学）、教育学（含体育、图书资讯）、心理学、法学、政治学、经济学、管理学、区域研究及地理学①。

2. 台湾人文学引文索引核心期刊

除 TSSCI 外，台湾地区还有人文学引文索引（THCI），但是 THCI 来源期刊的选择标准相对比较宽松，因此该库的来源期刊对于期刊评价的参考意义不大。截至 2008 年 5 月，THCI 收录来源期刊 294 种。

2006 年，台湾人文学核心期刊项目（THCI Core）启动，该项目的主要目的是"为提升人文学期刊学术及出版水准"②。台湾人文学引文索引核心期刊筛选的基本流程、基本评量标准都与 TSSCI 相似。预审阶段，除了使用基本评量标准，还使用了引文评量指标，即：论文数量 20 分、影响因子（统计周期

---

① 2010 年 TSSCI 资料库收录期刊名单，http：//ssrc. sinica. edu. tw/ssrc – home/2010 – 10. htm ［2011 – 8 – 9］。

② THCI Core 资料库，http：//www. hrc. ntu. edu. tw/index. php？ option = com _ content&view = article&id = 120&Itemid = 674&lang = zw ［2012 – 7 – 26］。

为三年）60分、即年指标 20 分，按照 THCI 数据库中的数据计算指标值①。基本评量指标与引用评量指标按照 80% 和 20% 的比例，计算得出"客观评量指标"的分数，达到 60 分可以进入初审阶段②。

2010/2011 年 THCI Core 共收录 46 种期刊，分为文学一、文学二、哲学、语言学、历史、艺术、综合七大类③。

第四节 关于核心期刊和期刊评价的思考

一 布氏定律的局限性

布氏定律作为文献计量学领域的基本定律，具有重要的意义和作用。但是我们在应用布氏定律时，也要充分认识到它的局限性。

期刊及论文的分布受到众多因素的影响，而这些影响因素目前还不能用精确的数学语言进行表述，现有的数学推导并不能将全部影响因素考虑进来，利用布氏定律进行计算时还有很多不确定因素，如分区的数目是可变的，核心区的大小需要人为设定等。因此该定律同自然科学中精准的计算公式不同，是一个用定量方法描述的定性规律。虽然后人对布氏定律进行了多种修正，但是，目前尚没有一个公认的、能够准确计算各学科期刊论文离散分布的公式。因此，不能用布氏定律来准确描述学科期刊的具体和真实分布情况。比利时情报学家埃格称"布拉德福定律是一个近似的定律"（Bradford law is an approximate Bradford law）④，其性质与当前统计物理学家对复杂网络的研究是一样的，都是对宏观分布规律的描述。因而，由此而产生的核心期刊是一个相对的、近似

---

① 陈光华、刘书砚：《台湾人文学引文索引与其核心期刊》，http：//www. docin. com/p － 55061361. html ［2011 － 9 － 6］。

② 「台湾人文学引文索引核心期刊」收录实施方案，http：//www. hrc. ntu. edu. tw/thcicore_attach ments. htm. ［2011 － 8 － 9］。

③ THCI Core 收录期刊名单（2009 年），http：//www. hrc. ntu. edu. tw/index. php？ option = com_con tent&view = article&id = 715&Itemid = 391. ［2011 － 8 － 9］。

④ I. Egghe, "The Dual of Bradford's Law", *Journal of the American Society for Information Science* Vol. 37, No. 4 (1986)：246 － 255.

的概念。

在应用布氏定律进行期刊评价时，需要认识到这一特点，要适度使用，不能将其绝对化。正如文献计量学专家王崇德教授所说的："我们可以运用分区数目、核心区规模、布拉德福系数来进行近似计算，以便有效地控制文献的规模，实行文献的科学管理。分区数目和布拉德福系数的近似计算公式，精度都不算高，不妨试用，以资用作对文献收集、整理、典藏等科学管理的一个简易的工具，当发现严重不准时，就应停止使用。"①

二　关于核心期刊概念的演变

由布拉德福分布中的期刊核心区而引申出的核心期刊的概念，与目前大行其道的核心期刊概念有很大不同，这期间经历了从主题相关的核心期刊到评价性核心期刊的演变过程。

布氏定律的原始形式揭示出论文分布中专业期刊与边缘期刊的数量关系，反映的是期刊和论文主题的相关关系，并没有反映期刊质量。自从加菲尔德将引文分析法引入到核心期刊的选刊过程后，人们发现期刊影响力的分布也有这样的关系，因此目前提到的核心期刊大多代表内容相关、质量较高的期刊。

姚虹霞、张华总结出目前主要的几种核心期刊定义②：

（1）核心期刊就是刊载某学科文献密度大、载文率、引文率及利用率相对较高，代表该学科现有水平和发展方向的期刊。

（2）某学科核心期刊是指发表该学科论文数量较多，文摘率、引文率、读者利用率相对较高，在本学科学术水平较高、影响力较大的那些期刊。

（3）核心期刊应该是本学科或专业期刊中情报密度比较大，发表文章比较重要，使用寿命较长，代表着本学科或专业领域当时最新水平和发展趋势，为本学科专业用户所重视，利用率较高，可满足用户60％需要的期刊。

（4）某学科（或某领域）的核心期刊，是指那些发表该学科（或领域）论文较多、使用率（含被引率、转载率和流通率）较高、学术影响较大的

---

① 王崇德：《布拉德福定律及其近似计算》，《图书馆情报工作》1995年第4期。
② 姚虹霞、张华：《我国核心期刊评价体系的研究现状、问题及解决途径》，《情报科学》2009年第10期。

期刊。

（5）指期刊在某学科所有期刊群核心区的、存在核心效应的、持续大量动态记载该学科前沿高水平研究成果及其发展趋势的、有一流编辑出版水平的、通过事先确定的科学计量评价方法评出并公布的刊物。

从以上定义可以发现，大家对核心期刊的理解并不完全一致。通常我们可以认为核心期刊是布氏定律与加菲尔德定律的结合，即刊载某学科文献数量多，学术影响力较大的期刊，这些期刊一般是学科中有影响的重要期刊。在实际工作中要认识到，核心期刊不是一个绝对的概念，不同的核心期刊表会因评价目的和评价方法的差异而有所不同。

三　当前核心期刊遴选过程中存在的问题

当前国内多家机构都开展了核心期刊遴选工作，每个机构都有自己的选择方法和指标，有些核心期刊表已经形成了品牌，并产生很大影响，如北京大学的《中文核心期刊要目总览》。同时，我们也看到，后续的产品不断改进，增加了一些新的评价指标，如南京大学《中国人文社会科学期刊学术影响力报告》设立了一些衡量期刊质量的新指标等。这些工作在一定程度上推动了学术期刊的发展，为图书馆选刊、读者投稿、编辑部了解期刊发展状况等都提供了参考依据，但是与此同时，也存在一些共性的问题。

1. 统计方法问题

引文法是目前核心期刊遴选中最重要的一种方法。但是，我们必须注意到，引文法用于期刊评价也有其自身的不足，同行评议方法、文摘法、索引法等也都有各自的优缺点。关于各种方法的局限性已经有很多探讨，同时也有很多修正的方法，但是实际应用过程中有时会忽略这些限制，从而导致一些问题的出现。

有些学科不适用于目前的定量评价方法，特别是人文学科，由于其引用机理与社会科学不同，有更多的思辨性内容，更多地引用图书而不是期刊，因此期刊引文数据不能够全面地反映这些学科的情况。例如，A&HCI 选刊过程中，并未依靠引文方法。但中国的所有核心期刊表中都没有区分人文学科与社会科学的不同特点，对每个学科均采用相同的方法。

综合分析法是相对科学的方法，但是如何确定各种指标的权重是一个问题。有些项目利用了层次分析法，有的仅凭个人经验，因此导致各种不同的核心期刊表对同一指标所采用的权重差异很大。如专家意见的权重从 0.05（武汉大学）到 0.3（中国社科院），万维网下载量指标从 0.05（武汉大学）到 0.15（南京大学），但这些核心期刊表的研制目的和应用领域并无实质性差异，由此而导致的核心期刊表的不同则很难进行解释，也给用户造成困惑。

2. 相关指标的问题

指标的选取也存在一些问题。

（1）不同的指标反映不同的特点，目前很多核心期刊表对指标的选取缺乏相关的研究和理论支持，随意性强。

（2）新指标的应用不多。少数核心期刊表采用了期刊 h 指数，而特征因子等新型指标由于计算方法复杂，目前在国内还没有应用。万维网期刊下载率虽然比传统的流通数据可获得性好，但是却存在很多问题，如数据库收录范围不全，导致部分没有收录的期刊缺乏相关数据；特定用户群（如全国范围内人文社会科学研究人员）的使用数据难以获得；缺乏图书的使用情况统计等。这使得在现阶段万维网期刊下载率并不能正式用来作为重要的期刊评价指标使用。

（3）一些新型指标在人文社会科学领域的适用性还需要进行深入研究。例如，特征因子的基本假设是否合理？高影响力的期刊所引用的文献一定比其他期刊引用的文献影响力大吗？这种计算方式是否加剧了马太效应，而不利于弱刊、小刊的发展？

（4）核心期刊的比例问题：究竟有多少期刊可以算作核心期刊？根据布氏定律，1/3 的期刊属于核心区，而陈光祚认为 50% 的期刊可以算作核心期刊，还有将被引频次占比为前 60%、75% 和 80% 的期刊认定为核心期刊的情况。由此看来，核心期刊实际上没有一个固定的比例。

除以上问题外，还有统计时间滞后的问题。由于核心期刊的遴选需要较长的周期，因此原本就存在 1～2 年时滞的引文数据，就会在核心期刊表公布时时差更长，很难反映期刊的现状。

3. 中国是否需要如此众多的核心期刊表

目前，在国内最有影响的人文社会科学核心期刊表有三种，此外还有三四种新发布的核心期刊表或期刊报告。这些核心期刊表名称相近，功能、目标大体相似，具体指标、数据来源、分类方法不尽相同，核心刊数量有多有少。但是编者和使用者都很难明确说出它们之间的实质性差异，这就让使用者无所适从，甚至连确切的名字都记不住，只能以机构名（如"北大核心期刊"、"南京大学来源期刊"等名称）来代替。

核心期刊表的重复性研制，不但造成资源浪费，同时也给期刊编辑部和管理部门及学者带来混乱和困惑。因此，必须采取措施给核心期刊表的研制热潮降温。但是在当前体制下，只有停止将核心期刊用于学术评价，才有可能改变现状。

四　核心期刊用于学术评价

随着"核心期刊"热的出现，核心期刊被越来越多地应用于学术评价中，由此引发了对核心期刊的质疑和批判。其中，以学术界对核心期刊的批评最为尖锐，很多学者对于核心期刊的负面效应都进行过激烈的抨击。

各种批评意见中，中国大陆地区比较有代表性的是钱荣贵的《核心期刊与期刊评价》，该书猛烈抨击了核心期刊现象。他认为，核心期刊引发了七个方面的负面效应：

"'核心期刊'遴选：操纵我国学术期刊生存与发展的一只'黑手'"；"惟'核心期刊'论导致学术期刊的价值取向发生偏离"；"庞杂烦乱的'核心期刊'遴选干扰了正常的编辑出版秩序"；"'核心期刊'已成为某些学术期刊大肆敛财的'金字招牌'"；"'以刊论文'的科研评价方式恶化了我国的学术生态"；"此起彼伏的'核心期刊'遴选浪费了大量的物力、财力、人力"；"要求研究生必须在'核心期刊'上发文，侵蚀了学子的学术精神"等[1]。

中国台湾地区的学者也对本地区有关方面遴选出来并以学术评价为目的的核心期刊提出了激烈的反对意见：

"目前独尊 SSCI 及 TSSCI 的作法乃是违背学术自由（包括个人的选择自由及学术自治的自由）的举措"[2]。"夹杂著主观排行榜与菁英资料库的 TSSCI,

---

① 钱荣贵：《核心期刊与期刊评价》，中国传媒大学出版社，2006，第 133～138 页。
② 郭明政：《以 SSCI 及 TSSCI 为名的学术大屠杀》，http://www.docin.com/p－233245.html.
　　[2011－8－9]。

既没有学得 SSCI 的客观性，也无法成为一个可用的资料库"，"更值得担忧的是，……TSSCI 正式名单与观察名单的调整，确实有权力因素的干扰。……亦存在明显的强人色彩"[①]。

同中国相比，国外关于期刊评价方面的研究更集中于影响因子研究，对于"核心期刊"和"期刊评价"的研究和关注相对较少。例如，本书作者在 2011 年 8 月 8 日检索著名的《科学计量学》（Scientometrics）期刊数据库，发现关键词中含有"core journal"（核心期刊）的论文有 61 篇，含有"journal evaluation"（期刊评价）的论文有 78 篇，而关于"impact factor"（影响因子）的论文则高达 587 篇。

欧美国家将核心期刊用于学术评价的情况较少，但是欧洲期刊界对于近年来不多的核心期刊的评选也进行了坚决的抵制，欧洲人文学引文索引（ERIH）期刊表的遭遇就是一个例子。

2009 年，ERIH 期刊初选目录提出后，遭到 63 个期刊编辑部的联名抵制。在以《处于威胁之中的期刊》为题的公开信[②]中，编辑们写道："这份目录没有经过充分协商，只是由一些武断、不负责任的机构编制出来的。然而，伟大的学术著作可能在任何地方、以任何语言发表。真正具有原创性的研究往往来自边缘、异端或名不见经传的角落，而非早已固定和格式化了的主流学术期刊上。"他们强调，期刊应是多样性、不同种类和各具特色的，编制这样一个目录，将使得期刊内容和读者的意见变得无关紧要，故商定不参与这一危险和被误导的运作之外，还要在科学史和科学研究领域中反对和拒绝这种时尚的管理和评介。公开信最后写道："我们恳求欧洲人文引文索引将我们这些期刊的名字从目录中去除。"

国际艺术史研究机构协会在其网站主页上也发表声明，代表 26 家机构批评和反对 ERIH[③]。他们认为人文领域的学术研究不能用简单的数字或量化指

---

① 黄厚铭：《SSCI TSSCI 与台湾社会科学学术评鉴制度》，《图书馆学与资讯科学》2005 年第 31 卷第 4 期。

② "Journals under Threat: A Joint Response from History of Science, Technology and Medicine Editors", *Med Hist* Vol. 53, No. 1 (2009): 1 - 4.

③ RIHA, ERIH and Art History – A Joint Resolution of RIHA, http://www.riha - institutes.org/. [2011 - 7 - 29].

标来评价。该协会强烈反对在艺术史领域用出版物的位置（最初 ERIH 期刊被划分为 A、B、C 三类）来暗示单篇论文的质量，并强烈谴责将发表文章数目与研究机构获取资助直接挂钩。他们表示将永远不会用 ERIH 数据来评价资助项目和学者的质量，以及确定临时或永久职位。

在这种压力之下，ERIH 将容易引发人们误解的 A、B、C 三个期刊等级改为国内期刊和国际期刊两个大类。

总结以上情况，可以看出，除了对核心期刊评选过程的质疑之外，学者们的意见大体可分为两种：一是对"以刊评文"的意见，另一个是担心核心期刊的评选对期刊发展的影响。

（1）"以刊评文"，并因此而与作者的科研考核、职称评定等挂钩，这种现象实属对核心期刊的误用。从理论上来说，核心期刊中的论文优于非核心期刊中的论文的可能性较大，但并不排除非核心期刊上也有高质量的文章。我们要注意统计性规律与个体状况的区别，即宏观规律与微观分析的尺度把握。布氏定律是一个宏观的、不精确的"近似"的规律，不适用于微观分析，尤其是具体的期刊论文。影响因子代表期刊论文的平均被引量，并不代表期刊中每一篇论文的被引量。正如中国文献计量学家金碧辉所说的："高水平的期刊聚集了高水平的论文，但高水平期刊上刊登的论文不等于高水平的论文。"[①]

（2）我们应当辩证地看待核心期刊和期刊评价工作对期刊发展的影响。

客观地说，核心期刊研究对于期刊发展有很大帮助。它利用统计数据和专家意见充分揭示了期刊领域本来就存在的层次和差异，正确评估期刊在科学交流体系中的作用和地位，有助于我们清晰地了解期刊的分布，合理确定期刊的定位和发展方向。

问题在于对核心期刊的绝对化和不合理使用导致了核心期刊的负面效应。特别是期刊管理部门在政策制定过程中，如果过分强调核心期刊的概念，就会抹杀期刊的特色，使期刊的发展趋同化，成为核心期刊指标下的工业化产品；核心期刊产生的马太效应会影响新刊、小刊、非核心期刊的发展，按照核心期刊来分配资源会使得非核心期刊失去生存空间；此外，由此而产生的期刊恶意

---

① 金碧辉：《文献计量学指标与科技评价》，科技评价培训班讲义。

竞争，在一定程度上偏离了期刊的学术价值取向。

因此，应当正确认识和合理使用核心期刊，使之成为期刊评价的参考工具而非指挥棒。同时，我们应当全方位看待期刊评价，不单纯看排名，更重要的是了解期刊的各方面发展状况，充分利用期刊引证报告提供的各种信息来改善期刊工作，而不是仅根据期刊在核心期刊表中的位置来决定期刊的生死存亡。

第六章
网络计量学研究

第一节　网络计量学的缘起及发展

一　网络计量学的缘起及发展

20 世纪 90 年代，随着互联网的发展和普及应用，网络信息急速增长，成为具有重要战略意义的信息资源，人类的信息环境发生了巨大变化。在这种环境下，对网络信息资源及网络结构的研究吸引了众多的科学家和研究者，网络计量学应运而生，成为文献计量学和信息计量学领域的新的学科分支。

1995 年，博西提出"Netometrics"概念，用来探讨以网络为媒介的科技互动现象[1]；亚伯拉罕（R. H. Abraham）于 1996 年构造了"Webometry"一词，并撰写了系列论文[2][3][4]；阿尔明和英格沃森 1996 年也提出了"Internetometrics"概念。1997 年是网络计量学发展的重要一年，阿尔明和英格沃森发表题为《万维网的信息计量学分析："网络计量学"分析方法》的文

① M. J. Bossy, "The Last of the Litter: 'Netometrics'", *Solaris Information Communication*, 2 (1995): 245 – 250. http://biblio – fr. info. unicaen. fr/bnum/jelec/Solaris/d02/2bossy. html. ［2011 – 4 – 2］

② Ralph H. Abraham, Webometry: Measuring the Complexity of the World Wide Web, http://www. ralph – abraham. org/articles/MS%2385. Web1/. ［2006 – 5 – 25］

③ Ralph H. Abraham, Webometry: Measuring the Synergy of the World Wide Web, http://www. pacweb. com/ ~ rha/ralph – abraham/articles/MS%2388. Web2/. ［2006 – 5 – 25］

④ Ralph H. Abraham, Webometry: Chronotopography of the World Wide Web, http://www. cindoc. csic. es/cybermetrics/pdf/3. pdf. ［2006 – 5 – 25］

章，首次提出了"Webometrics"的概念①。这个概念一经提出，就得到了广泛的认可和使用，成为目前描述网络计量学的众多名词中使用频率最高的一个。虽然 2002 年又有学者提出"Web bibliometry"②的概念，但是，到目前为止，Webometrics 一直是网络计量学这个分支学科公认的正式名称。

1997 年，*Cybermetrics* 电子期刊在西班牙马德里科学信息及文献中心创刊，该刊的创办是网络计量学这一研究领域正式确立其地位的标志。该刊最初定位于因特网上的学术和科学交流的定量研究，从 2003 年起，又将论文发表范围缩小到用科学计量学、文献计量学或信息计量学领域方法论进行研究的成果，而且特别强调要与因特网相关，如利用科学计量学方法论分析超链现象，研究信息计量学定律及其分布，建立相关数学模型等。此外还包括因特网对科学合作和科学组织相关的其他方面的影响，信息流及其学科间的联系，以及万维网中电子科技期刊的评价和同行评议过程③。2004 年，另一份开放获取期刊 *Webology*④ 创刊，该刊采用同行评议机制，主要面向万维网和图书馆学、情报学等研究领域。

关于网络计量学的定义，不同的专家有着不尽相同的理解。

比约内博恩给出的定义是："网络计量学（Webometrics）是利用文献计量学和信息计量学的方法对万维网信息资源的结构和使用、万维网结构和技术的定量研究。"他同时也给出了 Cybermetrics 定义，他认为："网络计量学（Cybermetrics）是利用文献计量学和信息计量学的方法对整个因特网上的信息资源的结构和使用、因特网结构和技术的定量研究。"⑤

比约内博恩给出的定义清晰地界定了 Webometrics 沿用的主要方法（文献

① T. C. Almind，P. Ingwersen，"Informetric Analyses on the World Wide Web：Methodological Approaches to 'Webometrics'"，*Journal of Documentation*，Vol. 53，No. 4（1997）：404 – 426.

② S. Chakrabarti etc.，The Structure of Broad Topics on the Web（Proceedings of the WWW2002 Conference，2002）http：//www2002. org/CDROM/refereed/338/ ［2006 – 5 – 25］.

③ Cybermetrics：International Journal of Scientometrics，Informetrics and Bibliometrics，http：// www. cindoc. csic. es/cybermetrics/.

④ http：//www. webology. ir/index. html.

⑤ Lennart Björneborn，Small-World Link Structures across an Academic Web Space：A Library and Information Science Approach（Ph. D. thesis，the Department of Information Studies，Royal School of Library and Information Science，Denmark，2004）.

计量学和信息计量学方法)、研究范围(万维网)和研究内容(万维网信息资源的结构和使用、万维网结构和技术的定量研究)。而 Cybermetrics 与 Webometrics 的主要区别是前者的研究范围为因特网(Internet),后者是万维网(Web)。塞沃尔等还绘制了网络计量学与科学计量学、文献计量学及信息计量学等几个相关学科领域之间的关系图(见图 6 – 1)。

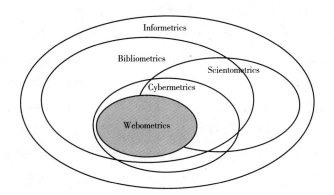

图 6 – 1　塞沃尔等绘制的网络计量学概念图

资料来源:Mike Thelwall,Liwen Vaughan,Lennart Björneborn,"Webometrics",*Annual Review of Information Science & Technology*,Vol. 39(2005):81 – 135。

在国内,通常没有细分 Webometrics 和 Cybermetrics 的区别,它们一般都被译作"网络计量学",也有学者认为该学科是对网络信息进行定量研究的学科,所以应当翻译成"网络信息计量学"。

邱均平认为:"网络信息计量学是采用数学、统计学等各种定量方法,对网上信息的组织、存贮、分布、传递、相互引证和开发利用等进行定量描述和统计分析,以便揭示其数量特征和内在规律的一门新兴分支学科。它主要是由网络技术、网络管理、信息资源管理与信息计量学等相互结合、交叉渗透而形成的一门交叉性边缘学科,也是信息计量学的一个新的发展方向和重要的研究领域。"①

---

① 邱均平:《信息计量学(一)信息计量学的兴起和发展》,《情报理论与实践》2000 年第 1 期。

王知津等认为："网络计量学是综合采用数学、统计学、文献计量学等各种定量研究方法，结合计算机技术、网络技术，对网络空间上信息的组织、存储、分布、引证、利用等进行定量描述和统计分析，以便揭示网络信息内在规律和数量特征的一门新兴学科"。①

综合以上定义可以发现，网络计量学的研究对象是网络信息，主要方法是文献计量学方法，但同时又针对网络信息的特点进行了理论和方法的拓展。

研究表明，"网络计量学"与文献计量学传统领域的联系很强，是文献计量学的潜在发展领域②。在理论方法方面，网络计量学借鉴了文献计量学中的引文分析方法，并针对网络的特点加以发展，与引文分析方法相似的链接分析方法是网络计量学中最重要的研究方法。除此之外，网络计量学还借鉴了其他学科如数学、计算机网络、统计学、社会学和物理学的研究理论和方法。这些学科对网络的研究在理论（复杂网络理论、小世界理论等）、方法（社会网络分析方法、统计学方法等）和工具（社会网络分析软件、SPSS 软件）等方面都对网络计量学研究产生了很大影响，并在关于网络信息分布的研究与复杂网络研究方面得到了与文献计量学类似的结果。但是总体来说，网络计量学目前还没有形成系统的理论框架，缺乏较为成熟的研究方法。

目前，网络计量学研究的主要内容包括以下几个方面：

（1）超链接分析：这是网络计量学的核心内容，也是最重要的分析方法，可用于万维网结构分析、万维网信息的分布和增长、大学之间的链接模型等多个方面的研究。

（2）网络链接的动机研究：网络链接动机研究是进行超链接分析的重要前提。

（3）网络信息资源评价：包括网络信息评价、网站评价等内容，是网络计量学的重要应用。

（4）网络引文分析：网络引文（Web Citation）是出现在网络中的引文，反映网络文献之间的引用关系。

---

① 王知津、郑红军、张收棉：《网络计量学的理论、方法及应用》，《中国图书馆学报》2005 年第 4 期。

② 蒋颖：《1995 ~ 2004 年文献计量学研究的共词分析》，《情报学报》2006 年第 4 期。

（5）数据来源的分析比较：进行网络计量学研究，数据的获取是影响研究质量的重要因素，因此对数据来源的分析研究也较多。

二　其他学科的相关研究

对网络信息分布和链接规律的研究涉及很多学科，如计算机科学、统计物理学、数学中的图论、社会学的社会网络分析等学科领域，都从各自学科视角开展了相关研究。其中一些研究，包括网络拓扑结构研究、复杂网络研究及社会网络研究在理论上有很多新发现，对相关学科发展产生很大影响。

1. 网络拓扑结构研究

学者们对网络拓扑结构的研究从图论开始。图论是数学的一个分支，它以图为研究对象，研究由顶点和边组成的图形的数学理论和方法。图论起源于著名的哥尼斯堡七桥问题，数学家们发现网络中节点之间的关系可以用一些规则的结构表示，这样的网络叫做规则网络。20 世纪 50 年代末，数学家们想出了一种新型构造网络的方法，在这种方法下，两个节点之间是否相连不再是确定的事情，而是根据概率来决定，数学家把这样生成的网络叫做随机网络。近些年，科学家们发现大量的真实网络既不是规则网络，也不是随机网络，而是具有与前两者皆不相同的统计特征的网络，这样的网络被称之为复杂网络[①]。

用图论方法揭示万维网的拓扑结构是学者们孜孜以求的目标。布罗德（A. Broder）等通过对搜索引擎 Altavista 的研究提出了万维网的页面集合由五大类组成（见图 6 - 2）[②]，它们分别是：

● SCC（Strongly Connected Component，即强连通部分）：一组页面的集合，从其中任何一个页面都可以沿着链接的方向到达集合中的其他页面。

● OUT（链出部分）：可以从 SCC 中沿链接到达，但不能链接到 SCC 的页面集合。

● IN（链入部分）：该部分的网页可沿着链接到达 SCC 页面的页面集合，但无法从 SCC 链接回来；

---

① 周涛等：《复杂网络研究概述》，《物理》2005 年第 34 卷第 1 期。

② Broder, A. etc., "Graph Structure in the Web", *Computer Networks* Vol. 33, No. 1 - 6 (2000): 309 - 320.

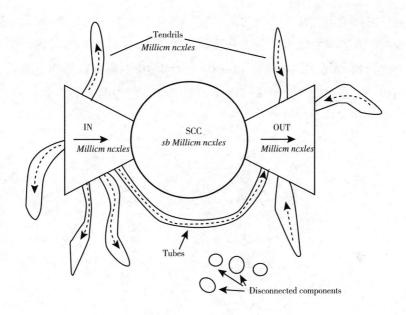

图 6 - 2 万维网的拓扑结构图

资料来源：Broder，A. etc.，"Graph Structure in the Web"，*Computer Networks*，Vol. 33，No. 1 - 6（2000）：309 - 320。

- TENDRILS（延伸部分）："tendril"的英文含义为"植物的蔓"，这里指不在 IN、OUT 或者 SCC 中，但与 IN 或 OUT 链接的页面集合；

- DISCONNECTED（不连通部分）：以上四种之外的页面，这些页面不以任何方式与其他页面链接。

布罗德还计算出五个部分的页面数量和比例（见表 6 - 1）。从表中可以看出，不连通部分比例较低，强联通部分最多，其他三个部分的数量非常接近。

表 6 - 1 五个部分的页面数量和比例

区域	强联通部分 SCC	链入部分 IN	链出部分 OUT	延伸部分 TENDRILS	不联通部分 DISC	合计
页面数量	56463993	43343168	43166185	43797944	16777756	203549046
百分比（%）	27. 74	21. 29	21. 21	21. 52	8. 24	100. 00

资料来源：Broder，A. etc.，"Graph Structure in the Web"，*Computer Networks*，Vol. 33，No. 1 - 6（2000）：309 - 320。

网络拓扑结构也在不断变化之中。2008 年，多纳托（D. Donato）等人的研究表明，万维网的结构已逐渐转变成一个类似"菊花"的形状：在 IN 和 OUT 组件内部出现了很多符合 IN – OUT – SCC 关系的细微结构，因而 IN 和 OUT 可以进一步被细分而形成围绕在 SCC "花心"周围一圈大小不一的"花瓣"①（见图 6 – 3）。

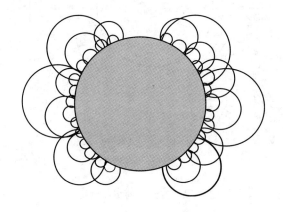

图 6 – 3   菊花形状的万维网的结构

资料来源：Donato, Debora, etc. "Mining the Inner Structure of the Web Graph", *Journal of Physics A: Mathematical and Theoretical*, Vol. 41, No. 22 (2008): 224017, doi: 10. 1088/1751 – 8113/41/22/224017。

中国学者也对中国的万维网拓扑结构进行了分析。丁国栋等以网站作为万维网拓扑图的顶点，以网站之间的链接作为有向边，研究了中国境内万维网拓扑图的拓扑特点和宏观结构，他们发现：网站的入度和出度分布服从幂指数定律；境内万维网拓扑图的连通性明显高于全球的万维网拓扑图，其最大的强联通分量中的网站数超过 50%；在境内万维网中，如果两个网站之间存在一条有向路径，则从一个网站漫游到另外一个网站，平均只需点击 7.1 次，最多需点击 29 次（见图 6 – 4）②。

---

① Donato, Debora, etc., "Mining the Inner Structure of the Web Graph", *Journal of Physics A: Mathematical and Theoretical*, Vol. 41, No. 22 (2008): 224017.

② 丁国栋、王斌、白硕：《Web 超链挖掘：中国境内 Web 图结构研究》，《计算机工程》2005 年第 31 卷第 14 期。

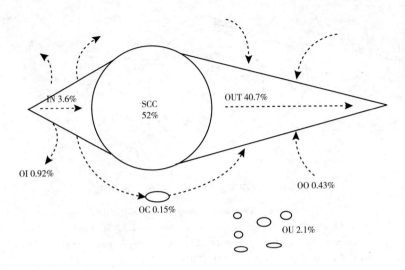

图 6 - 4 中国境内万维网图的拓扑特点和宏观结构

资料来源：丁国栋、王斌、白硕，《Web 超链挖掘：中国境内 Web 图结构研究》，《计算机工程》2005 年第 31 卷第 14 期。

2008 年，J. 朱（J. Zhu）等的分析将中文万维网形容为"茶壶"形结构（见图 6 - 5）：与丁国栋的研究结果不同，IN 部分变大了许多，而 OUT 部分则变小了很多，两者在 SCC 两侧构成了"把手"和"壶嘴"的结构，而游离的 TENDRIL 组件则很像壶中滴下的水滴①。

这些研究中，布罗德等对万维网的结构类型的划分获得了较高的认可。造成不同研究结果中得到的形状和比例有所差异的原因，一方面可能是网络动态性导致的结构不断变化，另一方面也是由于数据获取方法和全面性的差异而引起的结果的不确定性。

2. 复杂网络研究

20 世纪 90 年代末期，物理学家的两项开创性工作打破了随机图理论的框架。他们发现复杂网络具有很多与规则网络和随机网络不同的统计特征，其中最重要的是小世界效应（Small-World Effect）和无标度特性（Scale-Free Property）。

---

① Jonathan Zhu, etc., A Teapot Graph and Its Hierarchical Structure of the Chinese Web, Poster Paper, （Proceedings of the 2008 World Wide Web Conference, Beijing, China, April 21 – 25, 2008）http：//wwwconference. org/www2008/papers/pdf/p1133 – Zhu. pdf［2012 – 4 – 3］.

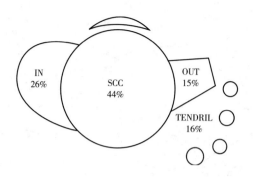

图 6 – 5 中文万维网的"茶壶"形结构

资料来源：Jonathan Zhu, etc. A Teapot Graph and Its Hierarchical Structure of the Chinese Web. Poster Paper, （Proceedings of the 2008 World Wide Web Conference. Beijing, China, April 21 – 25, 2008）http：//www. conference. org/www2008/papers/pdf/p1133 – Zhu. pdf ［2012 – 4 – 3］。

1998 年，沃茨（Watts）和斯特罗加茨（Strogatz）在《自然》杂志上发表文章，提出小世界网络模型，描述从完全规则网到完全随机网的转变，刻画出现实世界中的网络所具有的高聚类特性和短的平均路径长度的特征。1999 年，物理学家鲍劳巴希（Albert-László Barabási）与艾伯特（R. Albert）在《科学》杂志上撰文，认为很多大型网络的共性是都遵循指数定律，万维网上的链接也如此。他们还认为造成这种情况的机制有两个：（1）网络由于不断增加新的向量而持续拓展；（2）新的向量更加倾向于链接到联通性很好的站点。其中第一个特性是网络的生长特性，第二个特性被称为优先链接特性，这与普赖斯提出的"成功产生成功"的道理是一样的[1]。统计物理学家把这种服从指数分布的现象称为无标度现象。

但是也有学者指出：有时马太效应并没有显现，而随机链接现象发挥了更为重要的作用。如阿达米克（L. A. Adamic）和休伯曼（B. A. Huberman）撰文认为，同新站点相比，老站点在链接数量上的增加并不显著[2]。彭诺克

---

[1] Albert-László Barabási, Réka Albert, "Emergence of Scaling in Random Networks", *Science* Vol. 286, No. 5439 (1999)：509 – 512.

[2] L. A. Adamic, B. A. Huberman, "Power-law Distribution of the World-Wide Web", *Science* Vol. 287, No. 5461 (2000)：2115.

（D. Pennock）等则进一步修正了模型，将指数定律与随机链接统筹考虑①。

虽然有不同的观点，这两篇发表在《自然》和《科学》上的文章还是在世界范围内掀起了一股复杂网络的研究热潮。多个学科的学者在实证研究、演化模型、网络动力学等方面做了大量的研究，涉及物理学、生物学、社会科学、技术网络、工程技术、经济管理等众多领域。

3. 社会网络分析

社会网络分析思想可以追溯到 20 世纪 30 年代的心理学和人类学研究。当时，人类学家布朗（R. Brown）提出了"社会网络"的思想。20 世纪 90 年代以来，社会网络有了迅速发展，理论方法有了新突破，社会网络分析技术更为成熟，相关研究成果大量出现，成为学术领域的研究热点之一。

社会网络可以简单地看作行动者之间连接而成的关系结构。社会网络分析很重视对网络中某些重要行动者的研究，学者们通过中心度、声望等概念说明行动者之间的差异及其对信息和资源传递的影响。学者们还特别关心对某些关系密切的子群的研究，因为构成社会网络的基本元素就是行动者及其群体，社会中存在着各种各样的子群，它们相互结合形成了复杂的社会结构。社会结构分析中，位置和角色是两个重要概念②。

社会网络分析跨越了传统的学科界限，广泛运用于社会学、经济学、人类学以及心理学等领域。由于互联网与社会网络的相似性，社会网络研究中的很多概念、方法，如中心度、声望、子群、小世界现象等都被网络计量学研究者借鉴和使用，甚至有些社会网络分析相关软件，如 UCINET、Pajek 等也是网络计量学和文献计量学研究者经常使用的工具。

第二节　链接分析的基本概念与理论基础

链接分析是网络计量学中的重要分析方法。链接分析研究的主要内容包括与传统引文分析相似的超链接解析以及利用计算机理论和图论方法进行的万维

---

① D. Pennock, etc., "Winners Don't Take All: Characterizing the Competition for Links on the Web", *Proceedings of the National Academy of Sciences*, Vol. 99, No. 8 (2002): 5207–5211.

② 林聚任：《社会网络分析：理论、方法与应用》，北京师范大学出版社，2009。

网拓扑结构研究。该领域有很多相关论著，其中，塞沃尔的专著中详细介绍了链接分析方法①。本节将概述链接分析的基本概念和理论基础。

一 链接的概念与基本的链接关系

链接指从一个网络节点到另一个网络节点的连接关系。这里的节点可以是页面，也可以是目录、网站或域。

链接与文献之间的引用关系非常相似。1996 年，麦基尔南（McKiernan）受到引文分析中"Citation"（引文）一词的启发，首先提出了"Sitation"一词，代表"Cited Sites"（被引用的站点），用以表达网页之间的链接关系②。

节点之间基本的链接关系可以分为如下几种③：

● 入链（Inlink，Backlink）：也称反向链接，就是来自节点外部的链接，一个节点被其他节点链接一次，就称该节点有一个入链。如图 6-6 中节点 B 的入链数为 1，来自于 A，而节点 D 的入链数为 2，分别来自于 B 和 E。

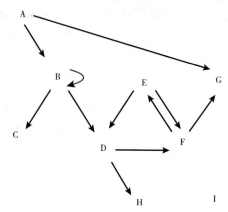

图 6-6 超链接关系

资料来源：Mike Thelwall, Liwen Vaughan, Lennart Björneborn, "Webometrics", *Annual Review of Information Science & Technology*, Vol. 39（2005）：81-135。

---

① M. 塞沃尔：《链接分析：信息科学的研究方法》，孙建军等译，东南大学出版社，2009。

② R. Rousseau, "Sitations：An Exploratory Study", *Cybermetrics*, Vol. 1（1997），http：//www. cindoc. csic. es/cybermetrics/articles/v1i1p1. html.

③ Mike Thelwall, Liwen Vaughan, Lennart Björneborn, "Webometrics", *Annual Review of Information Science & Technology* Vol. 39（2005）：81-135.

● 出链（Outlink）：一个节点链接到其他节点一次，就称该节点有一个出链。如节点 A 有两个出链，分别指向 B 和 G。

● 内链（Selflink）：节点内部的链接。如节点 B 有一个指向自身的内链。

● 共入链（Co-linked）：两个节点都含有来自第三个节点的入链。如节点 C 和 D 同时被 B 链接，则 C 和 D 的共入链数量为 1。

● 共出链（Co-linking）：两个节点都含有指向第三个节点的出链。如节点 B 和 E 都链接到 D，B 和 E 的共出链数量为 1。

● 孤立点（Isolated Node）：没有任何入链与出链的节点。如节点 I 没有指向其他节点的链接，也没有被其他节点链接，它是一个孤立点。

● 互链（Interlink，Reciprocal Link）：两个节点互为入链和出链，则称这两个节点为互链。如节点 E 和 F 是互链关系。

从链接方式上看，两个节点之间的链接比两篇文献之间的引用关系要复杂得多。首先，引用文献和被引用文献之间有明显的时间序列关系，引用是静态的，一旦产生则永久存在，而网络中链接与被链接对象的时间关系不清晰，链接关系是动态的。其次，引文的引用方向基本上是后文引用前文，是单向的，而链接的方向经常是多向的，相互链接是非常普遍的情形。此外，网页中还有一些无法进行统计的动态链接，如数据库中随着检索结果而产生的动态链接等。这些因素都增加了链接分析的难度。

二　链接分析的基本单元

在进行链接分析时，一个重要的分析对象是节点，而节点又可以分成以下不同的层次：

● 顶级域名（Top Level Domain，TLD）

● 次级域名（Second Level Domain，SLD，有时也写作 Sublevel Domain，Sub－TLD）

● 网站（Web Site）

● 子网站（Subsite）

● 网页（Web Page）

● 目录（Directory）

- 文件（File）
- ……

这些节点都可以作为链接分析的基本单元。但是，在进行链接分析时，如果对不同层次的内容同时进行分析，就容易造成混乱。因此需要对同一层次的节点进行分析和比较。

M. 塞沃尔提出以选择文档模型（Alternative Document Model，ADM）作为分析单元。ADM 是一种将网页聚合成概念文档的方法，它根据 URL 特征，将网页分配给文档，目的是通过将类似的网页分配到同一个文档，减少网络链接行为的异常，以便相似网页中相关的链接仅仅被统计一次。塞沃尔认为有四种不同级别的文档，分别在"网页"、"目录"、"域名"和"站点"层面上聚合网页①：

- 网页/文件：截去 URL 中内部目标标识符"#"之后的部分，所剩余的每一个唯一的 URL 地址所代表的文件。
- 目录：将 URL 地址从最后一条斜线外截去之后，同一个 URL 目录下的所有文件的集合。
- 域名：具有相同域名的 URL 中所有文件的集合。
- 大学/站点：属于一所大学网站，或其他被定义站点的所有文件的集合。

在这个框架下，可以比较容易地统计各分析单元的链接数量。

比约内博恩与英格沃森在论文中举例阐述了各个级别统计单元的统计方法②。图 6 - 7 中显示了一个复杂的链接关系图，图中包含了网页之间、网页内部的引用，网站内部、网站之间的引用，二级域名内部、二级域名之间的引用，以及顶级域名内部和顶级域名之间的引用关系。

图中的各种形状所表示的内容如下：

- 长方形：网页
- 圆形：网站
- 三角形：域名

---

① M. 塞沃尔：《链接分析：信息科学的研究方法》，孙建军等译，东南大学出版社，2009，第23 ~ 26 页。

② Lennart Björneborn, Peter Ingwersen, "Toward a Basic Framework for Webometrics", *Journal of the American Society for Information Science and Technology* Vol. 55 No. 14（2004）：1216 - 1227.

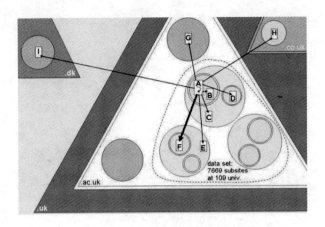

图6-7　不同级别的链接示意图

注：图6-7至图6-11的图片均来源于 Lennart Björneborn, Peter Ingwersen. "Toward a Basic Framework for Webometrics", *JASIST*. Vol. 55, No. 14（2004）：1216-1227。本图中，AB 表示子网站内的内链，AC 和 AD 为站内的内链，AE 为网站的外链，AH 为二级域名之间的外链，AI 为顶级域名之间的外链。

按照这种方法，可以进行以下层级的统计分析：

（1）网页级别：类似于图6-7中的关系反映在网页级别上可以显示为图6-8，其中的箭头表示网页之间的链接关系。

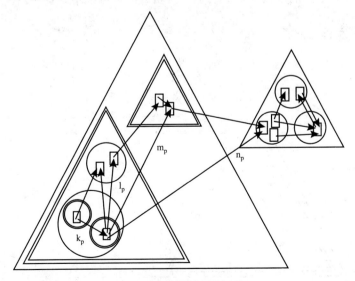

图6-8　网页级别的链接

（2）网站级别：图6-9中各圆形之间的链接表示网站之间的互连，网站内部网页之间的链接不计算在内。

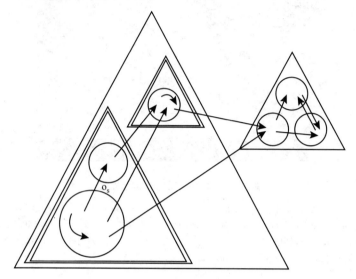

图6-9 网站级别的链接

（3）域名级别：图6-10、图6-11中三角形之间的链接分别表示二级域名和顶级域名之间的链接，域名内部的网站、网页链接不计算在内。

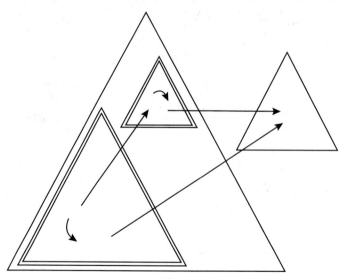

图6-10 二级域名级别的链接

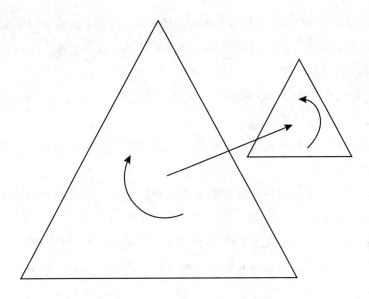

图 6 – 11 顶级域名级别的链接

经过这样的分级之后，就可以比较容易地根据需要对不同层次的节点进行统计。

三 链接统计的理论基础

进行链接分析的基础是链接统计。链接形式多样、目的复杂，虽然目前还没有人能明确解释链接的基本原理，但是通常人们认为：被大量链接的网站值得一看。Google 的创始人布林（S. Brin）和佩奇（L. Page）认为如果许多网页链接到一个网页，则该网页是重要的，同时，他们还认为不同链接的重要程度不同①。T. A. 布鲁克斯（T. A. Brooks）则将链接描述为"大众民主"、"公民投票"②。

亨泽格（M. R. Henzinger）认为目前的万维网超链分析思想大多基于以下两条基本假设③：

① S. Brin, L. Page, The Anatomy of a Large-Scale Hypertextual Web Search Engine, http：// infolab. stanford. edu/pub/papers/google. pdf ［2011 – 4 – 1］.

② T. A. Brooks, "The Nature of Meaning in the Age of Google", *Information Research* Vol. 9, No. 3 (2004) http：//InformationR. net/ir/9 – 3/paper180. html. ［2011 – 4 – 2］.

③ 转引自陈定权《自动主题搜索的应用研究》，博士学位论文，中国科学院研究生院（文献情报中心），2003，第 73 页。

假设 A1：从网页 A 指向网页 B 的超链是网页 A 作者对网页 B 的推荐或认可。

假设 A2：如果一条超链将网页 A 和网页 B 相互链接起来，则网页 A 和网页 B 可能有共同的主题。

陈定权综合了国外学者的研究，基于上面的两个基本假设，又引申出以下五个假设[①]：

假设 B1：一个网页被多次引用，即很多网页有指向它的链接，则这个网页很重要。

假设 B2：一个网页尽管没有被多次引用，但被一个重要网页引用，则这个网页也可能很重要。

假设 B3：一个网页的重要性被均匀地分布并传递到它所引用（指向）的网页。

假设 B4：如果网页 p 和 q 同引，则它们可能是相关的，同引度越大，相关度越大。

假设 B5：如果网页 p 和 q 耦合，则它们可能是相关的，耦合度越大，相关度越大。

如果以上假设条件都成立，我们就可以使用各种统计方法和文献计量学方法进行链接分析。然而，有时网页的创建并不一定满足以上假设条件。于是，塞沃尔提出链接统计的理论基础：在理想情况下，为了获得信息科学中链接的最佳效果，所要统计的链接应该：

- 逐个地、独立地创建
- 由人工创建
- 先判断目标网页信息质量，再创建

除此之外，链接应该指向那些由站主亲自创建的网页，或与该网站相关的其他人创建的网页。

但是在实际的统计中，很难达到这样一个理想状态。事实上，会有很多不符合基础理论的链接，这些链接被认为是异常的链接。塞沃尔介绍了常见的链接统计异常，主要包括：站内链接（对于目标网页质量的判断方法与站间互

---

① 陈定权：《自动主题搜索的应用研究》，博士学位论文，中国科学院研究生院（文献情报中心），2003，第 73 页。

链不同)、重复的链接（由计算机创建的链接，没有遵循"逐个"、"独立"原则）、互链的数据库（由计算机创建的链接，没有遵循"逐个"、"独立"原则）和镜像站点（作者与主机站点无关）都有可能是异常链接。

他提出两种策略来清除异常链接，一种是进行手工过滤，另一种是利用前面提到的选择性文档模型的方法，详细内容见《链接分析：信息科学的研究方法》一书[①]。

第三节　网络链接的动机和行为

一　网络链接的动机

如同要了解文献引用的目的和动机一样，为了深入分析网络链接的意义，确定依据链接统计得出的各种结论是否可信，学者们开展了对网络链接目的和动机的分析研究。由于链接与引文的相似性，很多学者对二者进行了对比。

研究表明，对于一般的网站而言，最为常见的链接目的是相关资源导航。

俞培果、邱均平将网页链接分为网站内部链接与网站间链接，网站内部链接包括网站结构链接与信息关联链接两种类型，网站间链接包括信息推介链接、信息来源链接与网络结构链接[②]。目前的研究更多集中在网站之间的链接。

Park 曾向韩国 64 位万维网管理员调查了网站链接其他网站的原因。结果表明，被链接站点是否"有用"在万维网管理员的各种选择中获得最高分数，站点可信度也是管理员决定是否链接的重要因素，表明一个网站最可能对那些拥有实际内容、提供相关信息或服务的站点进行链接。该文的定性分析表明链接动机主要分为两类，即导航动机和商业动机[③]。

---

① M. 塞沃尔：《链接分析：信息科学的研究方法》，孙建军等译，东南大学出版社，2009，第 20～22 页。

② 俞培果、邱均平：《Web 页面链接动机及链接测度研究》，《情报科学》2003 年第 21 卷第 3 期。

③ Park, H. W., "Examining the Determinants of Who is Hyperlinked to Whom: A Survey of Webmasters in Korea", *First Monday*, Vol. 7, No. 11 (2002). http://firstmonday.org/htbin/cgiwrap/bin/ojs/index.php/fm/article/view/1005/926 [2011 - 4 - 2].

刘雁书、方平用搜索引擎 Fast Search 获取含有指向新浪网的链接的网页，通过对排位前 100 名网页的分析，认为站外链接可分为推荐链接、合作链接、相关链接、资源链接、通讯链接、广告链接 6 种类型[①]。

在学术网络空间中，内容与链接之间的关系有着与普通商业网站不同的内涵，其链接与文献引用相似度更高，因而更具有研究价值。目前对网络链接目的的研究也主要集中在学术网络中。

H. J. 金（H. J. Kim）利用统计和访谈的方法以学术性电子论文作为对象进行链接研究[②]。他总结了 19 个不同的链接动机，分为三大类：学术动机、社会动机和技术动机。同引文动机的研究结果相似，多数链接行为的产生是多种动机共同驱动的结果。他将链接动机与引文动机进行比较，发现两者相似度非常高。在链接的 12 个学术动机中，有 1 个动机（对所阐述的问题提供图像）与引文不同，链接的 5 个社会动机与引文动机一致，只有技术动机是引文所没有的。期刊引用行为的发生是学术动机和社会因素动机作用的结果，而链接行为除了学术动机和社会动机之外，基于技术的动机也具有相当重要的作用。H. J. 金认为超链形成的动机中只有一部分反映了被链接文献的学术影响力，因此将链接数量作为评价学者个人或其学术成果质量和影响的方法将会导致错误结论。

H. J. 金以电子论文作为分析对象，所以得到的结论与文本文献引文动机的相似程度更高，而更多其他的研究是针对网页或网站的链接进行的，更具有一般链接的特点，与引文动机的差异更大。

储荷婷（Heting Chu）利用搜索引擎 Fast 对 54 个美国图书馆协会授权的图书情报学院网站的入链进行了统计，并对 4 万多个入链进行随机抽样，分析了 1463 个链接的情况[③]。她将这些链接分为四大类，分别是教学/学习、研究、服务和主页，并从这些链接中推断出 27 种引用动机。她认为，链接的原因不同于引文，但是比引文引用的复杂性要低。首先，链接大部分指向相关的

---

① 刘雁书、方平：《利用链接关系评价网络信息的可行性研究》，《情报学报》2002 年第 21 卷第 4 期。

② H. J. Kim, "Motivations for Hyperlinking in Scholarly Electronic Articles: A Sualitative Study", *Journal of the American Society for Information Sciences* Vol. 51, No. 10 (2000): 887–899.

③ Heting Chu, , "Taxonomy of Inlinked Web Entities: What Does It Imply for Webometric Research?", *Library & Information Science Research* Vol. 27, No. 1 (2005): 8–27.

网站，而引文的目的更加多样化；其次，链接一般为网页或网站，而引文则可以是引用一句话或一个段落；第三，引用的目标动机中包含负面引用，而链接中很少出现负面的或有争议的链接。最后，她认为，长期以来以引文测度为基础的学术评价饱受争议，而基于链接的分析可能更不适合于评价的目的。

塞沃尔研究了英国大学主页之间的 100 个链接①，将其归为四类不同的链接类型："所有权性链接"——对于资源的作者或合作者进行致谢、"社会性链接"——反映基本的社会关系、"导航"——具有导航功能的信息和"无理由链接"——没有任何交流功能。他指出，同引文动机相比，大多数的网络链接动机都比较琐碎，缺乏社会认知。

总之，同引文相比，网络链接的动机有很多不同的特点，技术动机以及导航目的在链接的动机中占有较大比例。另一方面，学术空间中的链接和大众化链接的动机差异非常大，在分析时要区别对待。

二　网络链接的行为特点

网络链接在不同学科、不同语言、不同距离环境下呈现出不同的特点。2004 年，哈里斯（Harries）等分析了数学、物理学和社会学三个学科的链接行为，发现各学科之间的链接行为明显不同，学科内和学科间的链接行为也明显不同。如数学与其他学科之间的链接更可能以数学以外的网页为目标，数学的学科内部链接则多以研究组织或以院系为目标；物理学与其他学科间的链接经常以学者的主页为目标，学科内部链接经常以院系主页为目标；社会学与其他学科间的链接更可能源于描述研究的网页，而学科间链接更多地源于介绍学科信息的网页②。

此外，有些研究发现了地理因素的影响③，即距离较近的大学之间的链接

① M. Thelwall, "What Is This Link Doing Here? Beginning a Fine-grained Process of Identifying Reasons for Academic Hyperlink Creation", *Information Research* Vol. 8, No. 3 (2003), http://informationr.net/ir/8-3/paper151.html [2011-12-24].

② Gareth Harries, etc., "Hyperlinks as a Data Source for Science Mapping", *Journal of Information Science* Vol. 30, No. 5 (2004): 436-447.

③ M. 塞沃尔：《链接分析：信息科学的研究方法》，孙建军等译，东南大学出版社，2009，第 71~79 页。

比较多。此外，使用不同的语言也会直接影响链接的数量。

很多学者还研究了链接数量与学术研究之间的关系。

塞沃尔详细地分析了大学链接的特点①。他发现，虽然英国 111 所大学中，平均每个员工的域名入链数与平均科研生产率显著相关，但是他认为，链接数并不是研究的直接产物，也不是研究影响力或研究绩效的直接指标，而是因为优秀的学者可能会建立更多的科研网页，从而获得更多入链。同时，优秀的研究者一般可能会集中在经费充裕的机构中，这些机构能够承担用于支撑有效网络信息发布的基础设施方面的费用，从而得到更多的入链。

威尔金森（Wilkinson）等通过对英国大学网站的链接分析发现，只有 0.5% 的链接属于研究引用性质，大约 90% 的链接是由研究者或学生为了学术活动的相关原因而创建的，链接数量少的原因可能是网站缺乏超级结构而不是机构缺乏核心研究能力②。

王丽伟的研究表明：中国大学网站外部链接具有以下几个特点③：

（1）网站年龄与外部链接等指标之间无显著相关性。

（2）网站流量排名可能是外部链接创建的潜在动机。

（3）最常见的来源网页是目录或主题指南，占所有来源网页的 55%；其次为一般的信息资源，占 21%；此外，教学资源占 10%，正式出版物占 3%，研究信息占 2%。

（4）最常见的目标网页类型是大学主页，占 99%；大学附属机构占 1%。

（5）最常见的动机是推荐导航，占 77%；与相关个人或组织的关系链接占 11%；如果将研究与教学目的统统认为是出于科研的动机，那么，中国大学网站链接的原因中，则有 9% 可以看作是为了科研目的。

总之，同引文链接相比，网络链接的情况更加复杂，有更多的不确定性，引用类型更加松散和多样化，各学科有不同的链接特点和习惯，链接数量不能

---

① M. 塞沃尔：《链接分析：信息科学的研究方法》，孙建军等译，东南大学出版社，2009，第 71~79 页。

② Wilkinson D. , etc. , "Motivations for Academic Web Site Interlinking: Evidence for the Web as a Novel Source of Information on Informal Scholarly Communication", *Journal of Information Science* Vol. 29, No. 1 (2003): 49~56.

③ 王丽伟：《基于链接的网络计量指标与科学评价》，硕士学位论文，吉林大学，2006。

直接反映机构的学术水平。但可以确定，随着网络的发展和网络应用的普及，很多特点还会发生不断的变化。

第四节 描述万维网结构

万维网规模庞大，资源丰富，结构复杂，发展迅速。探索万维网结构是网络研究的重要内容。在网络计量学的研究中，学者们借鉴了很多其他领域的方法来分析万维网结构，如利用文献计量学的基本原理和方法对万维网信息分布进行分析，利用社会网络研究方法进行的网页位置和距离分析，等等。

一 网络空间中的指数定律

在传统的文献计量学领域，我们已经验证了文献的增长呈现出指数分布的特征。在网络计量学研究中，学者们也证明了指数定律的存在，文献计量学的三大定律——布拉德福定律、齐夫定律、洛特卡定律在网络资源中仍然适用。

1997 年，鲁索对网站的域名和链接情况进行了分析，他以"bibliometrics"、"informetrics"和"scientometrics"为主题，利用搜索引擎 Altavista 检索了文献计量学、信息计量学和科学计量学领域相关的 343 个网页，研究该领域网页的分布和被链接情况。结果表明，这些网页的域名和被链接数均符合洛特卡分布[①]。

2003 年，塞沃尔利用 SocSciBot 爬虫软件搜集了澳大利亚、新西兰和英国三个国家的大学网站链接，分析结果表明，网站的入链和出链基本符合指数定律，但是有一些异常的点（见图 6 - 12、图 6 - 13）。作者认为这些点是资源驱动型的网站和自动产生的网页，可以用技术来减少或消除异常点的影响[②]。

---

① R. Rousseau, "Sitations: an Exploratory Study", *Cybermetrics*, Vol. 1 (1997), http://www.cindoc. csic. es/cybermetrics/articles/v1i1p1. html.

② Mike Thewall, David Wilkinson, "Graph Structure in Three National Academic Webs: Power Laws with Anomalies", *Journal of the American Society for Information Science and Technology* Vol. 54, No. 8 (2003): 706 - 712.

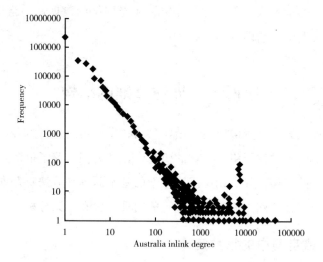

图 6 - 12 澳大利亚大学网站的入链数分布

资料来源：Mike Thewall, David Wilkinson. "Graph Structure in Three National Academic Webs: Power Laws with Anomalies", *JASIST*, Vol. 54, No. 8 (2003): 706 – 712。

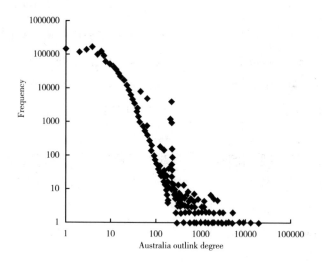

图 6 - 13 澳大利亚大学网站的出链数分布

资料来源：Mike Thewall, David Wilkinson. "Graph Structure in Three National Academic Webs: Power Laws with Anomalies", *JASIST*, Vol. 54, No. 8 (2003): 706 – 712。

在网络词汇、新闻组的热点主题等方面，也发现了符合齐夫分布和布拉德福分布的现象。皮特克沃（J. E. Pitkow）发现，文献计量学中研究词频变化规律的齐夫分布，在讨论万维网信息资源时仍然适用，只是由于网络上词汇增长较快，词的分布态势也更加偏斜。巴伊兰在 1997 年研究了网络新闻组中热点主题（如疯牛病）的增长和消亡情况，他发现新闻组中热点主题的增长机制在一定程度上类似于经典文献计量学中的逻辑增长函数。同时，与布拉德福讨论文献分散规律一样，在网络新闻组中也可以划分出核心新闻组等不同的区域[1]。

二 网页的位置和距离——社会网络理论的应用

社会网络理论在网络计量学中也有应用，而且近年来利用社会网络方法的研究日益增多。

2004 年，丹麦的比约内博恩在其博士论文中研究了学术网络空间中的小世界链接结构。他采用图论和社会网络分析方法，收集了英国 109 所大学的数据，对英国学术网络空间进行研究。他发现，英国学术网站表现出小世界特性，它们具有较高的聚类相关系数和较低的特征路径长度，可到达的子站点之间的距离为 3.5。作者发现了类似于指数定律的分布，验证了布罗德的万维网拓扑结构模型，发现 25% 的子网站是强连通（SCC），此外，他还发现计算机科学的子网站常常起到连接互不相关学科网站的作用[2]。

H. W. 朴（H. W. Park）等对韩国最流行网站进行分析。2000 年，他们选择了 152 个最流行的网站，搜集了网站的链接属性，计算了网站的中心度，并进行聚类分析，绘制出 44 个网站的链接属性网络图。结果发现，金融网站（如信用卡和股票网站）处于该网络的最核心位置[3]。

---

① 庞景安：《网络环境中的文献计量学经典定律》，《图书情报工作》2009 年第 53 卷第 2 期。

② Lennart Björneborn, Small-World Link Structures across an Academic Web Space: A Library and Information Science Approach（Ph. D. thesis, the Department of Information Studies, Royal School of Library and Information Science, Denmark, 2004）.

③ H. W. Park, G. A. Barnett, I. Nam, "Hyperlink-affiliation Network Structure of Top Web Sites: Examing Affiliates with Hyperlink in Korea", *Journal of the American Society for Information Science and Technology* Vol. 53, No. 7（2002）: 592 – 601.

张玥、朱庆华以图书馆学和情报学专业领域的博客交流网络为例，依次进行了中心度分析、小团体分析和小世界效应分析，发现了若干该领域中的活跃博客，并确定了点度中心度和中间中心度都很高的两个绝对核心博客；同时发现在整体网络中具有较高中间中心度的学者相对较少，这说明大多数学者并不具有控制资源的能力，只有很少的学者具有比较高的控制资源的能力。而小团体分析和小世界效应验证的数据则表明了整个网络派系林立程度相对较小，群内关系密切，群间关系相对疏远，该交流网络中成员之间发生交流和沟通的平均距离比较短，说明了研究者之间的交流沟通关系比较紧密①。

张世怡、刘春茂以中国境内中文网站为研究对象，以 Alexa 中提供的中文网站名单为依据，从用户对境内中文网站访问情况的角度勾画出了中国境内中文网站之间的关系矩阵，同时运用社会网络分析方法对其进行中心度分析、凝聚子群分析和核心—边缘结构分析，发现目前中国中文网络大致分为八个派系，可以明显看出是不同内容的网站聚类。派系之间的交互性少，而各派系内部成员的交流却很频繁，说明同类网站之间的聚合已经成为可能。作者还发现搜索引擎网站在整个中文网络中的交叠程度较高②。

从上面的研究可以发现，不同阶段、不同研究对象的分析结果都有所差异，这是由于网络发展速度快，网络结构处在不断的变化之中而造成的。随着网络应用的日益大众化，网络信息的结构会在不断发展过程中逐步趋于稳定。

第五节　网络信息资源评价

网络信息资源评价是网络计量学研究的重要内容。近年来利用网络计量学研究方法进行网络信息资源评价的实践很多，有些还延伸到对大学网站的评价

---

① 张玥、朱庆华：《Web 210 环境下学术交流的社会网络分析——以博客为例》，《情报理论与实践》2009 年第 8 期。
② 张世怡、刘春茂：《中文网站社会网络分析方法的实证研究》，《情报科学》2011 年第 29 卷第 2 期。

甚至对大学的评价中。

对网络资源的评价可以运用定性评价和定量评价两种方法①。定性评价大多从网络资源内容的权威性、准确性、客观性、时效性、覆盖面、实用性等方面进行评价，经常采用的方法有德尔菲法、层次分析法、问卷调查方法等。定量评价的主要方法是链接分析方法，包括最常见的利用入链数和网络影响因子来进行网站影响力评价，利用 Google 的 PageRank 方法对网页重要性和相关性进行排序等。此外，还有利用网站相关统计信息，如计数器、用户日志等进行的网站评价；利用数据库下载量、网络资源在学术论文中的被引量进行的网络资源评价。但是这些评价方法由于各种限制，目前还使用得相对较少。

下面我们着重介绍基于链接分析方法的网络信息资源评价方法及实践。

一 链接分析中对网络信息资源的测度指标

链接分析中，有很多测度指标可用来进行网络信息资源评价，其中大部分都是引文测度指标在网络上的改进。最常见的是以下几个：

• 入链数：指一个节点被链接的总量，类似于引文分析中的"被引用量"。该指标反映了节点被利用的程度，常被用来评价网络信息资源的影响力。

• 出链数：指一个节点链接其他节点的总量，类似于引文分析中的"引文数"。该指标反映了节点的链接能力。

• 内链数：节点内部的链接数量。

• 外链数：节点来自于外部的入链总量，即入链数与内链数之差。该指标消除了节点内部链接的因素，反映了该节点被其他节点利用的程度。

• 共入链数：两个节点共同的入链数量，类似于引文中的共引数。该指标和共出链数都可以测度两个节点之间的关系。

• 共出链数：两个节点共同的出链数量，类似于引文中的引文耦合数。

• 网络影响因子（Web Impact Factor，WIF）：英格沃森将网络影响因子定义

---

① 蒋颖：《因特网学术资源评价：标准和方法》，《图书情报工作》1998 年第 11 期。

为"在某一时间，来源于外部和自身内部指向特定国家或网站的网页数与该国或网站中的网页数之比"[1]。计算方法是将网络空间中所有指向某网站（或网站集合）的链接总数除以该网站的所有网页总数，用数学公式表示就是：

$$WIF = \frac{A}{D} \qquad\qquad (6.1)$$

A = 该网站（或网站集合）的入链数
D = 被搜索引擎收录的该网站（或网站集合）的网页数量

同其他指标相比，网络影响因子是网络计量学中进行网络信息资源评价的一个核心指标，下面进行详细介绍。

二　网络影响因子

1997 年，一位学者曾经提出了因特网信息影响的概念，但是没有产生很大反响[2]。1998 年，英格沃森借鉴了期刊影响因子的概念，在《网络影响因子的计算》（The Calculation of Web Impact Factors）一文中提出了网络影响因子（WIF）这一指标。该指标一经提出，就得到了广泛的应用。

网站的 WIF 实际上是该站点的网页平均被链接的数量，该指标有效地消除了网站规模的影响。WIF 越高，说明该站点网页的平均影响力越大。WIF 可用于单个站点，也可用于分析某领域或某区域的全部站点情况。

英格沃森提出了三种计算 WIF 的方法，包括自链影响因子、外链影响因子和完全链接影响因子。此后的研究者们也大都沿用了这一思想，即分别采用网站的"外链数"、"内链数"、"总入链数"来计算 WIF。通常情况下，站点内部的自我链接通常被认为主要用于反映网站逻辑结构和网页组织，更多地具有导航的目的，而且网站越大，自我链接越多。因此，一般情况下，基于外链数的统计指标能够真正表明网站的影响力。

后来，又有很多学者对公式 6.1 进行了修正和改良，大部分的修正都是围

---

[1] Peter Ingwersen, "The Calculation of Web Impact Factors", *Journal of Documentation* Vol. 54, No. 2 (1998): 236 – 243.

[2] A. Noruzi, "The Web Impact Factor: A Critical Review", *The Electronic Library* Vol. 24, No. 4 (2006): 490 – 500.

绕着公式中分子和分母的统计方式来进行的，所测度的是一个网络节点的平均入链数，反映了排除节点规模大小后的网络影响力。对分子的修正包括按域名统计的外链数（总链接数）、网站外链数（总链接数）等；对分母的修正种类更多一些，除了对网页数量进行限制（如网站的页面数），还拓展到机构的人员数量、机构数量，甚至 GDP 值等。根据张洋的统计，国内外文献中对 WIF 的各种计算公式达到 30 种①。

各种 WIF 中，外链网络影响因子使用率最高，经常被用作评价网站影响力、评选核心网站，甚至大学评价的一个指标。

但是，由于网络链接情况复杂、数量庞大、变化迅速，不像引文那样相对规范和简单，因此在实际操作中，WIF 的应用受到很多限制。很多因素可以影响到 WIF 的大小，如数据搜集工具（搜索引擎或爬虫软件）收录范围的大小、网站的易访问性，内容更新的及时性，语言、出版物类型、出版物的新颖性等。因此在利用 WIF 进行分析，特别是进行网站甚至高校的评价活动时，要充分考虑相关的影响因素。

三 对网页的评价：PageRank 算法

Google 是目前全球使用率最高的搜索引擎，它取得成功的核心因素之一就是采用 PageRank（网页排名）技术。Google 首先利用自动搜索软件搜索网页并将网页相关信息存入数据库，再用 PageRank 算法计算出每个网页的等级，对网页建立全文索引后，结合系统对词的位置、词频等相关统计结果进行综合，最后提交给检索者一个按照重要顺序排列的检索结果。

PageRank 算法是通过对链接的统计和加权算出网页的等级，它基于以下两个假设②：

假设 1：被许多网页链接的网页是重要的

假设 2：被重要网页链接的网页是重要的

在此基础上，根据网页的重要程度，给每个网页以不同的等级。计算方法

---

① 张洋：《网络影响因子研究综述》，《中国图书馆学报》2010 年第 1 期。

② Lawrence Page，etc.，The PageRank Citation Ranking：Bringing Order to the Web，1998，http：// www－db. stanford. edu/～backrub/pageranksub. ps ［2012－2－28］.

如下：首先计算出某个网页被多少网页所引用，并根据引用该网页的等级情况进行加权，然后计算该网页得到的所有网页加权后的链接数量之和，就可以算出该网页的等级。如图 6 – 14 中，如果已经算出网页 1、2 的等级和出链数，就可以算出每条出链的等级分别为 50 和 3，网页 3 有分别来自于网页 1 和 2 的链接，因此该网页的等级数为：

$$50 + 3 = 53$$

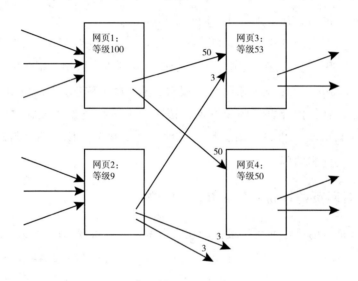

图 6 – 14　网页等级的简单计算

资料来源：Lawrence Page, etc. The PageRank Citation Ranking: Bringing Order to the Web, 1998, http：//www – db. stanford. edu/ ~ backrub/pageranksub. ps ［2012 – 2 – 28］。

同理，网页 4 仅有一个来自于网页 1 的链接，因此等级为 50。

依此类推，可以算出所有网页的级别。

当然，在实际计算中，由于最初并不知道网页 1 和 2 的等级数，因此需要进行复杂的递归运算才能确定每个网页的等级。

PageRank 算法用数学语言的表达如下：假设 u 是一个网页，$F(u)$ 是网页 u 所有链接的网页的集合，$B(u)$ 是所有指向网页 u 的网页的集合。Nu 是网页 u 的链接数量，c 是一个常量（$c < 1$），$R(u)$ 是网页 u 的等级。这样可以定义

一个公式：

$$R(u) = c \sum_{v \in Bu} \frac{R(v)}{Nv} \tag{6.2}$$

这是一个递归方程，利用计算机可以很快得到收敛的结果。但公式 6.2 是在理想状态下的计算公式，实际计算时会遇到两个问题：

问题 1：可能会有两个网页相互指引，并且没有指向其他网页的链接，这样就形成一个循环，因而也无法计算出网页的等级。同样的情况出现在两个以上的网页集合中。为解决这个问题，有人对公式进行了修正。

修正的公式：

$$R'(u) = c \sum_{v \in Bu} \frac{R'(v)}{Nv} + cE(u) \tag{6.3}$$

其中，$E(u)$ 是与来源网页级别相关的网页的向量。

问题 2：无链接网页

有些站点没有来自于外部网页的链接，这样就无法确定它们的等级，据统计这样的网页还为数不少。考虑到它们的网页对于其他网页的等级没有什么影响，因此，在计算等级之前，先把所有的无链接网页从系统中移出，计算完成后再移回来，并根据其他网页的等级来确定它们的等级。这样做对整个系统等级的计算影响不大。

经过这样的修正和处理后，再进行计算，就得到每个网页的等级。

以上是 Google 早期的网页排名算法。此后，又有人对此算法进行了改良。Google 的广泛应用证明了 PageRank 算法非常成功，受到该算法的启发，学者们又创建了特征因子和 SJR 等进行期刊评价的文献计量学评价指标，相关内容见第五章。

四 利用链接分析方法进行网站评价

网站评价是近年来中国网络计量学领域研究的热点问题，评价的内容主要集中在网站评价的原则、意义、评价方法和评价指标体系四个方面。从目前的研究方法来看，定性分析方法和定量分析方法都是研究的重点。

石玉华、邓汝邦提出"社会科学核心网站的评价标准与方法"，采用专家评价或者问卷评价的方法，主要从定性的角度来研究问题①。南开大学中国图书馆网站研究组发表了系列研究论文，建立了图书馆网站评价体系，并用人工评价的方式进行了实证研究②③④。

袁毅的专著《核心期刊网站评选的理论与方法》详细地论述了核心网站评选的基本理论、评选方法、定性和定量评价指标以及评选过程，并进行了实证研究⑤。

迈克·塞沃尔认为，可以假定大学网站入链数能够测度大学的学者们有效发布网络学术文献的能力。基于这个假设，他详细地分析了大学网站的链接类型、网站入链数和研究之间的关系、大学国际链接的特征、大学内部院系和学科之间链接的差异。他发现，在加拿大、中国大陆、中国台湾、澳大利亚和英国五个国家和地区中，四个国家和地区的研究指标都与入链之间显著相关，只有中国大陆显著不相关。他认为，尽管能根据大学的研究绩效预测出该大学网站的链接数，但是链接数并不是研究的直接产物，也不是研究影响力或研究绩效的直接指标。实际上，一所大学的入链数并不直接反映其网站信息发布的质量，而是反映其网站信息发布的数量⑥。

段宇峰以《美国新闻与世界报道》杂志的大学排名中美国具有硕士培养资格的商学院评价结果作为对比数据，统计了前50名大学的入链数、网络影响因子、网页数量等指标。发现研究样本的排名与其网站的入链数之间不存在具有统计意义的线性相关关系；网络影响因子与排名之间的相关关系随着统计方式的不同有所变化，利用搜索引擎索引的网站网页数计算出的网络影响因子

① 石玉华、邓汝邦：《社会科学核心网站的评价标准与方法》，《情报资料工作》2005年第6期。
② 南开大学中国图书馆网站评价研究组：《图书馆网站评价的基本理论问题》，《国家图书馆学刊》2009年第3期。
③ 南开大学中国图书馆网站评价研究组：《我国省级公共图书馆网站评价》，《国家图书馆学刊》2009年第3期。
④ 南开大学中国图书馆网站评价研究组：《我国"211"高校图书馆网站评价》，《国家图书馆学刊》2009年第3期。
⑤ 袁毅：《核心期刊网站评选的理论与方法》，北京图书馆出版社，2005。
⑥ M.塞沃尔：《链接分析：信息科学的研究方法》，孙建军等译，东南大学出版社，2009，第61~92页。

与大学排名具有显著的相关关系，而以网站实际可访问的网页数计算的网络影响因子与大学排名不具有统计意义的线性相关关系[1]。

邱均平等对中国主要大学网站的总链接量、外部链接量和网络影响因子进行研究，发现大学网站的外部链接量与各大学排名较为相关，大学网站的链接量主要与大学的声誉（特别是学术声誉）有关[2]。

刘友华等从网站的信息内容、网站设计、网站功能与服务、网站影响力、网络安全五个方面构建了学术网站评价指标体系，并对七个人文社会科学领域的学术网站进行了评估。其中，网站影响力指标包含了访问量、外部链接数和学术研究引用量三个定量指标[3]。

五 利用主题相关方法进行网站评价

袁毅在其专著《核心网站评选的理论与方法》中介绍了学术网站评价的方法并进行了实证研究[4]。这种方法利用学科主题词来进行网页选择，同时结合其他指标进行综合评价，所得到的结果在内容上相关性非常强，但是评价过程比较复杂，评价规模也受到很多限制。

该方法的具体步骤如下：

• 确定主题相关网站候选集：首先选择能够反映该主题的检索词，组成检索式，在搜索引擎中检索到可能的主题相关网站。

• 采集每个网站的五项评价指标：相关网页量、主题特征度、文献引用量、作者权威度和共链强度。

• 将若干项指标均低于某一阈值的网站过滤：将指标值较小的网站、内容重复的网站或镜像站点进行过滤。

• 对过滤后的网站进行综合评价，得到相关网站评价排序表。

• 利用综合评价法确定主题核心网站。

---

① 段宇峰：《网络链接分析与网站评价研究》，北京图书馆出版社，2005，第229～240页。
② 邱均平、陈敬全、段宇锋：《中国大学网站链接分析及网络影响因子探讨》，《中国软科学》2003年第6期。
③ 刘友华等：《学术网站评价指标体系的构建与应用》，《情报科学》2008年第26卷第1期。
④ 袁毅：《核心期刊网站评选的理论与方法》，北京图书馆出版社，2005，第186～205页。

从以上几个方面的研究中可以看出，网络计量学方法是一种重要的定量方法，但是目前的研究以网站的入链数和 WIF 为基本的测度指标，只能提供网站评价的部分指标，反映网站本身的一些链接特性，至于网站内容的权威性、准确性等内容还需要其他的定量指标或者定性分析来确定，网站与机构的学术研究之间的关系也尚未得到证明。同时，由于统计方法的差异会导致结论有所不同，在网站发展的不同阶段，反映出来的机构学术信息发布能力也不相同。因此，可以利用网站评价来改善网站的设计和功能，但是用于学术机构的评价要非常慎重。

第六节　网络引文分析

随着网络技术的普遍应用，网络成为获取学术信息的重要渠道。网络文献类型丰富，不但有传统纸本文献的电子版本，同时还有大量原生数字资源及各种各样的灰色文献；网络信息数量巨大，远远超过印刷型文献的数量；网络信息内容新，预印本、工作论文、研究报告等文献比图书、期刊的发布周期更短。随着开放获取运动的不断深入，越来越多的开放获取资源出现在网络中。截至 2012 年年初，已经有 7522 种有质量控制机制的学术性开放获取期刊和超过 2150 个机构知识库[①]。在这种情况下，学术资料搜集、成果发布和学术交流等工作逐渐转移到网络环境下进行。

传统的引文分析通常仅限于正式出版的核心期刊收录的相关内容，新兴的链接分析包含了大量学术性或非学术性网络信息，而网络引文分析则针对学术领域中的网络正式出版物和灰色文献开展更有针对性的引用研究。

一　国内外网络引文研究的基本情况

网络引文（Web Citation）是近年来网络计量学领域的一个研究分支，学者们围绕这个主题开展了很多研究。但是，到目前为止，关于网络引文并没有一个清晰明确的概念，国内外的理解也有很大不同。

---

① 张晓林等：《开放获取学术信息资源：逼近"主流化"转折点》，《图书情报工作》2012 年第 9 期。

国内对网络引文的研究范围比较窄，但是概念明确，研究边界也非常清晰。

王恺荣认为，网络型文献被直接用作引文文献时就称为网络引文[①]。张洋、张洁认为，出现在国内外各种期刊论文、学术著作的参考文献当中的网络文献是网络引文[②]。这些看法代表了国内很多学者对网络引文的认识。

杨思洛、仇壮丽的论文详细介绍了国内网络引文研究的现状[③]。从 1999 年开始，国内陆续发表关于网络引文的论文，在国内文献计量学界引起了一定的重视。该文的文献调查发现，绝大部分研究者都认为网络引文即网络参考文献，是将网络资源作为学术论文参考文献的一种引文形式，其突出特征是论文引文中含有网址。相关研究主要集中在两个方面：第一是网络引文的使用，包括网络文献能否算作引文以及网络引文的著录标准等问题；第二方面的研究集中在网络引文的分析上，对网络引文的分布、可获得性、影响与利用问题进行分析，并就网络引文对评价核心期刊的影响进行研究。

国内的研究可以反映用户利用互联网资源和传统文献的情况。但是在参考文献中，数据库中的期刊论文通常很少写数据库的网址，如 CNKI 是学者们最常用的中文期刊数据库，但引文中通常只写出期刊的刊名及年卷期页，基本上不写数据库的网址，因此反映不出作者是通过数据库获取的全文还是利用了纸质文献。因而国内的网络引文分析更多地反映出对网页的引用，即折射出来的是网上免费资源的被引量。

国外关于网络引文的研究范围比国内要广泛。沃恩（L. Vaughan）和肖（D. Shaw）认为网络引文是在万维网资源的文本中，对某一篇论文的引用[④]。根据杨思洛的总结，国外对于网络引文的研究分为 P—P、P—W、W—P 以及 W—W 四种类型[⑤]。

---

① 王恺荣：《刍论网络引文文献对评价核心期刊的影响》，《情报科学》2003 年第 3 期。
② 张洋、张洁：《近年来图书情报期刊引用网络文献的计量分析》，《图书情报工作》2010 年第 54 卷第 2 期。
③ 杨思洛、仇壮丽：《网络引文研究现状及展望》，《图书情报工作》2009 年第 53 卷第 10 期。
④ Liwen Vaughan, Debora Shaw, "Web Citation Data for Impact Assessment: A Comparison of Four Science Disciplines", *Journal of the American Society for Information Science and Technology* Vol. 56, No. 10（2005）：1075 – 1087.
⑤ 杨思洛：《国外网络引文研究的现状及展望》，《中国图书馆学报》2010 年第 36 卷第 4 期。

P—P（Print to Print）网络引文是指网络环境下的传统论文间的引文，主要集中于各类网络论文数据库中引文的研究；P—W（Print to Web）网络引文更多的是探讨传统论文参考文献中的网络成分，其突出表现是参考文献中有网址；W—P（Web to Print）网络引文是指从网络文献引用纸质文献（包括期刊论文、会议文献、手册指南、专著等）；W—W（Web to Web）引文是指来源文献和引文文献都属于网络文献，但它们与一般的网络链接有显著不同。

本书作者认为，四种模式各有不同的研究对象和研究方法，总结四种模式的特点如下：

表 6 - 2　网络引文的四种模式

类型	数据来源	优点	问题
P—P	引文库	反映网络环境下传统纸本文献在正式学术交流中的作用	属于传统的引文研究范畴，严格说并不属于网络引文
P—W	引文库	反映网络文献在正式学术交流中的作用	对期刊数据库的引用一般不注明网址
W—P	搜索引擎	反映正式出版物的被引情况，但是数据来源比传统引文索引更加广泛	搜索引擎范围不明，数据不规范
W—W	搜索引擎、知识库或网络爬虫	反映网络环境下的正式与非正式交流（对灰色文献的研究）内容	内容繁杂，难以区分学术与非学术

从上面的介绍中可以看出，网络引文研究采用引文分析方法，利用搜索引擎或者相关知识库作为数据源，以内容的引用作为基本要素，主要研究网络环境下学术交流的情况，是传统引文数据库和引文分析在网络环境下的拓展。

目前，国外网络引文的主要研究内容包括以下几方面：

1. 与传统引文进行对比，以论证数据源的可靠性

2003 年，沃恩和肖使用 Google 提取网络引文，对传统引文和网络引文的异同展开了比较[①]。2005 年，他们再次使用该方法，对生物学、遗传学、医学

---

① Liwen Vaughan, Debora Shaw, "Bibliographic and Web Citations：What is the Difference?", *Journal of the American Society for Information Science and Technology* Vol. 54, No. 14（2003）：1313 - 1322.

和跨学科自然科学四个领域的网络引文和传统引文进行了研究。他们发现，期刊论文在网络上的被引数量与 ISI 引文数量显著相关，但并不是所有的网络引用都有智力影响（Intellectual Impact）[1]。所谓智力影响，指的是网络引用中对其他人的学习或研究产生影响的引用，如被其他文献引用或列入学生阅读书目而出现在书目服务的目录中或作者主页和期刊主页上的引用均属于非智力影响。2008 年，两位作者再次发表论文，在全美 56 所图书情报学院随机抽取了 30 位教师，并搜集到他们的论著目录，对这些论著在 Google、Google Scholar 和 WoS 中被引用情况进行了分析。结果发现：Google 查到的被引数量最多，WoS 最少，Google Scholar 介乎两者之间；Google 和 Google Scholar 两者相关度很高，但是 Google Scholar 中大约 92% 的引文是智力影响（来自期刊），而 Google 中更多是书目信息；开放获取期刊得到了更多的网络引用，但是纸本/订购的期刊的引用经常代表智力影响；尽管 Google Scholar 还存在一些问题，但是它有潜力为研究评价提供有益数据[2]。

2. 研究网络环境下学术交流和传播的状况

这是网络引文研究的一个重点。通过对网络引文的研究，可以看出网络环境下学术交流的特点和变化趋势，以及网络环境中信息传播的方式。古德勒姆（A. A. Goodrum）等人探讨了学术传播系统向新模式的发展，讨论了研究这些新模式的重要性和使用全自动引文索引进行这类研究的可能性[3]。赵党志介绍了网络学术传播模式的变化以及利用信息计量学方法在网络学术传播中的研究现状[4]。

除了常规的研究，同传统引文分析相比，网络引文研究在下面几个问题上有所拓展，显示了网络引文的作用。

---

① Vaughan, L., Shaw, D., "Web Citation Data for Impact Assessment: A Comparison of Four Science Disciplines", *Journal of the American Society for Information Science and Technology* Vol. 56, No. 10 (2005): 1075 – 1087.

② Vaughan, L., Shaw, D., "A New Look at Evidence of Scholarly Citation in Citation Indexes and from Web Sources", *Scientometrics*, Vol. 74, No. 2 (2008): 317 – 330.

③ Abby A. Goodrum etc., "Scholarly Publishing in the Internet Age: A Citation Analysis of Computer Science Literature", *Information processing and management* 37 (2001): 661 – 675.

④ 赵党志：《信息计量学与网络计量学》，载储荷婷、张茵主编《图书馆信息学》，中国人民大学出版社，2007，第 319 ~ 341 页。

3. 对灰色文献的研究

随着预印本、工作报告等文献数量的增多，它们被使用得越来越广泛，对它们的研究也变得更加重要。这些文献中的大部分属于传统意义上的灰色文献，在传统引文数据库中相关数据非常少，而通过网络引文分析有望解决这些问题。迪切萨雷（Di Cesare）等利用 Google Scholar 分析了网络环境中"人口老龄化"主题的灰色文献的状况。他们发现，高频被引的文献中有 34.3% 为灰色文献，其余为传统文献（期刊、图书等）。灰色文献中，绝大部分是报告类文献（含工作论文、讨论论文和不定期论文）。灰色文献在面世后的前五年被引频率较高，而传统文献则有更长的被引时间。他们的研究表明，Google Scholar 的确可以揭示灰色文献在学术交流中的作用，虽然其中还存在一些问题①。

4. 研究前沿的判定

赵党志（D. Zhao）和施特罗特曼（A. Strotmann）分别利用 SCI 和 CiteSeer 对 1996~2001 年、2001~2006 年两个阶段的 XML 研究领域进行作者共引分析，发现两个阶段中 SCI 的结果与 CiteSeer 结果重复的比例很小；研究论文多以两种不同的出版形式出现，即网络版和期刊版，网络版通常为预印本、研究报告等，能够集中反映几年内的最新学术成果。由此，作者提出"两层"（Two-Tier）的学术交流系统，即来自于两类数据库中的数据分别代表学术交流的两个阶段，而来自于网络的数据比传统的引文索引能够更加有效地探测出研究前沿②。

5. 对人文领域进行引文研究的可能性

网络搜索引擎涵盖了传统引文索引没有收录进来的期刊、图书以及各种灰

---

① Rosa Di Cesare, Daniela Luzi, Roberta Ruggieri, The Impact of Grey Literature in the Web Environment: A Citation Analysis Using Google Scholar (Ninth International Conference on Grey Literature: Grey Foundations in Information Landscape, 10 – 11 December 2007) http://opensigle. inist. fr/bitstream/10068/697876/2/GL9％2c_Di_Cesare_et_al％2c_2008％2c_Conference_ Preprint. pdf. ［2011 – 3 – 10］

② Dangzhi Zhao, "Andreas Strotmann. Can Citation Analysis of Web Publications Better Detect Research Fronts?", *Journal of the American Society for Information Science and Technology* Vol. 58, No. 9 (2007): 1285 – 1302.

色文献，这些文献源对于人文社会科学领域来说尤其有意义。范伊莫比（Steven Van Impe）和鲁索明确提出了"Web-to-Print Citation"概念，并提出在人文学科用网络引文替代传统引文索引的可能性。他们也搜集了数据进行研究，但是由于数据量太小，实验没有成功①。

二　网络引文数据的优势和存在的问题

从目前的试验性研究结果来看，同传统引文数据相比，网络引文数据存在一些优势和新的特点。

传统的引文数据库有很多限制，如：数量少，只收录核心期刊的论文；类型单一，仅收录期刊论文，对更多使用图书的人文学科则缺少了很多重要内容；时间滞后，投稿与期刊发表的时差加上数据库加工的时差，使得文献计量学分析的数据时段落后于学术研究一年到几年的时间。这些问题在人文社会科学领域尤其突出，因而也是很多文献计量学专家和学者反对在人文社会科学领域（特别是人文领域）应用文献计量学方法的重要原因。

在网络环境下，网络搜索引擎（如 Google Scholar、Google）、自动索引的引文数据库（如 CiteSeer）在数据来源和被引用对象方面都拓展为网络环境中的多种文献类型，这就大大拓展了数据的范围，使得以前很多无法开展的研究得以进行。这些工具收录的文献类型比 WoS 引文数据库更加丰富，能够更好地反映非英美国家论文的情况，是 WoS 的补充；数据更新快、时差短，能够反映最新的研究成果，提高了时效性；数据源可以有多种选择，Google Scholar、Google、CiteSeer 等都可以作为网络引文分析的数据源；数据开放，能让更多人利用这些数据进行研究和验证。此外，搜索引擎不仅收录了大量网页信息，同时也收录了大量传统文献数据库中的信息，如 Google Scholar 收录了 Jstor 数据库及维普资讯的相关数据，而且随着时间的发展，必将收录更多出版商提供的学术出版物数据。

重要的是，同传统引文数据相比，网络引文数据可以更加全面地反映网络

---

① Steven Van Impe, Ronald Rousseau, "Web-to-Print Citations and the Humanities", *Information – Wissenschaft und Praxis* Vol. 57, No. 8 (2006): 422 – 426.

环境下的新的学术交流方式和交流过程，突破了传统引文数据库的限制。研究表明，网络引文的被引频次普遍高于传统引文索引，但是两者有较强的相关度，相对于泛泛的网络链接分析，具有较高的可信度。在这种情况下，网络引文分析有可能发挥重要的作用。

当然，将商业搜索引擎作为数据源，目前还存在着很多未能解决的问题。如数据来源情况不清、时间范围不易界定、数据存在重复、数据库的稳定性不够等。同时，相当数量的网络引文还存在着不规范、不完整甚至来源不明确的问题。灰色文献的元数据大都由作者提供，比传统的期刊、图书文献的数据规范程度低、规范难度更大。不同版本的预印本、工作论文，以及与相应的印刷版文献之间关系的确定也是网络引文研究的一个难点。

因此，对网络引文的研究还在探讨过程中，要想进行深入的研究还有很多障碍。至少在目前，我们要慎重利用网络引文研究的结果进行学术评价。

但是可以肯定的是，随着技术发展，还会不断出现新型的数据源，如针对开放获取期刊的搜索引擎，或者机构库搜索引擎等，新的内容将更加有助于促进网络引文分析的发展。同时，搜索引擎的技术也会不断进步，这些变化将能够解决当前存在的一部分问题。

第七节　数据的搜集途径

在网络计量学中，制约研究水平的一个瓶颈问题就是数据搜集困难。由于网络资源信息量大、变化快、结构复杂，目前还没有一个能全面收集各类数据的理想工具。在研究过程中，学者们主要通过搜索引擎、网络爬虫、网络日志、数据库使用统计、传统的引文数据库等几种工具来下载数据，进行不同目的的研究和分析。

一　搜索引擎

搜索引擎是网络计量学数据搜集的主要工具。在早期的研究中，使用较多的是 Altavista，后来有 AllTheWeb、Google、Google Scholar，以及自动索引的 CiteSeer（原名 ResearchIndex）。这些搜索引擎的详细情况见本书第三章。

Altavista、AllTheWeb 和 Google 等搜索引擎经常用于链接分析，研究者主要利用它们的反向链接"link"功能，查询某个网站（或域名、网页）的入链数量，从而进行链接分析。在网络引文分析中则经常使用 Google Scholar 和 CiteSeer，通过查询文献被引用情况，与传统引文数据库进行比较。

早期的研究发现搜索引擎存在的问题比较多。2001 年，巴伊兰比较了 Altavista、Excite、Fast、Google、Iwon、NorthernLight 等几种搜索引擎后，认为在当时的情况下，搜索引擎在质量和稳定性方面都不能很好地满足信息计量学的需要[①]。2002 年，赵党志等发表论文，利用 SCI 和 ResearchIndex 对 XML 领域的网络工具和 ISI 的引文分析结果进行分析比较[②]，发现利用万维网上发现的科学论文进行引文分析既有利也有弊，但总的说来对于评价学术贡献和研究 XML 领域的知识结构并不是一种有效的方法。

随着时间的推移，搜索引擎有了很大发展。在近几年的分析中，倾向于肯定搜索引擎在网络引文研究中作用的论文逐渐增多。2004 年，杰普森（E. T. Jepsen）等对 Altavista、Alltheweb 和 Google 进行了详细的比较分析，发现 Altavista 和 AllTheWeb 检索出来的内容比 Google 多一些[③]。诺鲁齐（Alireza Noruzi）曾经在 2005 年分别利用 Google Scholar 和 WoS 统计出网络计量学领域被引频次较高的文献，发现前者比后者具有明显的数量优势[④]。被引最多的文章是 1997 年阿尔明和英格沃森在《文献工作杂志》（Journal of Documentation）上发表的重要论文《万维网的信息计量学分析："网络计量学"分析方法》（Informetric Analyses on the World Wide Web：Methodological Approaches to Webometrics）。这篇文章在 Google Scholar 中检索到 98 篇引用文章，在 WoS 中

[①] Judit Bar-Ilan，"Data Collection Methods on the Web for Infometric Purposes—A Review and Analysis"，*Scientometrics* Vol. 50，No. 1（2001）：7 – 32.

[②] Dangzhi Zhao，Elisabeth Logan，"Citation Analysis Using Scientific Publications on the Web as Data Source：A Case Study in the XML Research Area"，*Scientometrics* Vol. 54，No. 3（2002）：449 – 472.

[③] Erik Thorlund Jepsen，etc.，"Characteristics of Scientific Web Publications：Preliminary Data Gathering and Analysis"，*Journal of the American Society for Information Science and Technology*，Vol. 55，No. 14（2004）：1239 – 1249.

[④] A. Noruzi，"Google Scholar：The New Generation of Citation Indexes"，*LIBRI* Vol. 55，No. 4（2005）：170 – 180.

检索到 81 篇，其中 34 篇被两个数据库同时收录。库沙（Kayvan Kousha）和塞沃尔研究了 Google Scholar 收录而 SCI 没有收录的开放获取文献的情况，发现 70％ 的内容是 Google Scholar 独有的。因此作者认为 Google Scholar 可以用来跟踪范围更广的开放获取学术文献，揭示出更为广泛的引文影响，可以提升开放获取文献的影响力，推动开放获取的发展[1]。迪切萨雷等的研究表明 Google Scholar 可以揭示灰色文献在学术交流中的作用[2]

虽然有很多研究成果利用了搜索引擎，但是搜索引擎在实践中也表现出种种局限性，使其检索效果一直受到质疑。搜索引擎在网络计量学分析中存在的问题主要包括以下几个方面：

- 数据收录不全；
- 收录范围不清晰；
- 爬行的算法不公开，且经常变化；
- 链接的结果数量不稳定；
- 部分搜索引擎采用商业化运作模式，将收费的内容放在重要的位置；
- 存在对国家和语言的偏见；
- 很多网页未标明创建时间和最后修改时间。

此外，搜索引擎作为一种免费的服务，其自身的稳定性有时也难以保障，如雅虎于 2004 年 3 月收购 AllTheWeb，并于 2011 年 4 月停止 AllTheWeb 的服务。Altavista 目前也被雅虎收购。这种变化对数据搜集产生了较大影响。

二 网络爬虫

网络爬虫是一种按照一定规则，自动抓取万维网信息的程序或者脚本。它

[1] Kayvan Kousha, Mike Thewall, "Sources of Google Scholar Citations outside the Science Citation Index: A Comparison between Four Science Disciplines", *Scientometrics* Vol. 74, No. 2 (2008): 273 – 294.

[2] Rosa Di Cesare, Daniela Luzi, Roberta Ruggieri, The Impact of Grey Literature in the Web Environment: A Citation Analysis Using Google Scholar, (Ninth International Conference on Grey Literature: Grey Foundations in Information Landscape, 10 – 11 December 2007) http://opensigle.inist.fr/bitstream/10068/697876/2/GL9％2c_Di_Cesare_et_al％2c_2008％2c_Conference_Preprint.pdf. [2011 – 3 – 10]

从一个或若干初始网页的网址（URL）开始，获得初始网页上的链接地址，从而爬行到这些网页上。在抓取网页的过程中，不断从当前网页上抽取新的链接地址放入队列，直到满足系统一定的停止条件。目前还没有可靠的方法遍历一个大型站点的所有网页，一般的爬虫只能找到公开的、可索引的网页，还有很多深层网络信息（如数据库检索结果）无法遍历。

网络爬虫种类很多，如有 Google Crawler、PolyBot 等商业爬虫，也有类似于 DataparkSearch 的开源爬虫。段宇峰使用了 Offline Explorer 进行美国大学网站的网页数分析，认为该爬虫获得的网页数量比 AllTheWeb 检索出的网页数更接近实际[①]。塞沃尔等开发出专用于链接分析的网络爬虫 SocSciBot，可供分析者免费下载使用[②]，该爬虫还与可视化软件 Pajek 进行了连接，可以将数据直接生成网络图。具体使用方法见《链接分析：信息科学的研究方法》一书的附录[③]。

三　数据库使用统计

随着商业化数据库的不断增多，图书馆的馆藏结构发生很大变化，各类电子资源成为图书馆馆藏中的重要组成部分，在学术研究领域发挥着越来越重要的作用，对电子资源的分析、评价也越来越重要。研究表明，"电子文献使用分析"主题与"网络计量学"主题具有较强的相关关系[④]。

目前，很多国外数据库的使用统计都遵循 COUNTER 标准[⑤]。该标准的目标是研制一系列普遍接受的、国际化的实施规范，用以管理不同种类电子资源的联机使用数据，规范记录，统一数据交换的标准和途径。COUNTER 项目于2006 年 1 月推出正式的第二版标准，发布了四类电子资源（电子期刊、数据库、电子图书及参考工具书）的使用统计规范。COUNTER 标准使得图书馆可以对不同数据库的使用情况进行比较，以反映一段时期内用户对资源的使

---

① 段宇峰：《网络链接分析与网站评价研究》，北京图书馆出版社，2005，第 229 ~ 240 页。
② http：//socscibot. wlv. ac. uk/.
③ M. 塞沃尔：《链接分析：信息科学的研究方法》，孙建军等译，东南大学出版社，2009。
④ 蒋颖：《1995 ~ 2004 年文献计量学研究的共词分析》，《情报学报》2006 年第 4 期。
⑤ COUNTER 主页. http：//www. projectcounter. org/ ［2010 - 8 - 27］。

用偏好和需求，对数据库的使用效益进行评估。但是，并不是所有的数据库商都提供符合 COUNTER 标准的数据，为此，又产生了 SUSHI 协议来解决这个问题。

2007 年 11 月，美国国家信息标准协会（NISO）正式批准了 Z39.93 标准——标准化电子资源使用统计获取协议（The Standardized Usage Statistics Harvesting Initiative Protocol，SUSHI）。SUSHI 在 COUNTER 标准的基础上，采用统一的协议来收集不同数据库商所提供的数据，并对数据进行处理，定义了自动获取电子资源使用统计数据的请求和应答模式。

一些机构和图书馆利用 SUSHI 协议，开发了 ScholarlyStats 平台。在这个平台上，图书馆可以选择多个数据库，一站式输出统一的使用统计，系统对数据进行统计和整理，自动转换为图书馆所需要的数据，方便了图书馆进一步对数据进行分析利用。

四　网络日志

网络日志是指在服务器上有关万维网访问的各种日志文件，包括访问日志、引用日志、代理日志、错误日志等，这些文件中包含了大量而全面的用户访问信息，如用户的 IP 地址、所访问的 URL、访问日期和时间、访问方法、访问结果（成功、失败、错误），以及访问的信息内容等。

通过万维网服务器记录用户的访问日志，可以收集非常全面的信息。在服务器中，日志记录了用户每次访问网站进行的每一条网页请求的信息，并可通过记录 Cookies 和 CGI 的查询参数来描述各个不同用户的行为。特别是当用户通过代理服务器进行网站登录时，可以收集某些特定团体或用户的行为。

万维网日志通常是纯文本文件，以".log"为文件后缀。日志内容庞杂，容量巨大，可以进行非常细致的分析。但是由于日志文件将用户的所有操作以及系统的反应都记录下来，使得信息量非常大，噪音数据也非常多，进行分析之前要做大量的数据清洗和整理工作。同时，由于非系统管理人员通常没有获取网络日志的权限，所以网络日志仅为计算机领域的研究者利用，网络计量学研究中应用得相对较少。

第八节　网络计量学研究中的问题

网络计量学是一个新兴的、发展较快的领域，相关研究论文的数量在不断增长，但是从目前的研究和实践现状来看，它还不是一个成熟的学科，一些基本问题还没有解决。

在研究的理论方法方面，除了采用文献计量学中的引文分析方法之外，网络计量学还借鉴了其他学科的理论和方法，如计算机网络、统计物理学、图论、社会网络分析方法等，其核心方法——链接分析法也在不断发展，但是总体来说还在探索过程中，没有形成一个系统的理论框架，缺乏大家普遍认可的、较为成熟的研究方法。

网络计量学研究实证分析中的最大难点在于数据的获取和处理。数据是海量的，任何人都无法收集齐全，也很难界定收集的范围；数据是动态的，相关的实验无法重复进行，研究的科学性很难得到验证；数据的质量缺乏有效控制，数据之间存在大量的重复甚至错误。

网络信息资源的一些特性也使得网络计量学的研究对象非常复杂。链接关系远比传统的引文链接关系复杂；网上的文献类型多种多样，不像引文分析中以期刊论文为主，处理起来难度很大；网络信息鱼龙混杂，点击率和被链接率高未必意味着网络信息更加可信，如何判断网络信息的可信度成为一个难题。

网络环境的复杂性进一步增加了网络计量学研究的难度。链接目的多样化，影响链接的因素也多种多样；网络不是单纯的学术环境，大众关心的问题会得到很高的链接率和点击率；不同类型的网站被链接的数量相差甚远，给网站之间的比较带来了很大困难。

因此，尽管网络计量学吸引了大家的眼光，但是该领域还是一个尚未发育完整的新领域。然而，我们也有理由相信，随着网络及计算机技术的发展，一些制约网络计量学发展的因素会逐步有所改善，网络计量学将会在理论和实践方面有更多的成果和更加广泛的应用。

第七章
文献计量学研究中的可视化技术

第一节　可视化技术概述

随着信息技术的发展，人们搜集数据的能力大大加强。在海量数据的背后，隐藏着许多重要的信息，学者们希望能够对其进行更高层次的分析和更形象的展示，以便更好地利用这些数据。虽然使用数据挖掘技术可以进行深入分析，并建立复杂的模型，但是分析结果不够直观、生动。通过应用可视化技术不但可以把抽象的数据和复杂的公式用形象的图形或图像表示出来，增强数据和结论的表现力，同时利用这种分析工具，还可以发现数据中存在的隐性关系和规则。

数据可视化（Data Visualization）指运用计算机图形学和图像处理技术，将数据或信息换为图形或图像，并进行交互处理的理论、方法和技术。

数据可视化领域的起源可以追溯到 20 世纪 50 年代计算机图形学的早期发展。1987 年，由麦考密克（B. H. McCormick）等撰写的美国国家科学基金会报告《科学计算中的可视化》（Visualization in Scientific Computing），对于可视化领域的发展产生了很大影响。随着数据采集能力和计算机数据处理能力的加强，可视化技术也得到了迅速发展。近年来，可视化已成为计算机和图形研究等领域的一个热点问题，相关的论文大量出现。2009 年 4 月 16 日，本书作者在 Google Scholar 中输入检索词"Visualization"，得到 87.6 万条检索结果，2012 年 2 月 29 日，利用 Google Scholar 再次输入同样的检索词，得到 227 万条检索结果。本书作者还利用 CNKI 数据库检索中文关键词"可视化"，发现在

1985～2012 年，CNKI 数据库中收录相关主题的文献呈快速上升的趋势（见图 7-1）①。

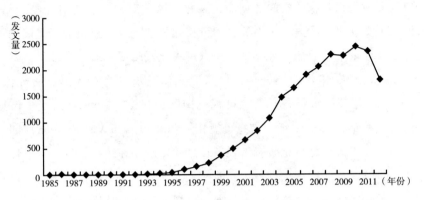

图 7-1　1985～2012 年"可视化"相关的中文期刊论文数量分布

资料来源：CNKI 数据库〔2013-1-4〕。

可视化技术具有重要的作用。通过分析大量、复杂和多维的数据，绘制二维或三维的图像，可以反映同类事物的共同性质，揭示事物各方面的主要特征，描述复杂事物的总体结构；可以辨析不同事物之间属性的差别，显示某个事物和其他事物之间的相互关系；可以根据历史和当前数据推测未来数据；还可以揭示事物偏离常规出现的异常现象，从而达到知识发现的目的。

由于数据可视化所需处理的数据量非常庞大，生成图像的算法又比较复杂，过去常常需要使用小型计算机和高档图形工作站来进行数据运算和绘图，因此以前的应用并不普及。近十几年来，随着计算机性能的快速提高、图形显卡以及可视化软件的发展，可视化技术已广泛应用到科学研究、工程、军事、医学、经济等各个领域。

目前，可视化领域的研究和应用可以分为两个大类：一个是科学数据的可视化，另一个是信息的可视化。一般说来，科学数据可视化是指空间数据场的

---

① CNKI 概念知识元库，http：//define. cnki. net/WebForms/WebDefines. aspx？searchword = % E5% 8F% AF% E8% A7% 86% E5% 8C% 96〔2013-1-4〕。

可视化，反映的是物体固有、但人眼看不见的结构，如医学中的电子计算机 X 射线断层扫描（CT）、磁共振成像（MRI）和正电子放射断层扫描（PET）等等。信息可视化则是指非空间数据的可视化，这些对象没有固有的物理结构，如数据库中文献之间的语义关系等，用可视化方法能够描绘出数据之间的关系结构。文献计量学领域的可视化属于信息可视化范畴。

从 20 世纪 90 年代中期开始，信息可视化逐步成为一个热点研究课题。IEEE 从 1995 年开始每年召开信息可视化国际研讨会，1999 年出版了信息可视化论文集和专著，2002 年《信息可视化》（Information Visualization）期刊创刊，这些都表明信息可视化研究得到了长足的发展。在情报学领域，对情报检索可视化的研究是促进信息可视化发展的主要动力。而文献计量学作为以数据为基础的研究领域，一直非常重视数据的可视化表现。特别是引文索引出现以后，文献计量学专家掌握了大量可供分析的数据，用图形和图像方式表现分析结果成为该领域的尖端技术，数据的统计分析和可视化工作也逐步从手工转移到计算机。随着计算机和可视化技术的发展，文献计量学研究中越来越多地使用了各种更加复杂、显示效果更好的可视化技术，有些机构还开发了一些专门用于文献计量的可视化软件，信息可视化技术在文献计量学领域得到了长足的发展，也形成了一定的研究规模。

第二节　文献计量学领域的可视化研究与应用

文献计量学研究领域很早就开始用图形方式揭示和表现数据分析结果。20 世纪 60 年代，伴随着引文索引的诞生，大量的基础数据以及数据之间的引用关系吸引了一批研究者，他们采用各种数学方法挖掘数据之间的关系和存在的规律，并以图形方式对结果进行形象的揭示。D. 普赖斯在其经典著作《巴比伦以来的科学》、《小科学、大科学》中，绘制了科学网络图，并提出科学前沿（Scientific Frontier）的概念。此后，利用图形来揭示科学前沿成为一种新的文献计量学分析方法。加菲尔德在 1964 年绘制了引文编年图，按照年代顺序描绘了学科的发展历程；20 世纪 70 年代，格里菲斯和斯莫尔在文献同被引测度的基础上绘制了学科专业结构图；1981 年出版的《生物化学和分子生物学科学地图》（Atlas of Science in Biochemistry and Molecular Biology）包括了
102 个科学前沿；20 世纪 80 年代法国卡隆等通过词的共现（Concurrence）绘
制出学科战略图，又提供了一种从内容分析角度揭示学科发展的方法。ISI 开
发了多个可视化软件，包括基于共引数据绘制科学图谱的 SCI‒Map、专利分
析软件 TDA、引文编年可视化软件 HistCite 等，为可视化分析提供了方便。在
WoS 引文数据库检索结果网页中也提供了图形方式的显示功能。荷兰莱顿大
学科学技术研究中心的文献计量学专家们尝试利用可视化技术进行学术评价。
美国的陈超美是近年信息可视化领域的一位新秀，他主持开发了可视化软件
CiteSpace，该软件可进行三维交互可视化分析，他还与同事一起利用该软件开
展了多项可视化分析研究。

进入 21 世纪，随着数字资源的不断增加和信息技术的迅猛发展，可视化
技术迎来了发展高峰，可视化方法有了快速进步，出现了多种新的图像表现方
法，研究者们开发了大量可视化工具，可视化应用也越来越广泛。当前，用图
形、图像乃至动画方式来揭示文献、作者、期刊、学科要素的相互关系以及开
展学科结构、学科前沿和科学史方面的研究已经成为文献计量学重要而常见的
内容。

国内学者较早地开展了文献计量学的可视化应用。如 20 世纪 80 年代至
90 年代北京大学的系列硕士论文[1][2][3][4]就曾进行过聚类分析，利用 SPSS 软件
中的聚类、多维尺度和因子分析等方法绘制论文、期刊、作者共引的二维图。
但是由于技术难度大，当时的可视化应用并不广泛，对于可视化技术的研究也
不够深入。近年来，国内文献计量学学者更加重视可视化研究和应用，随着研
究的逐步深化，国内的可视化技术从起步阶段已经逐步发展到深化阶段，研究
者从了解可视化技术与方法和学习使用国外可视化软件，逐步过渡到将可视化
方法熟练应用于实证分析当中，与国外学者的合作研究也较好地提升了国内的

---

① 赵党志：《1987 年中文农业科学期刊文献的引文分析》，硕士学位论文，北京大学，1989。
② 赵丹群：《中文地震学期刊文献的引文分析（1985~1988）》，硕士学位论文，北京大学，1989。
③ 蒋颖：《中文化学期刊文献的引文分析（1985~1989）》，硕士学位论文，北京大学，1991。
④ 吕本富：《中国化学期刊评价研究——引文法评价期刊》，硕士学位论文，北京大学，1992。

技术水平。

近年，国内的研究及应用内容主要包括以下几个方面：

（1）对可视化技术及工具的介绍。如陈定权及其合作者的《引文分析可视化研究》①、《同引分析与可视化技术》②，侯汉清及其合作者的《引文分析可视化研究》③、《引文编年可视化软件 HistCite 介绍与评价》④、《可视化同被引分析技术综述》⑤ 等论文，主要介绍可视化理论和实现方法，以及国外可视化软件的功能。

（2）利用可视化技术进行实证分析。这类研究突出的特点是与国外学者进行合作，利用国外软件和国内数据进行深入分析，并用可视化方法来揭示更深层的内容。如周萍等发表的《中国科技期刊引文环境的可视化》⑥、金碧辉及其同事与雷迭斯多夫合作完成的《中国科技期刊引文网络：国际影响和国内影响分析》⑦ 等。

（3）对科学知识图谱的研究。科学知识图谱是显示科学知识的发展进程与结构关系的一种图形，属于文献计量学可视化研究领域新崛起的分支。大连理工大学近年来对科学知识图谱的研究非常深入，他们建立了 WISE 实验室（Webometrics，Informetrics，Scientometrics and Econometrics Lab，即网络计量学、信息计量学、科学计量学与经济计量学实验室），对知识图谱与可视化方法进行了系统、深入的研究和实践，并于 2008 年出版了系列专著——《科学知识图谱：方法与应用》及知识计量与知识图谱丛书。知识计量与知识图谱丛书共包括 5 本书：《科学计量学知识图谱》、《科学学知识图谱》、《管理学知识图谱》、《隐性知识计量与管理》、《专利计量与专利制度》。《科学知识图

---

① 胡利勇、陈定权：《引文分析可视化研究》，《情报技术》2004 年第 11 期。

② 陈定权：《同引分析与可视化技术》，《情报科学》2005 年第 23 卷第 4 期。

③ 李运景、侯汉清：《引文分析可视化研究》，《情报学报》2007 年第 26 卷第 2 期。

④ 李运景、侯汉清、裴新涌：《引文编年可视化软件 HistCite 介绍与评价》，《图书情报工作》2006 年第 50 卷第 12 期。

⑤ 李运景等：《可视化同被引分析技术综述》，《图书情报工作》2008 年第 11 期。

⑥ 周萍、Loet Leydesdorff、武夷山：《中国科技期刊引文环境的可视化》，《中国科技期刊研究》2005 年第 6 期。

⑦ 金碧辉等：《中国科技期刊引文网络：国际影响和国内影响分析》，《中国科技期刊研究》2005 年第 2 期。

谱：方法与应用》系统阐述了科学知识图谱的原理与方法及其在科学学与管理学前沿、工程技术前沿、科学技术合作等领域中的应用成果。知识计量与知识图谱丛书则是分别对于科学计量学、科学学、管理学、隐性知识和专利计量等领域进行的具体应用研究[①]。如果说此前对于可视化技术的介绍还有翻译、引进的性质，那么这些著作的出版则标志着中国文献计量学可视化研究与应用达到了更高的发展阶段。

（4）可视化技术的广泛使用。近年来，由于可视化软件的发展，大大降低了可视化图的制作难度，可视化技术得到广泛使用。例如，CiteSpace 为免费开放的软件，并具有强大的分析功能，在国内得到广泛使用；Pajek 作为社会学的开放软件，在文献计量分析方面也得到了很多应用。

2012 年 9 月 11 日，本书作者利用 CNKI 数据库，在"主题"栏目中输入"CiteSpace"，检索到 291 篇文献，其中大部分是 2010 年以来发表的。输入"Pajek"，得到 118 篇检索结果，除了一部分研究社会网络的内容外，大部分属于文献计量学的范畴。

可视化技术的利用提高了定量研究结果的显示效果。但是随着可视化工具的日益普及应用，也出现了过度使用可视化图像的情况，国内的一些期刊主编认为目前的一些论文中，可视化图像用得太多，可视化技术的应用没有起到应有的揭示和深化分析作用，只是作为论文的一种装饰，甚至可能还存在一些误用。因此，如何利用好可视化工具也是未来面临的一个重要问题。

第三节　可视化过程及测度方法

一　信息可视化系统的框架

简单的可视化图形可以在数据计算的基础上利用一些绘图工具或手工直接画出来，如柱图、饼图等。但是复杂的可视化过程却需要进行数据搜集、处理和可视化映射，提取其中的关键结构并加以显示，这是一个非常复杂的过程，

---

① 刘则渊等：《科技哲学与科技管理丛书. 科学知识图谱：方法与应用》，人民出版社，2008。

涉及多个步骤和多项技术。

卡德（S. Card）等在1999年建立的信息可视化参考模型如图7-2所示①：

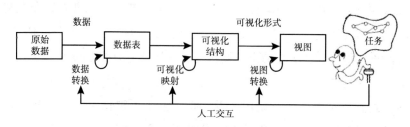

图7-2　信息可视化参考模型

资料来源：冯艺东、汪国平、董士海，《信息可视化》，《工程图学学报》2001（增刊），第324~329页，http://www.graphics.pku.edu.cn/papers/download/17综述2.pdf［2009-5-21］。

在图7-2中从左到右的箭头表示一连串的转换过程。数据转换过程把原始数据映射为数据表；可视化映射过程把数据表转换为可视化结构；视图转换通过定义位置、缩放比例等图形参数创建可视化结构的视图；通过用户的交互作用来控制这些转换过程的参数，例如把视图限制到特定的数据范围中，或者改变转换的属性等。其中，如何寻求一个好的可视化结构是信息可视化技术的关键问题，而视图转换可以从一个更好的视角体现可视化结构。

信息可视化系统中还涉及多种技术方法，其中主要的技术有信息表示、用户界面和信息分析三个方面②。

信息表示即可视化图像的表示方法。常用的有以下七种方法，即一维、二维、三维、多维、树形、网状和时序（Temporal）方法，这些方法可以在一维到多维空间中展示信息结构，或者将信息结构以树状、网状形式进行表示，也可以按时间顺序揭示结构的变化。还可将多种方法结合使用，如制作二维或三维的树状图。

以往可视化图像的最终呈现方式以输出到纸质媒体上为主，最后的成果大

---

① 转引自冯艺东、汪国平、董士海《信息可视化》，《工程图学学报》2001年增刊，http://www.graphics.pku.edu.cn/papers/download/17综述2.pdf［2009-5-21］。

② B. Zhu，H. Chen，"Information Visualization"，*Annual Review of Information Science and Techonology* 2005：139-177.

多是一张或几张静态的图片。随着技术的发展，目前可以利用电脑屏幕显示可视化结果，能够提供更丰富的展示功能。用户界面是在计算机上用来展示可视化结果的界面，常用的有六种界面，包括总体、放大、过滤、按需展示细节（Details on Demand）、相关和历史。

信息分析技术主要包括分类和聚类。其中，分类是将目标放入预先设定好的类目中，而聚类则是根据对象的相似性动态聚集对象。

文献计量学领域的可视化与信息可视化过程基本相同，但是目前多数研究都采用低维度的图像来呈现最终结果，因而降维技术成为文献计量学领域可视化应用的关键技术之一。

二 文献计量学的可视化过程

文献计量学领域可视化过程大体包括搜集数据、按照一定算法进行运算、对多维数据进行降维，以及用图形来进行表达和分析等几个步骤。文献①②介绍了一般的过程，本书作者在这里总结如下：

1. 根据需要解决的问题确定数据源

可以作为可视化分析的数据源很多，如 WoS、CSA Illumina、CSSCI 等都可以从不同角度进行分析。通常可根据各数据库的不同特点和研究问题的范围，确定利用哪种数据源，并从中搜集所需的基本数据。在获得初始数据后，需要针对分析单元进行数据的清洗和规范，以保证结果的准确度。

2. 确定分析单元

常用的分析单元有作者、论文、词语、期刊等，由于不同的分析单元所揭示的问题层面不同，所以要根据研究的问题选择合适的分析单元。

3. 进行测度

选好分析单元后就需要确定测度指标并进行计算，如计算耦合次数、共引频率、词的共现频率等，形成二维原始矩阵。由于很多工具软件对于矩阵的大小有一定限制（如 SPSS 最多只允许处理 256×256 的矩阵），同时，如果相关

---

① Katy Borner, Chaomei Chen, Kevin W. Boyack, "Visualizing Knowledge Domains", *Annual Review of Information Science & Technology* 2003：179–255.
② 李运景等：《可视化同被引分析技术综述》，《图书情报工作》2008 年第 52 卷第 11 期。

指标的值大多是零也缺乏研究意义，所以一般会按照指标的数值从多到少降序排列，取一定阈值以上的数据作为分析对象来构建矩阵。

4. 计算相似度

这是将二维原始矩阵转换成相似度矩阵的过程。可以直接利用原始矩阵作为相似度矩阵，也可以对原始矩阵进行标准化处理后再计算相关系数，相关系数的计算常用皮尔逊相关系数法或 Cosine 法进行。

5. 将多维数据进行降维，生成二维或三维图像

可视化技术的出发点就是利用降维技术把复杂的多维数据进行降维，在二维或三维的图形中近似地反映数据之间的真实关系和结构，因此降维是可视化中的核心工作。多维尺度方法、因子分析和主成分分析方法是文献计量学领域最常用的降维方法，此外还有潜在语义分析（Latent Semantic Analysis）方法、寻径网络标度（Pathfinder Network Scaling，PFNet）方法、自组织映射图（Self-Organizing Maps，SOM）方法、三角测量（Triangulation）方法、力矢量布局（Force Directed Placement，FDP）算法等可用于降维。下面对这些方法进行简要介绍。

（1）多维尺度方法

多维尺度分析是指通过某种非线性变换把高维空间的数据转换成低维空间中的数据，以疏密不同的散点在低维空间中近似地表现原高维数据间关系的一种技术。在 SPSS 软件中有多维尺度分析模块。

（2）因子分析和主成分分析方法

这是两种统计学中常用的方法。因子分析的基本目的就是用少数几个因子去描述许多指标或因素之间的联系，即将相对比较密切的几个变量归在同一类中，每一类变量就成为一个因子，以较少的几个因子反映原始资料中的大部分信息。主成分分析也称主分量分析，旨在利用降维的思想，把多指标转化为少数几个综合指标，用较少的变量去解释原来资料中的大部分变异。

（3）潜在语义分析方法

这是 1988 年迪迈（S. T. Dumais）等人提出的一种信息检索代数模型，是用于知识获取和展示的计算理论和方法。该方法使用统计计算方法对大量的文本集进行分析，从而提取出词与词之间潜在的语义结构，并用这种潜在的语义结构来

表示词和文本，达到消除词与词之间的相关性和简化文本向量、实现降维的目的。该方法把高维的向量空间模型（VSM）表示的文档映射到低维的潜在语义空间中。

（4）寻径网络标度方法

该方法根据经验性数据，对不同概念或实体间联系的相似程度或差异程度做出评估，然后应用图论中的一些基本概念和原理生成一类特殊的网状模型。它对不同概念或实体间形成的语义网络进行表达，从一定程度上模拟了人脑的记忆模型和联想式思维方式。

林夏及其同事开发的 AuthorLink 和 ConceptLink 软件可以创建互动的作者共引分析图，它们是基于寻径网络标度和自组织映射图等多种技术来完成的[1][2]。

（5）自组织特征映射图方法

自组织图方法由科霍宁（Kohonen）在 1982 年提出。这是一种通过自组织竞争学习网络实现数据降维和可视化的单层神经网络模型。该算法可以把输入空间的多维信息映射到低维的离散网络上，并将相同性质的输入数据在映射到低维空间时保持拓扑一致性。

陈炘均及其同事开发了 ET – Map[3]，他们利用自组织映射图技术开发了可扩展的、多层的分类图来表示大量的文献和网站，可以通过点击的方式选择图的层级。由于原型系统是利用 Yahoo! 的娱乐子类目（EnterTainment Subcategory）开发的，因此将这种图叫做 ET – Map。

（6）三角测量方法

三角测量是一个把 n 维空间中的点排列到二维图形的技术。斯莫尔曾经在制作科学地图过程中使用过该技术[4]。

（7）力矢量布局算法

力矢量布局算法是把本来属于多维空间的节点按照它们之间的相似关系在平面图上进行映射的一种技术。VxInsight 系统采用了经过改进的力矢量布局算法。

---

① 林夏著《信息可视化与内容描述（上）》，张学福译，《图书情报工作动态》2005 年第 8 期。

② 林夏著《信息可视化与内容描述（下）》，张学福译，《图书情报工作动态》2005 年第 9 期。

③ M. Dodge，A Map of Yahoo! http：//www. mundi. net/maps/maps_009/index. html#et_map2 ［2009 – 05 – 21］.

④ H. Small，"Visualizing Science by Citation Mapping"，*Journal of the American Society for Information Science* Vol. 50，No. 9（1999）：799 – 813.

每种降维和图示技术都有自己的特点和适用范围，博纳（Borner）等将以上几种方法进行了对比①，如表7-1所示。

表7-1 几种降维技术和图示技术的比较

技 术	规模可扩展性	计算成本	维度的可解释性	草图	最优尺度
多维尺度	有限	中等	经常有	静态	全球
因子分析/主成分分析	有限	中等	经常有	静态	全球
潜在语义分析	高	高	无	静态	全球
寻径网络标度	中等	中等	无	静态	本地或全球
自组织图	高	高	无	静态	全球
三角测量	中等	中等	—	静态	本地
力矢量布局算法	有限	高	—	动态	本地

资料来源：Katy Borner, Chaomei Chen, Kevin W. Boyack. "Visualizing Knowledge Domains", *Annual Review of Information Science & Technology*，（2003）：179-255。

6. 进行聚类分析

聚类分析是直接比较各事物之间的性质，按照一定的算法，将性质相近的事物归为一类，将性质差别较大的归入不同类的分析技术。利用聚类分析技术，将研究对象进行分类后，可以在视图中揭示不同类团的特点和类团之间的关系。

7. 视图转换

视图转换是制作可视化图形或进行交互动作设计（Interaction Design）的过程。交互动作设计指过滤、摇动、放大、变形等方面的技术。视图转换有三种方式②：

（1）位置探查：利用可视化结构中的位置来揭示附加的数据信息。

（2）视点控制：利用放大、摇动和裁剪视点来进行视图变换。也可以提供"总体+细节"（Overview + Detail）图，这类图提供了多个视图，包括总体图和细节图。总体图可将整体模型显示给用户，用户关心的一些细节也可以通

---

① Katy Borner, Chaomei Chen, Kevin W. Boyack, "Visualizing Knowledge Domains", *Annual Review of Information Science & Technology* 2003：179-255.

② 冯艺东、汪国平、董士海：《信息可视化》，《工程图学学报》2001年增刊，http://www.graphics.pku.edu.cn/papers/download/17综述2.pdf［2009-5-21］。

过另外的视图进行展示。总体和细节图可以同时展示，也可以分别展示。

（3）变形：改变可视化结构，生成所谓"聚焦＋环境"（Focus＋Context）图。该技术在同一张图中动态地给出了聚焦的细节和整体（环境）的情况。这种技术的目的是为了给用户感兴趣的内容提供最大化的细节，同时也提供相关的环境信息。这种基于变形的技术可以使用户在仔细观察一些细节的同时不丢失整体的结构。鱼眼视图（Fisheyes View）就是一种变形技术，它可放大某一图示画面中的某块小的局部区域，放大区域的周围退到背景显示，但仍然可见。

8. 可视化图形的分析和解释

根据绘图结果，结合所分析主题的背景资料，对可视化图形进行合理分析和解释。这是可视化分析的最后一步，也是非常重要和关键的一步。

三　文献计量学可视化的主要测度方法

文献计量学可视化的分析单元通常包括作者、论文、期刊、词语等几种类型，可视化反映的主要是分析单元之间的相互关系，这些关系都通过一些测度指标反映出来。常用的测度指标有以下几种：

1. 耦合强度

文献耦合的概念是由凯斯勒（Kessler）最早提出的。当文献 A 和文献 B 同时引用文献 C 时，我们称文献 A 和文献 B 之间具有耦合关系，其耦合强度为 1。两篇文献同时引用的文献数量越多，耦合强度越大，它们之间的联系就越强。

两篇文献之间的耦合关系是静态的，一旦文献发表，这种关系就建立起来，并且不会再改变。通过对学科重要文献之间的耦合程度进行分析可以反映学科发展进程。

2. 同被引强度

当文献 A 和 B 被文献 C 引用时，我们称 A 和 B 为同被引文献，其同被引强度为 1。两篇文献同时被引用的频率越高，同被引强度就越大，它们之间的联系就越强。

这种分析方法最早是格里菲斯和斯莫尔在 20 世纪 70 年代提出的。通过同被引分析可以绘制相关图表，映射学科结构和发展历史。除了论文的同被引分析以外，还可以进行作者同被引、期刊同被引等方面的研究。

3. 共现强度

共现强度指两个分析单元在某种环境中共同出现的频次。最常用的共现强度指标是共词强度。共词分析方法属于内容分析方法的一种。20 世纪 70 年代中后期，法国文献计量学家最早提出共词分析这个概念。如果两个词在同一篇文章中出现，那么这两个词的共词强度就为 1。通过对共词强度的分析，可以揭示出词间的亲疏关系，进而分析这些词所代表的学科和主题的结构。作者、论文、期刊等也可进行共现分析。

除以上测度指标外，网络计量学中的共入链数和共出链数也可以作为网络结构可视化的测度指标。

第四节　文献计量学分析可视化的常用工具

早期的可视化图形都是根据计算出的数据用手工绘制的。后来，随着各种计算机软件的出现和研究方法的进步，研究者们利用可视化工具可以很容易地绘制出更加精美和复杂的图形。文献计量学可视化的常用工具有以下几种：

（1）SPSS（Statistical Product and Service Solutions，即统计产品与服务解决方案）：是世界上最早的统计分析软件之一，现在越来越侧重于图形绘制功能的开发。该软件提供了大量常用的统计分析功能，包括引文分析中常用的聚类分析、多维尺度和因子分析，并提供分析结果的图形表示。

（2）Stata：是一个用于分析和管理数据的功能强大的实用统计分析软件，由美国计算机资源中心（Computer Resource Center）研制。该软件的突出特点是只占用很少的磁盘空间，输出结果简洁，所选方法先进，内容较齐全，制作的图形十分精美，可被图形处理软件或文字处理软件直接调用。

（3）UCINET：是目前最流行的社会网络分析软件，它包括一维与二维数据分析软件 NetDraw，还有正在发展应用的三维展示分析软件 Mage 等。可以在其官方网站下载其最新版本：

http：//www. analytictech. com/ucinet。

（4）HistCite：1964 年，加菲尔德绘制了一幅引文编年图，揭示了 DNA 理论发展和验证的过程。2001 年，加菲尔德及其同事们推出引文编年可视化系统

HistCite。经过几年的完善和修改，该软件已经具备相当多的功能。它能够从WoS 中接收 SCI、SSCI 或 A&HCI 的原始引文数据，最后生成引文编年图，该图可以反映出按年代排列的重要文献之间的引用或被引用关系。

（5）Pajek（Program Analysis for Large Network）：在斯洛文尼亚语中，"Pajek"是"蜘蛛"的意思。该软件由斯洛文尼亚卢布尔雅那大学的两位研究人员于 1997 年发布，用于大型网络的分析和可视化操作，目前已被 UCINET 集成。该软件近年成为文献计量分析的重要可视化工具。最新 Pajek 版本可以通过以下途径免费获取：

http：//vlado. fmf. uni – lj. si/pub/networks/pajek/

（6）VxInsight 系统：是由桑迪亚国家实验室（Sandia National Laboratories）开发的可视化系统，通过三维虚拟地图来模拟聚类信息，适合在大规模网络数据中发现和分析实体关系。桑迪亚国家实验室的研究人员曾运用该系统来显示 SCI 的聚类结构。

（7）Theme Scape 系统：该系统由美国西北太平洋国家实验室研发，是情报检索和探索空间范例（The Spatial Paradigm for Information Retrieval and Exploration）软件的可视化部分，它可以建立三维可视化图，揭示基本的主题，并对其相对流行程度进行测量。

（8）CiteSpace：2003 年由美国德雷克塞尔（Drexel）大学的陈超美开发，是一个包含了交互可视工具的应用程序。它可以用来分析过去研究进展领域的引文和共引网络的趋势和模式，寻找智能转折点，改进知识域可视化。陈超美利用该软件进行了多项可视化研究[1][2][3]。该软件可以免费使用，下载地址：

http：//cluster. cis. drexel. edu/ ~ cchen/citespace/

---

[1] Chaomei Chen, "CiteSpace Ⅱ: Detecting and Visualizing Emerging Trends and Transient Patterns in Scientific Literature", *Journal of the American Society for Information Science and Technology* Vol. 57, No. 3 (2006): 359 – 377.

[2] Chaomei Chen etc., Identifying Thematic Variations in SDSS Research (The 9th International Conference on the Statistical Analysis of Textual Data. March 12 – 14, 2008, Lyon, France), pp. 319 – 330.

[3] Chaomei Chen etc., "Towards an Explanatory and Computational Theory of Scientific Discovery", *Journal of Informetrics*, Vol. 3, No. 3 (2009): 191 – 209.

除以上工具外，汤森路透公司还开发了针对专利信息可视化的 TDA
（Thomson Data Analyzer）、SCI – Map 等可视化工具。

第五节　可视化方法在文献计量学领域的应用

从研究角度来划分，可视化技术在文献计量学领域的主要应用包括以下几
方面：科学史、科学前沿、科学绩效评价和科学合作关系的揭示等。其中，加
菲尔德的引文编年图、斯莫尔的学科结构图是科学史方面研究的典型，卡隆的
学科战略图形象地揭示了学科内部的发展状况，诺扬斯（Noyons）等尝试了利
用可视化方法进行科学绩效评价，同时，有更多的论文揭示了科学研究中的各
种关系——作者的合作、共引以及期刊之间的关系。由于篇幅所限，这里只能
简单介绍几个相关的应用实例。

1. 加菲尔德的引文编年图

1964 年，加菲尔德创立了引文编年图法。他以 I. 阿西莫夫（I. Asimov）博
士的《遗传密码》作为基础，绘制出一幅该书描述的事件及其关系的网络图
（见图 7 – 3），然后根据报道阿西莫夫事件论文中的参考文献生成第二幅网络图
（见图 7 – 4），并对两者进行比较。他发现两幅图中的关系有 65% 的重复，同时，
具有最高引文权重的节点事件正是阿西莫夫判断为最重要的同一个事件。此外，
从引文编年图中可识别出许多阿西莫夫没有提到的论文和研究人员。这充分表明
引文编年图可以利用计算机来识别一些关键事件，描述科学发展的清晰脉络，同
手工制图相比，极大地简化了时间序列和关系网络的构建工作[1]。

2. 斯莫尔和格里菲斯的科学结构图

1974 年，斯莫尔和格里菲斯发表了论文《科学文献的结构》（The
Structure of Scientific Literature）[2][3]，首次采用了同被引强度的概念来测度文献

---

① 尤金·加菲尔德：《引文索引法的理论及应用》，侯汉清等译，北京图书馆出版社，2004，第
69～79 页。
② H. G. Small, B. C. Griffith, "The Structure of Scientific Literature, I: Identifying and Graphing
Specialties", *Science Studies* 4 （1974）: 17 – 40.
③ H. G. Small, B. C. Griffith, "The Structure of Scientific Literature, II: Toward a Macro – and
Micro-structure for Science", *Science Studies* 4 （1974）: 339 – 365.

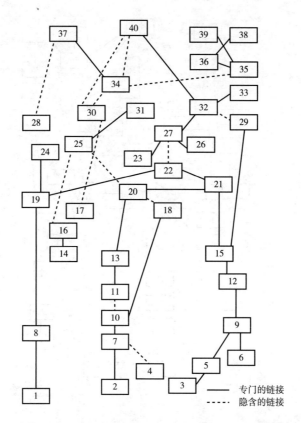

**图 7-3　由阿西莫夫博士在《遗传密码》一书中确定的
DNA 理论发展和被证实的网络图**

资料来源：尤金·加菲尔德，《引文索引法的理论及应用》，侯汉清等译，北京图书馆出版社，2004，第 71 页。

之间的关联程度。他们认为，如果两篇论文 A 和 B 同时被后来的一篇或多篇论文所引用，则认为文献 A 和 B 具有同被引关系。同被引强度越大，表明两篇文献之间的相关程度越高。斯莫尔后来又进行了一系列研究，扩展了文献同被引理论。他把某专业范围内被引频次较高的论文通过同被引分析聚类成簇，来表示科学的宏观结构，还利用等高线图描述了胶原结构领域的研究重点。斯莫尔对胶原研究的引文分析与后来对该领域研究者的调查结果一致。

斯莫尔等的研究证明了引文分析在科学结构揭示方面具有重要的作用，可视化方法则形象地展示了这种结构。

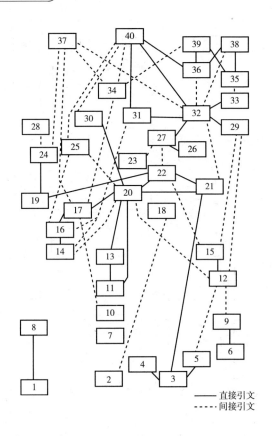

图 7-4　通过引文确定的 DNA 理论发展和验证的网络图

资料来源：尤金·加菲尔德，《引文索引法的理论及应用》，侯汉清等译，
北京图书馆出版社，2004，第 74 页。

图 7-5 显示了同被引阈值为 3 时核物理学文献簇的相互关系，并通过学科主要文献的共引关系揭示出学科发展的脉络。图中，方框表示高被引文献，方框之间的连线表示文献之间共引链的强度。高被引文献在学科发展过程中有重要的意义，它们代表了特定的发现、方法，或者是引用作者所共同认可的概念。高被引文献间的强共引链关系反映了学科发展的过程。

3. 卡隆的学科战略坐标图

1986 年，法国国家科学研究中心（Centre National de la Recherche Scientifique，CNRS）的卡隆、劳（J. Law）和里普（A. Rip）出版了《图示科

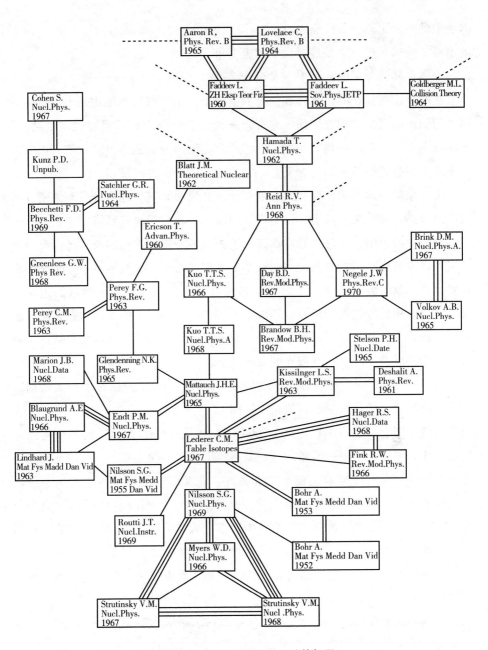

图 7 – 5 1972 年核物理文献簇框图

资料来源：Small，H. G. and Griffith，B. C. "The Structure of Scientific Literature，I：Identifying and Graphing Specialties"，*Science Studies*，Vol. 4（1974），4：17 – 40。

学技术动态》（Mapping the Dynamics of Science and Technology）一书①，该书的出版是共词分析方法发展过程中的重要里程碑。

卡隆在共词分析的基础上，又设计出战略坐标图②。

战略坐标图是在共词矩阵和聚类的基础上，用可视化的形式来表示不同类团之间的内部联系和相互作用。它可以概括地表现一个领域或亚领域的结构，该图以向心度和密度的均值为原点，将所有类团划分为四个象限，落入四个象限中的类团分别表示不同的含义：

第一象限中的类团密度和向心度都较高，说明研究主题内部联系紧密，研究趋向成熟，同时又与其余主题有广泛的联系，即处于研究网络的中心；位于第二象限中的类团，主题领域内部连接紧密，说明这些领域的研究已经形成了一定的研究规模，但是与其他类团联系不密切，在整个研究网络中处于非中心位置；第三象限的类团研究主题密度和向心度都较低，是整个领域的边缘主题，内部结构比较松散，研究尚不成熟；落在第四象限中的类团主题领域比较集中，研究人员都有兴趣，但是结构不紧密，研究尚不成熟，这个领域的主题有进一步发展的空间，具有潜在的发展趋势。

图 7-6、图 7-7 是本书作者以 1995～2004 年 LISA 数据库中相关数据为基础而绘制的文献计量学学科战略坐标图③。

从两张图上可以看出：1995～2004 年，文献计量学的学科内部结构正在发生变化，研究范围进一步拓展，研究对象出现多样化趋势，"期刊论文的引文分析"类团具有非常高的向心度和密度，在文献计量学领域中处于不可动摇的核心地位；科学计量学的研究核心从"科技生产率与科研评价"变为以"合作"为主题的"作者合作—作者生产率—大学合作"；"网络计量学"引起了足够的重视，它与文献计量学传统领域的联系很强，但是该类团的密度较低，说明内部的研究还不太成体系，该领域的主题有进一步发展的空间，具有

---

① Edited by M. Callon, J. Law, A. Rip, *Mapping the Dynamics of Science and Technology*: *Sociology of Science in the Real World* (Macmillan, 1986).

② M. Callon, J. P. Courtial, F. Laville, "Co-word Analysis as a Tool for Describing the Network of Interactions between Basic and Technological Research: The Case of Polymer Chemistry", *Scientometrics* Vol. 22, No. 1 (1991): 155 – 205.

③ 蒋颖：《1995～2004 年文献计量学研究的共词分析》，《情报学报》2006 年第 4 期。

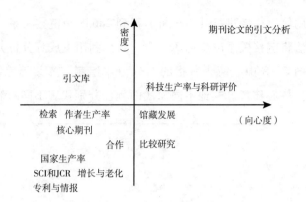

图 7-6　1995~1999 年文献计量学战略坐标图

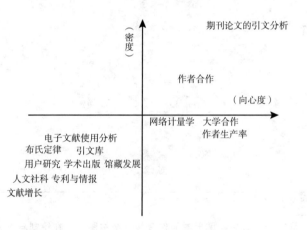

图 7-7　2000~2004 年文献计量学战略坐标图

潜在的发展趋势。1995~2004 年文献计量学战略坐标图相关内容详见本书第八章第一节。

4. 陈超美等的作者共引图及知识地图

陈超美等采用寻径网络标度的方法对作者共引图进行了多图的立体表示①。他们收集了 1982~1999 年 IEEE 出版的《计算机图形与应用》（Computer Graphics and Applications）期刊上的所有论文，通过对 353 个被引

---

① Chaomei Chen, Ray J. Paul, "Visualizing a Knowledge Domain's Intellectual Structure", *Computer* March (2001): 65-71.

次数 5 次以上的第一作者进行共引分析，得到 28638 个链接关系，通过使用寻径网络标度方法将链接关系减少为 355 个。然后利用主成分分析方法将这些作者进行分类，图 7 - 8 中心箭头所指的部分为"绘制与光线追踪"，是最核心的研究领域中的核心作者。其他不同深浅的颜色分别代表不同的领域。

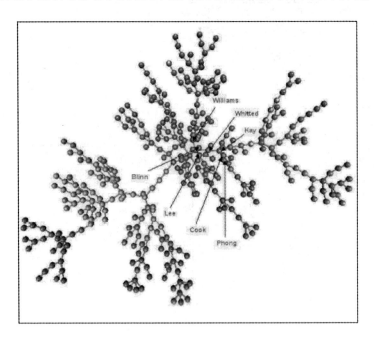

图 7 - 8　计算机图形学的作者共引结构图——在绘制与光线
追踪方面的优秀研究者

资料来源：Chaomei Chen, Ray J. Paul, "Visualizing a Knowledge Domain's Intellectual Structure", *Computer*, March (2001)：65 - 71。

除了作者共引结构图以外，陈超美等还绘制了知识地图（见图 7 - 9）。知识地图形象地揭示出某一领域都有哪些重要的研究者，他们所研究内容的关联强度，他们各自影响的大小。知识地图是三维图像，作者依然是链接的节点，但是每个节点都有一个圆柱，代表该作者在不同时期论著被引用的情况，圆柱上的颜色深浅表示不同的引用时间。

分析者还可以将多个领域的知识地图放在一起进行比较（见图 7 - 10）。

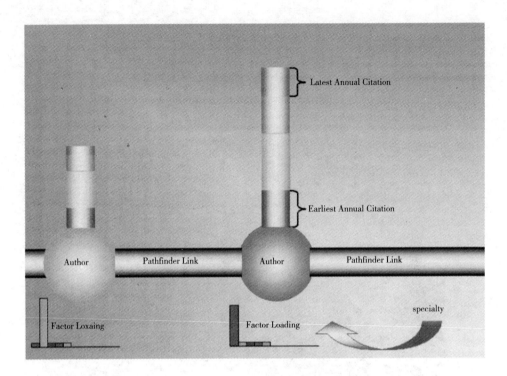

图 7 - 9　知识地图示意图

资料来源：Chaomei Chen, Ray J. Paul, "Visualizing a Knowledge Domain's Intellectual Structure", *Computer*, March（2001）：65 - 71。

5. 金碧辉等的期刊引用关系图

荷兰的雷迭斯多夫发表了系列论文，利用可视化技术揭示了期刊之间的网络关系。在他与金碧辉等人的合作研究中，用可视化技术构建了国际和中国国内的引证网络和被引网络，从中观察到中国科技期刊在国际引证网络中的"主群"现象和"孤岛"现象（见图 7 - 11、图 7 - 12）①。

从期刊的引证情况来看，由于发表在中国科技期刊上的论文引用了很多国外期刊文献，特别是引用了本领域的国际优秀期刊，融入了国际期刊的引证网络环境，由此而产生了中国期刊在国际引证网络环境中的"主群"现象。但

---

① 金碧辉等：《中国科技期刊引文网络：国际影响和国内影响分析》，《中国科技期刊研究》2005年第 2 期。

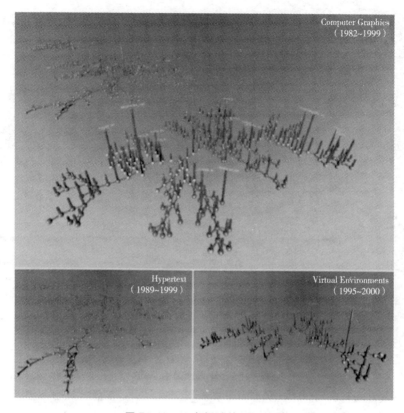

图 7 - 10　三个领域的知识地图

资料来源：Chaomei Chen, Ray J. Paul, "Visualizing a Knowledge Domain's Intellectual Structure", *Computer*, March (2001)：65 - 71。

是在国际被引网络中，大部分中国期刊由于与其他国际重要期刊的相关性较弱而成为"孤岛"。金碧辉等认为，这种现象说明中国的科技期刊从整体上来看，其学术交流的功能和影响尚局限在国内范围，在国际学术交流网络中，中国科技期刊表现为单向的信息吸收和输入，尚未形成信息输入与输出对等的国际学术信息交流格局，还未真正融入国际学术交流的大环境。

　　该文利用雷迭斯多夫教授开发的 WINNSF2 软件和 Pajek 完成可视化图的制作。WINNSF2 可以通过 SPSS 统计软件自动生成由期刊引文关系构成的矩阵表，并产生因子分析结果，同时基于引文矩阵表，用 Pajek 可视化软件将期刊群之间的引文关系直观地加以表现。

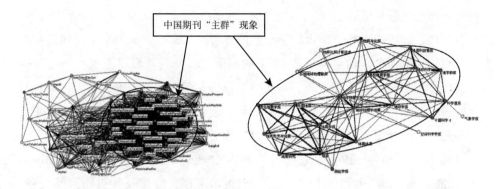

图 7 - 11 中国期刊在国内引用网络中的"主群"现象

资料来源：金碧辉、Loet Leydesdorff、孙海荣等，《中国科技期刊引文网络：国际影响和国内影响分析》，《中国科技期刊研究》2005 年第 2 期，第 141～146 页。

说明：以上两图分别为《地球物理学报》的国际和国内期刊引证网络图。

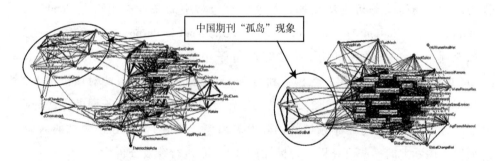

图 7 - 12 中国期刊在国际被引网络中的"孤岛"现象

资料来源：金碧辉、Loet Leydesdorff、孙海荣等，《中国科技期刊引文网络：国际影响和国内影响分析》，《中国科技期刊研究》2005 年第 2 期，第 141～146 页。

说明：两图分别为《化学学报》和《原子科学进展》（Adv. Atmos. Sci.）的国际期刊被引用网络图。圆圈中的期刊是中国期刊。

6. 里德和陈炘钧对恐怖主义研究领域的分析

里德和陈炘钧利用多种可视化方法对当代恐怖主义研究领域的状况进行了分析①。他们采用多种分析方法，如文献计量学及社会网络分析方法、内容分

---

① E. F. Reid, Hsinchun Chen, "Mapping the Contemporary Terrorism Research Domain", *International Journal of Human-Computer Studies* 65 (2007)：42 - 56.

析方法和共引分析法，分别对当代恐怖主义研究领域核心研究者的合作网络、共引网络、研究主题等方面进行了细致的分析，从多个方面揭示了当代恐怖主义研究领域的情况。结果显示了 42 个核心研究者及其所属研究机构，以及这些研究者有影响力的重要论著、与相似领域研究者之间的聚类关系。论文还发现随着对本·拉登研究的关注，研究的重点也发生了变化，最初只将恐怖主义作为小规模的冲突研究，目前则成为对世界力量的战略威胁。

该研究利用了域可视化技术，如内容地图分析、块状建模（Block-Modeling）等。图 7 - 13 和图 7 - 15 分别揭示了作者合作及共引的网络关系，图7 - 14 则显示出当代恐怖主义研究内容的分布。

7. 利用科学图谱进行评价性引文分析

可视化技术不但广泛应用于科学史、科学前沿和合作关系的研究，同时还有助于进行评价性引文分析工作。例如，1999 年，荷兰的诺扬斯等发表了题为《图示与引文分析方法在评价性文献计量学中的联合应用》（Combining Mapping and Citation Analysis for Evaluative Bibliometric Purposes）的论文，该文以比利时的一个研究机构——校际微电子中心（The Inter-university Micro-Electronics Centre，IMEC）为例，利用科学图谱和引文分析方法对该机构在微电子学领域的活动及绩效进行评价[①]。作者希望能够通过两种不同的方法分别反映并彼此验证微电子学领域的国际发展趋势，评估 IMEC 在该领域的活动，同时以国际上的一些研究机构为标杆，对 IMEC 进行绩效分析。

图 7 - 16 以共词分析图为基础，增加了词频的比例和增长趋势，以及 IMEC 的论文是否含有这些主题等方面的标识，非常直观地反映了国际同类研究机构的研究热点及变化趋势、领域之间的关系，以及 IMEC 的研究范围。其中，两个词之间的连线表明两者之间有较为密切的联系；超过 10% 的文献中都出现过的词用粗线和黑体表示；呈增长趋势的词用加号表示，数量逐渐减少的词用减号表示，IMEC 论文中未出现的词下面画了横线。

图 7 - 17 形象地揭示了 IMEC 在四个子领域中的影响力分布情况。图中的

---

① E. C. M. Noyons, H. F. Moed, M. Luwel, "Combining Mapping and Citation Analysis for Evaluative Bibliometric Purposes", *Journal of the American Society for Information Science* Vol. 50, No. 2 (1999): 115 - 131.

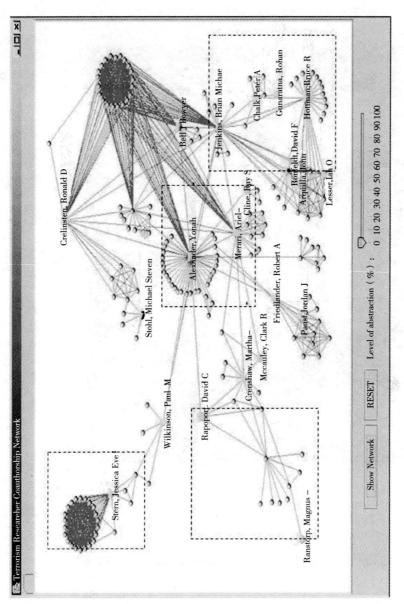

图 7 - 13 恐怖主义核心研究者合作网络

资料来源：E. F. Reid, Hsinchun Chen. "Mapping the Contemporary Terrorism Research Domain", *International Journal of Human-Computer Studies* Vol. 65 (2007)：42 - 56。

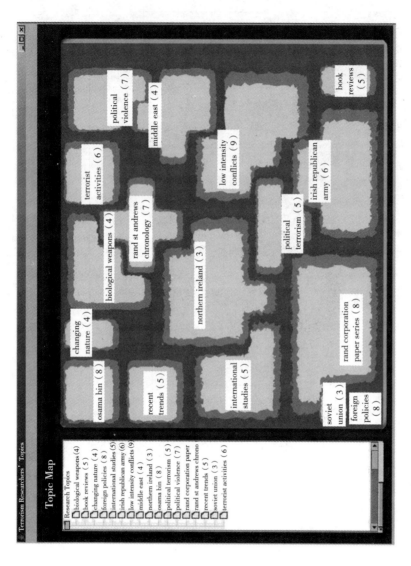

图 7 - 14 1965 ~ 2003 年当代恐怖主义内容地图

资料来源：E. F. Reid, Hsinchun Chen. "Mapping the Contemporary Terrorism Research Domain", *International Journal of Human-Computer Studies* Vol. 65（2007）：42 - 56。

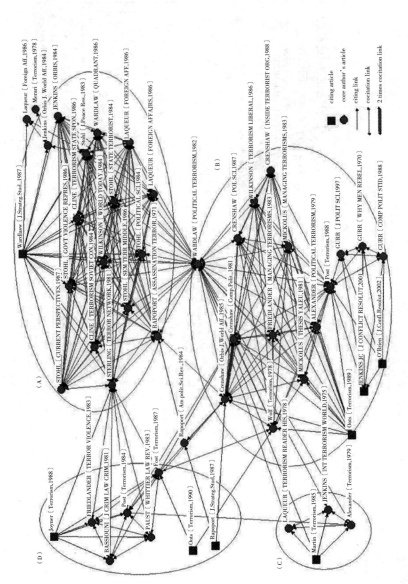

图 7 – 15 恐怖主义核心研究者共引网络

资料来源：E. F. Reid, Hsinchun Chen. "Mapping the Contemporary Terrorism Research Domain", *International Journal of Human-Computer Studies Vol.* 65（2007）：42 – 56。

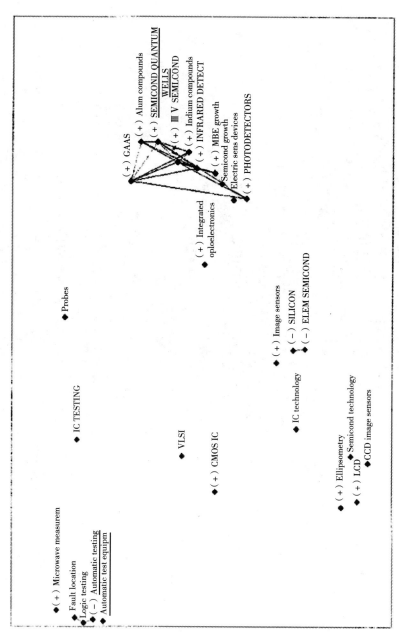

图 7-16 微电子学子领域的共词图

资料来源: Noyons, E. C. M. , H. F. Moed, M. Luwel, " Combining Mapping and Citation Analysis for Evaluative Bibliometric Purposes", *Journal of the American Society for Information Science*, Vol. 50 (1999): 115 – 131。

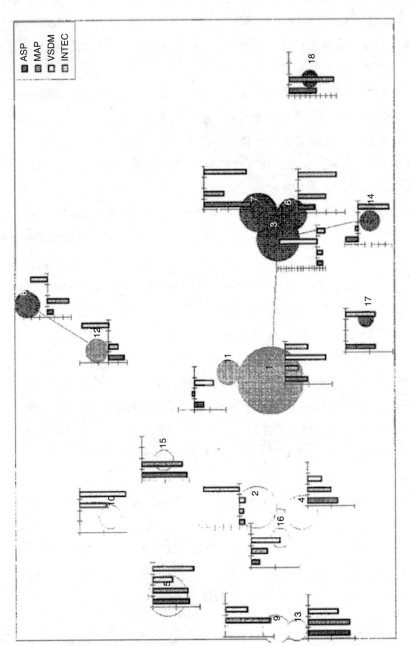

图 7 - 17 IMEC 各部门论文与子领域平均影响力的相对影响

资料来源：Noyons, E. C. M. , H. F. Moed, M. Luwel, "Combining Mapping and Citation Analysis for Evaluative Bibliometric Purposes", *Journal of the American Society for Information Science*, Vol. 50 (1999)：115 - 131。

圆圈表示微电子学的子领域，圆的大小表示该领域论文数量的多少；柱图表示 IMEC 的三个部门（ASP、MAP、VSDM）和一个对照机构 INTEC 所发表的论文在各子领域平均影响力的相对影响程度，正向柱图表示高于平均影响力，负向柱图表示低于平均影响力。

论文作者认为这种方法从国际视角为学术评价提供了细节和有益的图示，可视化与引文分析两种方法的结合使用为彼此增加了使用的价值。

后来的一些研究中也越来越多地利用可视化方法进行评价性文献计量学分析。如欧盟 2004 年发布的报告《欧洲经济学杰出机构图谱分析》中也利用了多张图表来显示各国在经济学领域的影响力（见图 7 – 18）[①]。

这张图以欧洲地图为基础，清晰地显示出哪些机构是欧洲最活跃的劳动与人口经济学研究机构。大圆圈表示发文量在 100 篇以上的机构，以伦敦经济学院、牛津大学、剑桥大学等在内的英国机构为主，此外还有荷兰的阿姆斯特丹大学以及德国的劳动市场与职业研究所（Institut fur Arbeitsmarkt und Berufsforschung，IAB），他们是欧洲最活跃的劳动与人口经济学研究机构。浅色圆点表示发文在 50 ~ 100 篇之间的机构，而大量深色小圆点则表明发文在 11 ~ 49 篇之间的机构。

图 7 – 19 以列表方式显示欧盟各国研究机构的绩效，表中每一列都表示不同的绩效指标，每一行代表一个研究机构，不同的颜色代表不同的绩效，黑色代表绩效排在所有机构的前 10%，深灰代表前 25%，浅灰代表平均水平，白色表示低于平均水平。从这张图上，可以直观地看出每个机构在不同指标上的不同表现。

8. 其他

除了以上提及的可视化方法和应用之外，还有许多利用其他可视化方法进行的研究，以不同的表现方式揭示数据的内在联系。如 1996 年，美国新奥尔良大学的地理学家斯库平（Andre Skupin）使用自组织图方法对知识域可视化以地图方式表示（图 7 – 20），还有陈炳钧及其同事们发明的 ET 图（ET – Map）（见图 7 – 21），以及利用 VxInsight 软件绘制的图（图 7 – 22）等等。

---

① European Commission, Mapping of Excellence in Economics, Luxembourg: Office for Official Publications of the European Communities, 2004.

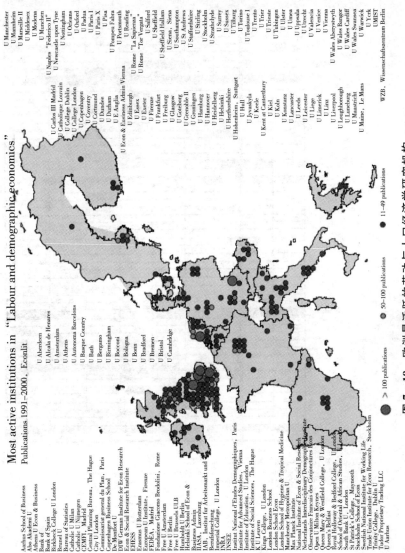

图 7 - 18　欧洲最活跃的劳动与人口经济学研究机构

资料来源：European Commission. Mapping of Excellence in Economics, Luxembourg: Office for Official Publications of the European Communities，2004。

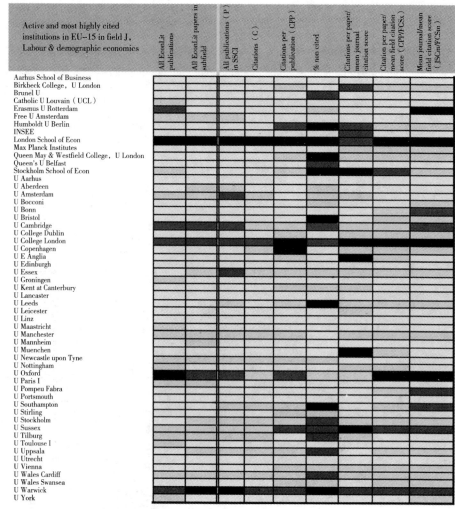

Source: DG-Research

Data: ISI, EconLit; CWTS, T. Coupé, DG-Research (treatments and calculations)

Notes: In all categories the clustering took the highest values into account, except for '% not cited' and '% of self-citations'.
The colours signify the following clusters within the group of identified institutions in the SSCI by indicator:

Top 10%

Top 25%

above average

below average

图 7 – 19   欧盟 15 国研究机构的绩效示意图

资料来源：European Commission. Mapping of Excellence in Economics, Luxembourg: Office for Official Publications of the European Communities, 2004。

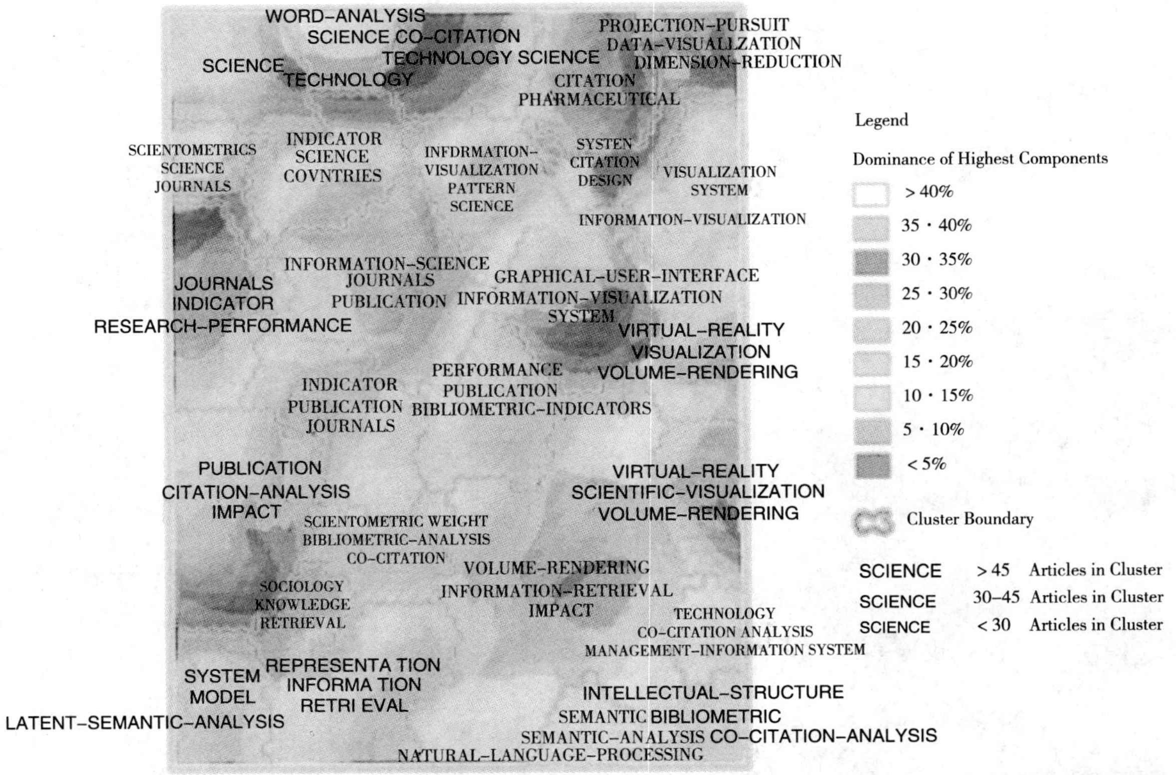

图 7－20　文献计量学及可视化领域的 SOM Map

资料来源：Katy Borner, Chaomei Chen, Kevin W. Boyack. "Visualizing Knowledge Domains", *Annual Review of Information Science & Technology*, 37 (2003): 179－255。

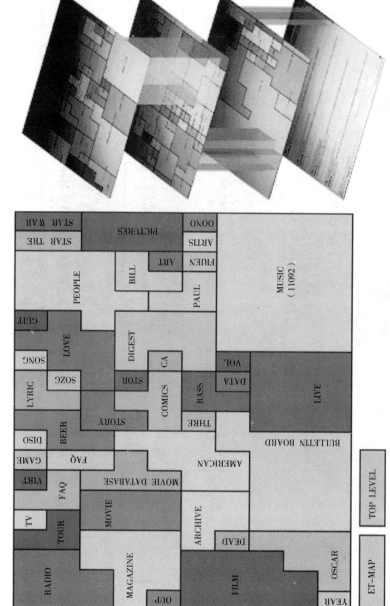

图 7 – 21　Yahoo! 网站娱乐内容的 ET – Map

注: 左图为首层的图, 显示了 Yahoo! 娱乐各部分内容的多少及相互关系, 右图通过鼠标点击可以一层层打开, 下层是对上层对应内容的进一步细化。

资料来源: Dodge M.　A Map of Yahoo!　http: //www. mundi. net/maps/maps_009/index. html#et_map2　[2009 – 05 – 21]。

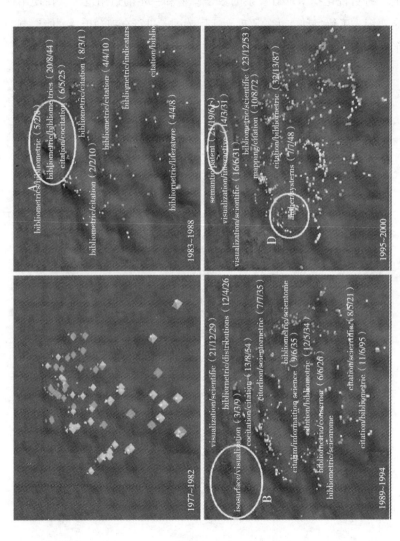

图 7-22 四个不同阶段的 **VxInsight** 引文图

资料来源：Katy Borner, Chaomei Chen, Kevin W. Boyack. "Visualizing Knowledge Domains", *Annual Review of Information Science & Technology*, (2003)：40。

可视化技术是文献计量学分析和结果表现的重要方法之一。从本章的介绍中，我们可以看出可视化技术在迅速发展，可视化图形也呈现出多样、动态、交互性等特点。随着信息技术的不断发展，其发展前景将更加广阔。

但是，每一种可视化技术都有复杂的数学模型和一定的适用范围，在使用这些技术时一定要深入了解每种方法的原理和适用范围，进行合理利用，同时深刻理解研究领域的具体情况，只有这样才能够真正发现问题，揭示科学发展的规律。

第八章
面向学科的文献计量学分析

利用文献计量学方法进行面向学科的分析，描述学科结构，探究研究前沿，一直是文献计量学研究与应用的重要方面。这些研究通常以某学科文献计量学分析、学科态势分析、国际竞争力分析或学科发展前沿等方式出现，以中外文引文数据库或其他数据来源作为数据基础，使用多种分析方法，如利用被引频次揭示热点文章，利用共引分析绘制学科发展结构图并了解学科发展的历史，利用共词分析法分析学科的热点主题和发展趋势等。还可以通过对作者共引、合作的分析了解科学合作的状况，进行"科学前沿"的研究。

面向学科的文献计量学分析可以帮助科研管理部门遴选学科发展的重点领域和优先支持领域，制定科研发展战略，进行科研管理与决策；可以通过比较国内外同领域机构的研究状况，为学科发展提供参考；还可以为学者提供本学科及相关学科的全面观察视角。

目前，这类研究在科技方面的应用比较多，已经成为科技政策制定的重要参考。例如，中国科学院国家科学图书馆的《学科领域国际发展态势分析》和《世界科学中的中国》系列报告产生了很大影响，多次得到决策部门和科学家的好评，该馆主办的《科学观察》杂志也发表了大量各学科文献计量学分析论文。

在人文社会科学领域，该方法还没有广泛应用到科研管理部门，但也有一些相关研究，如美国的陈超美与里德分别对恐怖主义研究状况进行了文献计量学分析①②，对全球恐怖主义研究的主题、机构、人员及合作情况进行了揭示。中国也有学者对环境经济学、行为经济学的学科进行了分析③④。从目前的发展趋势看，未来将会有更多重要的应用。

以下是本书作者及合作者进行的人文社会科学领域面向学科的文献计量学分析的探索。

第一节　1995～2004 年文献计量学研究的共词分析⑤

一　研究背景

文献计量学⑥是信息管理学中的一门重要的分支学科，从 20 世纪建立以来，有了很大发展，在图书馆管理、科研管理与评价、科学结构研究中发挥了重要的作用。与此同时，随着信息技术的不断发展，"文献"的概念被扩展，越来越多的电子资源和网络资源成为文献的重要组成部分，文献计量学的学科结构也随之发生了变化，出现了网络计量学等新的研究领域。

由此我们希望能够系统、全面、直观地了解这些问题：国际文献计量学领域近些年主要研究哪些问题？它的学科结构如何？网络的普及和电子资源的广泛使用给这个学科带来了什么影响？

从现有的中文文献看，部分学者利用主题分析方法对文献计量学研究历史

---

① 陈超美著《CiteSpace Ⅱ：科学文献中新趋势与新动态的识别与可视化》，陈悦等译，《情报学报》2009 年第 28 卷第 3 期。
② E. F. Reid，Hsinchun Chen，"Mapping the Contemporary Terrorism Research Domain"，*International Journal of Human-Computer Studies* 65（2007）：42 - 56.
③ 邓林、黄德生：《基于 SSCI 数据库的环境经济学学术研究趋势分析》，《安徽农业科学》2010 年第 12 期。
④ 林菡密、孙绍荣：《2001～2010 年基于 CSSCI 的行为经济学文献计量分析》，《现代情报》2011 年第 31 卷第 5 期。
⑤ 中国社会科学院图书馆的赵以安、曹晓宁、张佶烨参与了本项研究的数据搜集工作。本节内容原载于《情报学报》2006 年第 4 期，此处略有改动。
⑥ 文献计量学与科学计量学、情报计量学或信息计量学的含义既有重复也有不同，为表述方便，本节使用文献计量学一词代表包含科学计量学、情报计量学、信息计量学、网络计量学所在的研究领域。

和现状进行了研究和综述①②③。但是这些研究多数都是仅仅针对中国文献计量学的发展情况，而且多集中于对主题的统计描述。在国外，库蒂亚尔（J. P. Courtial）曾经进行过 1988～1993 年科学计量学的共词分析研究，并得到一些有益的结论④。但是由于该研究的数据量不足 600 条，数据规模较小，因此聚类结果也较为简单，加之时间太早，无法反映文献计量学的新变化。

为此，本节利用 LISA 数据库和共词分析方法，对 1995～2004 年全球文献计量学研究的内容进行分析，以了解这期间文献计量学研究的主要内容及变化情况，回答上述问题。

共词分析方法属于内容分析方法的一种，由法国文献计量学家最早提出。它通过对一组词两两分组，统计这些词对在同一篇文献中出现的次数，并以此为基础对这些词进行聚类分析，从而反映出词语之间的亲疏关系，进而分析这些词所代表的学科和主题的结构变化。

除科学计量学以外，学者们利用共词分析方法做过很多领域的分析研究，如人工智能、聚合体化学、酸性作用、信息检索等⑤⑥⑦⑧。

二　数据与方法

1. 数据来源

我们利用图书馆学情报学文摘数据库（Library and Information Science

---

① 屈宝强、王建芳、齐向华：《近十年我国文献计量学研究述评》，《情报理论与实践》2003 年第 5 期。
② 熊滨：《我国文献计量学论文的主题分布研究》，《江西图书馆学刊》2003 年第 4 期。
③ 曹学艳、胡文静：《我国文献计量学进展研究》，《情报杂志》2004 年第 2 期。
④ J. P. Courtial, "A Coword Analysis of Scientometrics", Scientometrics Vol. 31, No. 3 (1994): 251 – 60.
⑤ J. Law etc., "Policy and the Mapping of Scientific Change: A Co-word Analysis of Research into Environmental Acidification", Scientometrics Vol. 14, No. 3 – 4 (1988): 251 – 264.
⑥ S. Bauin etc., "Using Bibliometrics in Strategic Analysis: 'Understanding Chemical Reactions' at the CNRS", Scientometrics Vol. 22, No. 1 (1991): 113 – 137.
⑦ M. Callon, J. P. Courtial, F. Laville, "Co-word Analysis as a Tool for Describing the Network of Interactions between Basic and Technological Research: The Case of Polymer Chemistry", Scientometrics Vol. 22, No. 1 (1991): 155 – 205.
⑧ Y. Ding, G. C. Chowdhury, S. Foo, "Bibliography of Information Retrieval Research by Using Co-word Analysis", Information Processing and Management Vol. 37, No. 6 (2000): 817 – 842.

Abstracts，LISA）的相关数据进行分析。LISA 是全世界图书馆学情报学方面最权威的文摘数据库，它收录了全球近 70 个国家的 440 种期刊、20 多种不同语言的图书馆学情报学研究论文。选择该库一方面是因为它收录文献的权威性和广泛性，更重要的是它利用 LISA 叙词表进行标引，给出的叙词比 SSCI 的关键词更加规范。

我们利用以下检索式提取与文献计量学相关的文献：

bibliometric* or scientometric* or informetric* or cybermetric* or webometric* or citation*

本书作者在对检索结果进行数据整理时发现，"citation" 一词虽然在文献计量学中是一个重要词汇，但是它同时在法律、数据库检索等方面也较为常用，因此对检索结果进行进一步限定，挑出了 "citation analysis"、"citation index" 等词的记录，将剩余的只包含 "citation" 的内容删除。最后共得到 1995～2004 年的相关数据 2387 条。

2. 数据处理

如前所述，LISA 已经使用了叙词表进行规范。但是在数据处理过程中，本书作者发现还是有个别不规范的词汇，如在统计出的叙词中，同时出现了 "bibliographies" 和 "bibliography"，"China" 的相关词有 "China"、"Chinese People's Republic"，此外 "Chinese Social Science Citation Index" 和 "Chinese Social Sciences Citation Index" 也同时存在。为此，我们将类似表达同样内容的词汇进行了简单规范。

最后得到 11560 个叙词，平均每篇论文有 4.8 个词。

为了比较十年内的学科变化情况，本书作者将全部数据分成 1995～1999 年、2000～2004 年两个阶段分别进行分析。为保证共词分析的效果，取每个阶段词频量大于 10 的叙词进行整理，统计出每个叙词与其他叙词在文章中共同出现的次数，进而形成共词矩阵。这样，就得到了 1995～1999 年 86 个叙词的共词矩阵和 2000～2004 年 113 个叙词的共词矩阵。

3. 聚类方法

聚类分析是通过一定的方法将没有分类信息的资料按相似程度归类的过程，它是知识发现和数据挖掘中的一个重要工具。进行聚类分析时，为了消除原始共词矩阵绝对值差异对结果带来的偏差，需要对矩阵进行标准化处理，一般可采用相关系数。为了更好地反映叙词之间的关系，本章采用等值系数作为标准化后的矩阵值：

$$E_{ij} = \frac{C_{ij}}{C_i} \times \frac{C_{ij}}{C_j} = \frac{(C_{ij})^2}{C_i \times C_j} \tag{8.1}$$

其中，等值系数 E_{ij} 的值在 0～1 之间，它代表叙词对 M_i 和 M_j 共同出现的概率；C_{ij} 代表叙词对 M_i 和 M_j 在文献集合中的数量；C_i 代表叙词 M_i 在文献集合中的出现频次；C_j 代表叙词 M_j 在文献集合中的出现频次。

在聚类方法上，采用聚类分析中应用最为广泛的系统聚类法。该方法的原理是先将所有 n 个变量看成不同的 n 类，然后将性质最接近的两类合并为一类；再从 $n-1$ 类中找到最接近的两类加以合并，依此类推，直到所有的变量被合并为一个大类[①]。本节选择欧氏距离作为变量距离的测度方法，类间距离的计算方法采用类平均法。

我们利用 SPSS 11.0 软件完成聚类过程。

4. 类团关系图

聚类结束，形成类团（也称为簇），通过计算各类团之间的外部链接可以得到类团之间联系的强度。所谓外部链接，指某类团所包含的叙词与其他类团包含的叙词共同出现在同一篇论文中，对于这两个类目而言，这两个叙词之间的关联是"外部链接"。通过计算每个类团的所有外部链接，并按照类团之间的外部链接强度绘制成类团关系图，可以反映各类团之间的关系[②]。为了清晰地表示类团之间链接的强度，本节用粗线表示类团之间有 100 次以上的链接，细线表示 50 次以上、100 次及以下的链接，虚线表示 20 次以上、50 次及以下的链接，低于 20 次的忽略不计。

5. 战略坐标图

战略坐标图是在共词矩阵和聚类的基础上，用可视化形式来表示不同类团

---

① 张文彤主编《Spss 11 统计分析教程》，北京希望电子出版社，2002，第 171 页。

② S. Bauin etc., "Using Bibliometrics in Strategic Analysis：'Understanding Chemical Reactions' at the CNRS", *Scientometrics* Vol. 22, No. 1 (1991)：113–137.

之间的内部联系和相互作用。它是以向心度和密度为参数绘制成的二维坐标系，其中，X 轴为向心度（Centrality），Y 轴为密度（Density）。

向心度用来测量一个类团和其他类团相互联系的程度。一个类团与其他类团链接的强度越大，它在整个学科中就越趋于中心地位。向心度可以通过对该类团的所有叙词与其他类团的叙词之间外部链接的强度加以计算。本章采取每个类团与其他类团的链接的和作为该类团的向心度。密度用来测量类团内部词语之间的关联强度。密度的计算可以有多种方式，本章采取首先计算本类团中每一对叙词在同一篇文献中同时出现的次数，即内部链接数，取这些内部链接数的平均值作为这个类团的密度。

战略坐标图可以概括地表现一个领域或亚领域的结构，它以向心度和密度的均值为原点，将所有类团划分为四个象限①（见图 8-1），落入四个象限中的类团分别表示不同的含义②：

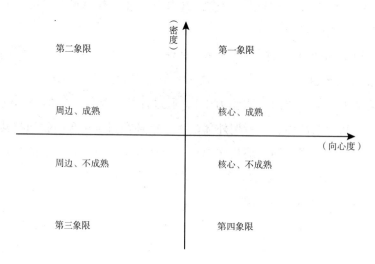

图 8-1　战略坐标图

---

① 为了符合数学中象限划分的习惯，我们按逆时针方向划分四个象限，与卡隆论文中的略有不同，但不影响对结果的分析。

② M. Callon, J. P. Courtial, F. Laville, "Co-word Analysis as a Tool for Describing the Network of Interactions between Basic and Technological Research: The Case of Polymer Chemistry", *Scientometrics* Vol. 22, No. 1 (1991): 155-205.

第一象限中的类团密度和向心度都较高，密度高说明研究主题内部联系紧密，研究趋向成熟，向心度高说明这个研究热点与其余各热点有广泛的联系，这就意味着该象限中的类团处于研究网络的中心；位于第二象限中的类团，主题领域内部链接紧密，说明这些领域的研究已经形成了一定的研究规模，有很多外围的社会组织加入到这个研究中，但是与其他类团联系不密切，在整个研究网络中处于边缘位置；第三象限的类团研究主题密度和向心度都较低，是整个领域的边缘主题，内部结构比较松散，研究不够成熟，落在第四象限中的类团主题领域比较集中，研究人员都有兴趣，但是结构不紧密，研究不够成熟，也就是说，第四象限的主题有进一步发展的空间，具有潜在的发展趋势。

本节研究针对共词聚类后生成的类团，分别计算各类团的向心度和密度，然后绘制整个领域的战略坐标图。

三　文献计量学领域的共词分析

1. 总体描述

1995～1999 年共有 1135 篇论文，年均 227 篇，平均每篇论文的叙词数为 4.4 个。这一阶段共出现 10 次以上的高频词 86 个，其中，"文献计量学"、"科学计量学"、"引文分析"、"期刊"、"研究"、"科学"、"论文"、"评价"等词语出现 100 次以上，说明以期刊论文的引文分析为基础的科学研究评价是这一阶段的热点问题。

通过对 86 个高频词共词矩阵的聚类，在分类阀值为 1.99 的水平上得到 16 个类团。有 1 个叙词未聚入任何类目，还有 4 个叙词聚成了两个小类团，这些类团由于叙词量太少而被忽略掉。最后，进行分析的 13 个类团共包含 81 个叙词。

2000～2004 年共有 1252 篇论文，年均 250 篇，平均每篇论文的叙词数为 5.2 个，无论是论文数还是篇均叙词数都较上一阶段有所增长。这一阶段共出现 10 次以上的高频词 114 个，与前一阶段相比，"引文分析"以 387 次居于首位，"文献计量学"、"期刊"、"论文"、"科学计量学"、"研究"、"科学技术"、"科学"是出现 100 次以上的最高频词，"评价"出现 70 次，比上阶段有所减少。

第二阶段的聚类结果显得非常分散，在分类阀值为 2.0 的水平上得到 14 个有一定规模的类团。此外，有 15 个叙词未聚入任何类目，还有 40 个叙词聚成了 20 个由 2 个词组成的类团，也被忽略掉。进行分析的 14 个类团共包含 59 个叙词。

在聚类过程中发现，文献计量学领域内部各主题之间联系较为松散，需要在较高阈值水平上才能聚集成类，尤其在第二阶段，但即便这样，仍然有一少半的内容不能聚集到一定规模的类目中。

为了了解该领域的主要内容，清晰地反映各类目之间的关系，揭示各类团发展的状况，本书作者分别列出了每阶段的聚类结果，绘制了类团关系图、战略坐标图进行对比研究。

2. 研究主题及其变化

两个阶段的聚类结果见表 8-1。

表 8-1 文献计量学领域的主要研究内容

类团 \ 叙词	1995~1999 年	2000~2004 年
期刊论文的引文分析	影响因子、引文分析、科学、期刊、论文、文献计量学、图书情报期刊	期刊、论文、引文分析、文献计量学、作者、影响因子
引文库	ISI、Web of Science、联机数据库、万维网、引文索引	ISI、Web of Science、联机数据库、SCI、书目数据库、引文索引
馆藏发展	医学图书馆、日本、大学图书馆、馆藏发展、学位论文、图书馆资源、使用、电子媒体、医学	使用、图书馆资源、馆藏发展、大学图书馆、图书馆、美国
作者生产率	作者生产率、洛特卡定律、科学家、信息计量学、频次分布、国际会议	作者生产率、科学家、科技、印度
专利与情报	专利、情报工作、情报交流、科学发展动态、学术出版物	专利、生物技术、情报交流、公司
增长与老化	生物技术、跨学科问题、模型、文献增长、老化	文献增长、数学模型、模型
科技生产率与科研评价	大学、生产率、系、性能测度、研究、科学计量学、R&D、评价、欧盟框架、科技、欧洲	
检索	检索、联机信息检索、因特网、数据库	
SCI 和 JCR	SCI、JCR、采购、化学	
国家合作	美国、俄罗斯、出版、合作作者、合作、历史、中国	
国家生产率	墨西哥、西班牙、研究者、国家生产率	

续表

类 叙 词 团	1995~1999 年	2000~2004 年
比较研究	作者、排名、社会科学、图书馆学情报学、比较、尼日利亚、英国、调查、出版物输出	
核心期刊	农业、物理、巴西、印度、核心期刊	
网络计量学		万维网站点、链接、万维网、因特网、网络计量学
电子文献使用分析		电子期刊、电子媒体、文献传递、使用统计
用户研究		信息搜寻行为、用户、学生、读者调查
大学合作		大学、产业、研究、合作
作者合作		科学计量学、科学、作者合作
布拉德福定律		频次分布、布拉德福定律、排名
学术出版		学术出版物、电子出版、医学、出版、研究者、出版物输出
人文社会科学		社会科学、人文、覆盖面

从聚类结果中可以看出，第一阶段文献计量学领域研究的主要内容有 13 个类团，可以根据学科的研究范畴总结为以下六个方面：

（1）期刊论文的引文分析：期刊论文的引文分析是文献计量学领域的主要研究方法和工具，很多研究都是基于这种方法。

（2）科学计量学：包括"作者生产率"、"专利与情报"、"科技生产率与科研评价"、"国家合作"、"国家生产率"、"比较研究"等几个类团都属于科学计量学的范畴。可以看出，科学计量学研究的内容主要是作者和国家两个层面的科技生产率和科研评价问题。

（3）馆藏发展：对图书馆的文献进行统计和分析是文献计量学的基础应用之一，因此文献计量学工具对开展图书馆馆藏建设和优化工作具有重要意义。随着电子资源的引进，开始逐步进行对电子媒体的使用分析。

（4）引文库：包括"引文库"、"检索"、"SCI 和 JCR"三个类团。引文分析是文献计量学的主要方法，因此引文数据库的建设也成为文献计量学学科的基础工作。从聚类结果中可以看出，目前的引文库建设已经完全基于互联网，而 ISI 的网络版数据库 SCI 成为进行文献计量学研究的主要工具。JCR 也是 ISI 的重要产品之一，目前已被广泛应用。此外，检索功能也是引文库的重要功能之一。

（5）增长与老化：对文献增长与老化的研究是文献计量学的传统内容，在这一阶段这个主题仍然受到重视。

（6）核心期刊：确定各国家、各学科的核心期刊是文献计量学的一项重要工作，无论对期刊评价还是对馆藏建设都有着重要意义。

同 1995～1999 年相比，2000～2004 年文献计量学领域发生了一些明显的变化。除了内容更加分散，有相当多的叙词没有聚集成团以外，这一阶段有些类团依然保留下来，部分类团发生了分解，同时出现了一批新的类团。

这一阶段的主题可以根据学科的研究范畴总结为以下几个方面：

"期刊论文的引文分析"、"科学计量学相关类团"、"引文库"、"馆藏发展"等几个主题依旧存在。除此之外，"网络计量学"、"电子文献使用分析"、"学术出版"、"用户分析"、"人文社会科学"是新出现的主题范畴。

"期刊论文的引文分析"比较稳定，变化不大。变化较明显的是科学计量学相关类团，原来的"作者生产率"、"专利与情报"还依然保留，但"科技生产率与科研评价"、"国家合作"、"国家生产率"、"比较研究"等类团被"大学合作"、"作者合作"所取代。

值得关注的是第二阶段中出现的与网络和电子文献相关的一些新的类团。在这一阶段，网络计量学得到了迅速发展。网络计量学类团中，虽然以"网络计量学"（Webometrics）标注的叙词还不是很多（14 次），但是"万维网"（World Wide Web）、"网站"（Web sites）、"链接"（Links）、"因特网"（Internet）却分别出现在 87、52、45 和 39 篇论文中，分别列在全部叙词的第 10、18、21 和 29 位。随着电子文献的大量使用，"电子文献使用分析"从"馆藏发展"中独立出来，成为一个新的核心类团。与此相对应，包括"电子出版"等叙词在内的"学术出版"类团是新崛起的内容，利用引文分析方法对用户信息搜寻行为进行研究也逐渐成为研究热点。

"人文"（Humanities）与"社会科学"（Social Sciences）两个词的出现频次有所上升，但幅度不大，第一阶段"人文"低于 10 次而没有进入聚类，"社会科学"聚入"比较研究"类团中，第二阶段"人文"参加聚类，与"社会科学"及"覆盖面"（Coverage）一起聚成一个人文社会科学类团。

传统的文献基本规律研究依然稳定存在，如洛特卡定律、布拉德福定律，以及文献的增长和老化规律等，两个阶段都有一些论文在讨论这些内容，数量不多但很稳定。

3. 类团关系分析

确定了类团后，我们还希望了解哪些类团与其他类团联系密切，属于核心类团，哪些相对独立，是边缘类团，以及它们彼此联系的强度。为此，本书作者根据各类团之间的外部链接数量，绘制了两个阶段的类团关系图（见图 8 - 2、图 8 - 3）。

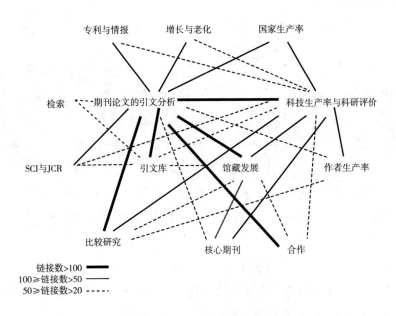

图 8 - 2　1995 ~ 1999 年类团关系图

从图 8 - 2 中可以看出，在第一阶段，"期刊论文的引文分析"和"科技生产率与科研评价"两个大类团是整个领域的研究核心。前者是该领域的主

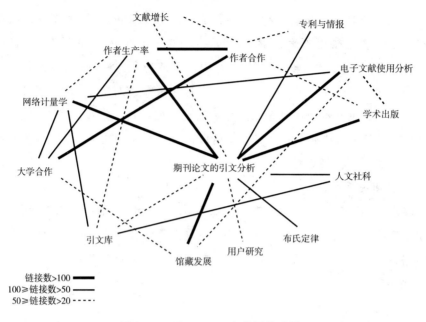

文献增长
专利与情报
作者生产率
作者合作
电子文献使用分析
网络计量学
学术出版
大学合作
期刊论文的引文分析
人文社科
引文库
布氏定律
馆藏发展
用户研究

链接数>100
100≥链接数>50
50≥链接数>20

图 8－3　2000～2004 年类团关系图

要研究方法，后者是科学计量学的研究重点，它们几乎与所有的类团都有着或强或弱的联系。"馆藏发展"、"引文库"、"作者生产率"、"比较研究"、"合作"、"核心期刊"、"SCI 与 JCR"等是次核心类团。

到第二阶段，情况发生了变化，"科技生产率与科研评价"这个核心不复存在，只有"期刊论文的引文分析"一个大的核心，与多数类团保持很强的联系。与此同时，"网络计量学"、"作者合作"、"作者生产率"、"大学合作"、"引文库"、"电子文献使用分析"、"馆藏发展"等类团与其他类团联系也较多，属于次核心类团。

科学计量学的核心"科技生产率与科研评价"消失后，"作者生产率"、"大学合作"、"作者合作"三个类团彼此之间联系密切，形成了一个稳定的三角形，这也是科学计量学在这一阶段的主要研究框架。

新兴的"网络计量学"与"期刊论文的引文分析"关系密切，说明网络计量学中使用的方法与传统文献计量学还是有很多相似之处，此外，该类团还与"电子文献使用分析"、"引文库"、"大学合作"都有较强的关联。

"电子文献使用分析"也与"期刊论文的引文分析"关系密切，同时，它还与"网络计量学"、"馆藏发展"和"学术出版"有关。

"人文社会科学"类团主要与"引文库"和"期刊论文的引文分析"两个类团有关。说明人文社会科学领域的文献计量学研究范围相对较窄，主要集中在探讨引文库对人文社会科学领域文献的覆盖面和进行尝试性的引文分析等方面。

从两阶段中新类团的增加、类团关系的变化以及第二阶段的聚类效果没有前一阶段好这些特征来看，可以认为文献计量学这个学科正在经历着从稳定到不稳定的过程，也就是说，正在发生结构性变化。总体结构从"期刊论文的引文分析"、"科技生产率和科研评价"两个核心变为一个"期刊论文的引文分析"核心，新兴的"网络计量学"、"电子文献使用分析"成为第二阶段的次核心。科学计量学的核心主题"科技生产率和科研评价"消失后，"作者生产率"、"大学合作"、"作者合作"三个类团形成一个稳定的、联系密切的三角形。这个变化从侧面说明了科研评价主题出现弱化趋势。

4. 类团的战略位置分析

在分析了文献计量学领域的主要研究主题及主题之间的关系后，我们希望进一步了解各主题类团的战略地位，并预测未来的发展趋势。为此，本节绘制了两个阶段的战略坐标图（见图 8 - 4、图 8 - 5）。

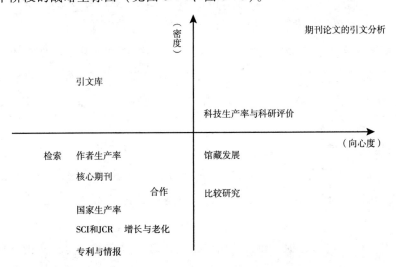

图 8 - 4 1995~1999 年战略坐标图

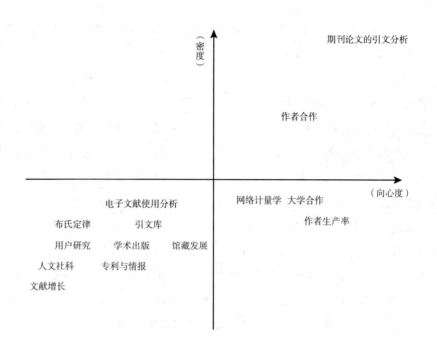

图 8 – 5　2000～2004 年战略坐标图

1995～1999 年，第一象限包括"期刊论文的引文分析"、"科技生产率与科研评价"两个类团，"引文库"位于第二象限，"馆藏发展"和"比较研究"位于第四象限，其他类团位于第三象限。

"期刊论文的引文分析"类团的密度和向心度都远远高于其他类团，也就是说，该类团内部研究主题联系紧密，研究方向成熟稳定，外部与其余类团有广泛的联系，属于文献计量学的核心主题。前面的类团关系分析证实了最后一点。

"科技生产率与科研评价"是科学计量学中的重要内容，它具有较高的向心度，与很多类团有着较强的关联，是研究人员关注的话题，密度虽比"期刊论文的引文分析"和"引文库"低，但是比其他类团高，内部结构比较成熟。

"引文库"属于数据库建设的内容，其内部链接密切，同时又相对独立于文献计量学的其他领域，因此这一阶段它位于第二象限。"馆藏发展"和"比较研究"刚刚进入第四象限，他们在这一阶段与其他类目联系比较多，但是内部链接松散，属于较受重视、但研究还不成体系的类团。除此之外的其他类团都位于第三象限，这些类团的密度和向心度都较低，内部结构比较松散。

在第二阶段，总体分布格局与第一阶段相似，但是有些类团的位置发生了变化。

"期刊论文的引文分析"的向心度和密度都进一步增加，说明该主题的内部联系进一步加强，同时在文献计量学领域中处于不可动摇的核心地位。

"作者合作"类团取代了第一阶段的"科技生产率与科研评价"类团，位于第一象限，成为科学计量学中的热点问题。

第一阶段的"合作"到第二阶段分解为"作者合作"和"大学合作"，从第三象限分别发展到第一象限和第四象限，说明合作问题在这一阶段受到高度重视，并进行了较多研究。"作者生产率"也从第三象限转移到第四象限。前面提到"作者合作–作者生产率–大学合作"这个稳定的"三角形"是这一阶段科学计量学的主要研究框架，可以看出，它们在类团内部结构和外部联系方面都得到了长足的发展。

"网络计量学"类团位于第四象限，这个新兴的领域与文献计量学传统领域的联系很强，但是内部的研究还不太成体系，该领域的主题有进一步发展的空间，具有潜在的发展趋势。

类团发展的一般趋势是从左下角向右、上移动，但这一阶段的两个异常变化是"馆藏发展"和"引文库"两个类团分别从第四象限和第二象限退回到第三象限。本书作者分析这是由于"电子媒体"一词从"馆藏发展"中独立出去，与其他词共同组成了"电子文献使用分析"类团，导致"馆藏发展"的内容减少；而"网络计量学"的出现对"引文库"类目内部的叙词构成也有一定影响，"万维网"一词是从后者转入前者。由此看来，两个类团内容的分化应当是它们战略位置变化的主要原因。

总之，通过战略坐标图可以看出："期刊论文的引文分析"在文献计量学领域中处于不可动摇的核心地位；科学计量学的研究核心从"科技生产率与科研评价"变为以"合作"为主题的"作者合作–作者生产率–大学合作"；"网络计量学"引起了足够的重视，它与文献计量学传统领域的联系很强，但是内部的研究还不太成体系，该领域的主题有进一步发展的空间，具有潜在的发展趋势。

四　结论

本节利用共词分析技术，对 1995～2004 年全球文献计量学领域的主题内容进行了分析。从分析结果看，文献计量学领域在 1995～2004 年这十年间有以下特点：

1. 学科内部结构正在发生变化

从两阶段中新类团的增加、类团关系的变化以及第二阶段的聚类效果没有前一阶段好这些特征来看，可以认为文献计量学这个学科正在经历着从稳定到不稳定的过程，也就是说正在发生结构性变化。文献计量学领域的总体结构从"期刊论文的引文分析"、"科技生产率和科研评价"两个核心变为一个"期刊论文的引文分析"核心；而新兴的"网络计量学"、"电子文献使用分析"成为第二阶段的次核心；科学计量学在第二阶段明显进行分化，由单一核心——"科技生产率与科研评价"变为"作者生产率"、"大学合作"、"作者合作"三角形研究框架。这个变化从侧面说明了科研评价主题出现弱化趋势。

2. 研究范围进一步拓展

近五年来，文献计量学研究的主要范畴除了原来已有的"期刊论文的引文分析"、"引文库"、"馆藏发展"、"增长与老化"等内容以及属于科学计量学范畴的"国家生产率"、"作者生产率"、"合作研究"、"比较研究"等内容，又新增了"网络计量学"、"电子文献使用分析"、"学术出版"、"用户分析"、"人文社会科学"等主题范畴。

3. 研究对象出现多样化趋势

除对传统的纸本期刊进行分析以外，对网络空间中的文献定量研究工作逐步展开。

4. 战略分析和预测

从战略坐标图的分析中可以看出："期刊论文的引文分析"在文献计量学领域中处于不可动摇的核心地位；科学计量学的研究核心从"科技生产率与科研评价"变为以"合作"为主题的"作者合作－作者生产率－大学合作"；

"网络计量学"引起了足够的重视,它与文献计量学传统领域的联系很强,但是内部的研究还不太成体系,该领域的主题有进一步发展的空间,具有潜在的发展趋势。

第二节　中国经济转型与发展的国际研究[①]

一　研究背景

30 多年以前,世界看到的中国是一个以计划经济为特征、经济发展相对滞后的农业大国。这一特性决定了此后几十年中国经济改革的双重转轨特性:经济发展转型和经济体制转型。

在 30 年的时间里,中国经济发展转型和经济体制转型的成就已为世界所公认。在经济发展方面,中国保持了平均 9% 的经济增长速度,逐渐从一个落后的、人均收入远远低于 800 美元的低收入国家转型成为人均收入超过 3000 美元的中等收入国家;在体制转型方面,中国从一个社会主义计划经济国家逐渐转型成为一个国有、集体、民营、外资等多种所有制并存的混合经济,市场调节的范围和作用都取代了传统的经济计划而成为经济发展的主导力量。随着中国经济的发展,中国经济问题的全球关注度与日俱增,在文献计量学领域,这表现为国际期刊发表的关于中国经济问题研究的论文呈显著的上升趋势。

图 8 - 6、图 8 - 7 的数据均来自 EconLit 数据库,反映了 1969 ~ 2005 年中国经济问题国际研究文献的数量分布及占该数据库全部论文百分比的分布情况。从文献绝对数量的增长可以看出,国际研究文献从初期的每年几篇逐步增长到 20 ~ 30 篇,直至 2000 年以来的年发文量 500 篇以上。考虑到 EconLit 收录期刊的种类和论文数量也在增长,所以使用中国经济研究论文占同期 EconLit 全部收录文献的比例来进行进一步考察(图 8 - 7),发现中国经济问题国际研究文献在数据库中的百分比也呈明显上升趋势。

---

① 本节的合作者为中国社会科学院经济研究所魏众研究员。原文发表在《经济学动态》2008 年第 8 期,本书中略有改动。

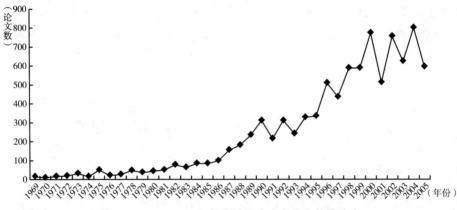

图 8 – 6　1969～2005 年中国经济研究论文数量分布

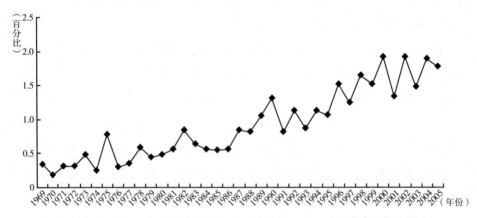

图 8 – 7　1969～2005 年中国经济研究论文占 EconLit 论文总数百分比分布

　　国际研究一方面为我们国内的相关研究提供了借鉴，令中国的研究者能够从中学习他们的研究思路、方法和研究规范；另一方面，也有助于我们更好地理解中国经济发展的进程。为此，本节利用 EconLit 数据库的数据和共词分析方法，对 1969～2005 年中国经济问题研究的内容进行分析，以了解这 37 年间世界对于中国经济研究的主要内容及变化情况。

二　数据与方法

1. 数据来源及处理说明

本研究所利用的数据来自于 EconLit 数据库，该数据库由美国经济学会

（AEA）制作，收录期刊论文、图书及图书章节、工作论文、学位论文等类型的文献，其中含经济学期刊 700 余种。选择该库的原因有两个，一方面是因为它收录文献的权威性和广泛性，另一方面则是因为它利用叙词表进行标引，所使用的词汇相对规范，较适合本研究所使用的方法。

我们于 2006 年 6 月在 EconLit 数据库的地理叙词（Geographic Descriptor）字段输入"China"进行检索，得到 1969～2005 年数据 9279 条，去除叙词缺失的 16 条，共计 9263 条有效数据。经统计，9263 条数据中共包括 43920 个叙词，平均每篇论文有 4.7 个词。

为了比较 37 年间中国经济研究主题的变化情况，我们将全部数据分成五个阶段。此后，通过数据统计得到五个阶段降序排列的叙词词频分布表。为保证共词分析的效果，取各阶段高频词进行整理，统计出每个叙词与其他叙词在文章中共同出现的次数，进而形成共词矩阵。最后得到五个共词矩阵。

2. 分析方法

为了更加深入地分析多年来国际经济学界对于中国经济研究的主要内容及变化情况，本节使用了共词分析方法，用等值系数作为标准化后的矩阵值进行聚类。聚类方法采用系统聚类法，选择欧氏距离作为变量距离的测度方法，类间距离的计算方法采用类平均法。对共词聚类后生成的类团，分别计算各类团的向心度和密度，然后以战略坐标图的形式展示并作为分析的依据。

三　共词分析结果

1. 研究阶段划分和总体状况描述

为了更好地分析 37 年间的变化情况，我们按照中国经济发展的进程将文献按照发表时间划分为五个阶段，考虑到论文发表周期的影响，阶段的划分较经济发展实际阶段的划分晚一年左右。五个阶段划分如下：

第一阶段：1969～1978 年，EconLit 数据库收录数据始于 1969 年，这也是本研究从 1969 年开始的原因。这一阶段，中国经济的突出特点是传统计划经济体制，经济发展程度较为滞后，产业结构以农业为主。

第二阶段：1979～1985 年，在这一阶段，中国经济领域的主要事件包括：农村联产承包责任制的实行，城镇国有企业经营自主权的扩大，以及沿海四个经济特区的建立。

第三阶段：1986～1993年，经济体制改革延伸到多个方面，开放的范围从四个特区逐步扩大到沿海的一些主要城市。

第四阶段：1994～2001年，对外开放力度加大，开放也逐渐成为这一时期经济发展的主要动力，社会主义市场经济理论被提出。

第五阶段：2002～2005年，成功加入世贸组织，开放力度进一步加大。

表8-2是各阶段有关中国经济问题的文献及叙词的数量分布情况。

表8-2　各阶段有关中国经济问题文献及叙词数量分布

阶　　段	论文总数	年均论文篇数	占当期国际论文比例(%)	出现叙词次数	叙词数量	篇均叙词数
一	244	24.4	0.40	427	95	1.8
二	433	61.9	0.57	802	135	1.9
三	1747	218.4	0.94	7150	482	4.1
四	4066	508.3	1.44	20852	526	5.1
五	2773	693.3	1.76	13054	425	4.7

从表中可以看出，各阶段中国经济问题国际论文的年均论文篇数增长迅速，即便考虑到EconLit数据库收录期刊的不断增加，其在国际论文中所占的比例也从0.40%上升到1.76%。另外，篇均叙词数也呈增长趋势，唯一的不同在于第四阶段增长迅速，而第五阶段有所下降。我们认为这可能与最后一阶段EconLit新旧叙词表的转换有关。

为了使几个阶段的数据具有可比性，除了第一、二阶段词汇总量太少，分别取12和20个高频词以外，我们将后三个阶段的高频词都控制在50个左右。

2. 各阶段研究主题及其变化

在第一阶段，共出现10次以上的高频词12个，"亚洲发展中国家经济学研究"（Economic Studies of Developing Countries—Asian Countries）以56次居于首位。

由于当时的中国比较封闭，所以外界很难获得有关中国的真实信息，整体研究状况呈现出文章数量既少、主题也不够集中的特征。这一阶段，第一象限中没有任何类团，研究主题比较分散，文章主题之间相互联系较弱，部分高频词没有聚入任何类团（见图8-8）。

该阶段相对系统研究的问题是对外贸易与农业问题。农业问题成为讨论热点并不奇怪，因为当时的中国是一个农业大国，但对外贸易成为主要讨论的问题则有些匪夷所思。我们认为这主要是由于对国外研究者而言，只有中国的对外贸易数据是可以直接从国际组织或其他途径的统计数据中获得的。考虑到经济学研究对数据的依赖性，这一现象就不足为奇了。

从第一阶段的情况不难发现，中国经济在当时并没有成为国际经济研究者所重视的研究主题。

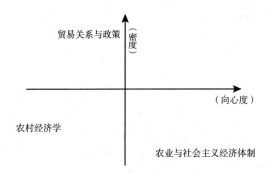

图8-8　第一阶段共词分析结果

第二阶段是中国经济体制改革的起步阶段，在该阶段共出现10次以上的高频词20个，其中"社会主义和共产主义经济体制"以95次居于首位。这体现出国外对中国经济体制改革问题的关注程度明显提高。

在该阶段，EconLit数据库收录的期刊和文章总量都有明显的增长，而其中关于中国经济问题的关注程度明显提高，讨论中国经济问题的文献占当期文献总量的比例从上一阶段的0.4%提高到本阶段的0.57%，关注度增长了40%以上。

我们将所有高频词通过聚类的方法分为六个类团（见图8-9）。从结果中可以看出，"社会主义经济体制"的向心度最高，因而是各类目的核心，也是该阶段中国经济问题研究的核心。但是它的密度系数还不算太高，表明对该方面的研究还不够成熟。此时，中国经济体制改革正处于起步阶段，自身的探索还在进行，所以相关研究不成熟也在情理之中。此外，当时中国经济发展的一些特征也都体现在共词分析各类团中。由于中国经济体制改革从农村部门开始，所以农业占据两个类团。面对巨大的人口压力，中国前所未有地重视计划生育工作，并定为国策，人口与经济计划主题是这一背景的体现。同时，由于中国经济改革刚刚起步，经济开放程度也还不高，所以仍延续了上一阶段的某些特征，如国际贸易仍占有重要的地位。与上一阶段相比，值得注意的是，经济发展成为本阶段的新兴主题，并与经济计划结合在一起，体现国际研究者对中国计划体制变革与经济发展之间关系的关注。

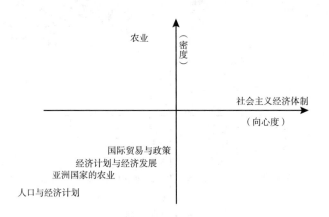

图 8 - 9   第二阶段共词分析结果

第三阶段是中国体制改革的深化阶段。在这个阶段，不仅经济改革重点从农村逐渐转移到城市，而且对外开放也逐步展开，中国经济的体制转型和经济发展转型的双重特征表现得较为明显。该阶段 EconLit 数据库收录的期刊和文章数量继续增长，而其中对中国经济问题的关注程度更是明显提高，讨论中国经济问题的文献占当期文献总量的比例从上一阶段的 0.57% 提高到本阶段的 0.94%，关注程度约增长了 65%。

在该阶段共出现 20 次以上的高频词 51 个，其中"社会主义和共产主义经济体制"以 799 次居于首位。这体现出国际上对中国经济体制改革问题的关注程度明显提高。我们将这些高频词通过聚类的方法分为九个类团（见图 8 - 10）。

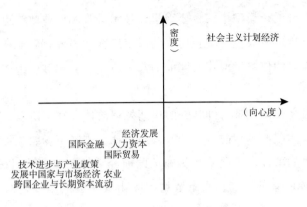

图 8 - 10   第三阶段共词分析结果

从共词分析的结果不难发现，在该阶段，研究主题仍主要集中在社会主义计划经济方面，因而社会主义计划经济继续成为该阶段最重要的研究主题。与前一阶段不同的是，第三阶段对社会主义计划经济的研究不仅重要而且较为成熟，这一方面体现了中国社会主义经济体制改革逐渐趋于成熟，另一方面，苏东社会主义经济的解体也令中国仍在进行的社会主义经济体制改革吸引了更多的目光。除该类团位于第一象限以外，其他类团均落在第四象限。

经济发展转型也是该时期关注的一个重要话题，该类团的向心度和密度也相对较高，说明此时的学者将中国经济发展的任务放在了一个显要的位置上。比较有趣的是，在相当一部分研究中，中国的经济发展与市场经济被结合在一起，要知道，这是在中国正式提出社会主义市场经济之前的事情，表明国际学者敏锐地观察到了中国经济体制市场化改革的核心实质，并将市场经济视为该项改革的目标所在。由于中国对外开放程度的加强，这一时期的国际贸易也成为经济研究关注的另外一个重要主题，与此相关，国际金融和跨国企业及其带来的长期资本流动也成为该时期的一个主要研究内容，这与中国对外开放中实行的以吸收国外直接投资为主的开放政策有关。而人力资本及其回报在该时期被越来越多的学者关注，形成了一个新的类团，这说明相当多的学者将中国人力资本作为经济发展的重要因素来考虑。

由于经济的飞速发展，中国经济增长的因素分析成为国际学者关注的一个焦点。作为经济增长模型中的重要因素，技术进步和产业政策也成为一个新的类团，表现出特定阶段经济增长研究的成果所在。另外，农业在国民经济中仍占据着一个重要的位置，但比起此前的几个阶段，农业这一类团的相对地位明显下降了。

第四阶段是中国经济对外开放的快速发展阶段。在该阶段，不仅经济发展的主要动力从体制改革转向对外开放，而且社会主义市场经济理论的提出也是一个非常重要的事件，中国从此明确了此前经济体制改革的目标。在该阶段，EconLit 数据库收录的期刊和文章数量继续出现明显的增长，而其中关于中国经济问题的关注程度也得到进一步的提高，讨论中国经济问题的文献占当期文献总量的比例从上一阶段的 0.94% 提高到本阶段的 1.44%，关注程度增长了约 53%。

这一阶段共出现 90 次以上的高频词 52 个，其中"社会主义和共产主义经济体制"以 1130 次居于首位。这体现出国外对中国经济体制改革问题的关注程度不断提高。我们将所有高频词通过聚类的方法分为十二个类团（见图 8 - 11）。

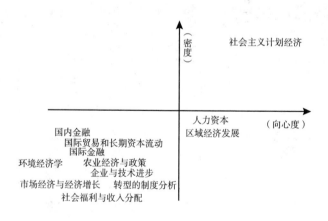

图 8 - 11　第四阶段共词分析结果

在第一象限，社会主义计划经济仍占据着最为重要的位置，这表明国际研究仍将中国经济划定在社会主义计划经济的范畴。同时，中国社会主义市场经济理论的提出，使得社会主义计划经济的讨论进一步被推向高潮。

第四象限中有"人力资本"和"区域经济发展"两个类团。

作为经济增长的重要因素，人力资本理论越来越多地被使用在中国经济问题的研究中，用以解释中国经济的快速增长。此外，中国的体制改革在教育和卫生制度方面存在的问题也成为此时研究的一个焦点。在以上双重作用的影响之下，人力资本成为该阶段研究的一个重要类团，其重要性也得到进一步提升。

作为经济体制改革和对外开放的一个副产品，中国地区之间经济发展速度出现差异，从而造成地区经济的差异，这一问题同样成为国际研究的重要关注点。

另外的9个类团均落在第三象限。

尽管以渐进式改革为主要特征的中国经济体制改革取得了丰硕的成果，但相关的制度问题同样不可小视，并在一定阶段成为经济发展的阻碍力量，对这些制度因素进行分析并实施改进措施也是这一时期学界的关注所在，转型的制度分析因此开始跻身主题类团中。

由于社会保障制度的滞后和经济发展的不均衡，该阶段的收入差距进一步扩大，因此，在该时期，结合社会保障和社会福利探讨收入分配原因的文献明显增加并成为一个新的类团。

在第四阶段值得一提的是国内资本市场的出现及其发展，以及其间发生的亚洲金融危机。为此，国内外学者特别关注了中国的银行体制及其呆、坏账问题，这两个新生的因素造成了一个新类团的出现——国内金融。而与此相关，国际金融的研究也成为此时中国经济研究的一个重要主题，一方面源于亚洲金融危机，另一方面源于中国快速增加的外汇储备。

中国对外开放的一个重要成果就是中国在国际贸易中的地位上升、经常项目的盈余以及外汇储备的迅速增加。对这一问题的研究往往与中国鼓励国外直接投资的政策联系在一起，因此，在该时期的研究中，长期资本流动、跨国企业和国际贸易有了更为紧密的联系，从而聚合形成了一个类团：国际贸易和长期资本流动。

中国的工业化造就了经济的快速增长，但工业化同时带来了另外一个问题，那就是环境问题。而环境问题与国际贸易问题一样，具有全球互动、彼此影响的特点，所以国际研究中对环境问题的经济学研究就不足为奇了。

作为一个发展中国家，农业问题一直是中国经济中重要的一个问题，而在该时期的经济发展过程中，农业的相对停滞对经济的影响还是显著存在的，所以农业仍形成一个类团，但其相对向心度和密度较上一阶段又有所降低。

对中国经济快速增长的解释也是该时期研究的一个亮点，从研究视角划分，该阶段的研究可分为两个：一个是从宏观角度探讨经济增长的原因，即市场经济与经济增长，另一个则是从微观视角探讨经济增长的原因，即企业与技术进步。

第五阶段是中国经济改革和对外开放走向成熟的一个发展阶段。该阶段的划分标志当属中国加入世界贸易组织，这一事件进一步扩大了中国的对外开放。此外，新一届政府在解决社会问题方面的动作也同样引人注目，特别是对社会和谐以及弱势群体的关注。在该阶段，EconLit 数据库收录的期刊和文章数量保持了相对的稳定，而其中关于中国经济问题的关注程度也得到了一定程度的提高，讨论中国经济问题的文献占当期文献总量的比例从上一阶段的 1.44% 提高到本阶段的 1.76%，关注程度增长了 22%。

在该阶段共出现 50 次以上的高频词 53 个，其中"社会主义制度及其转轨：国际贸易、金融、投资及国际援助"这个叙词以 797 次居于首位。这体现出国际研究者对中国经济与国际经济关系的关注程度的明显提高。我们将所有高频词通过聚类的方法分为十个类团（见图 8 – 12）。

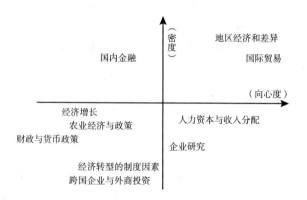

图 8 – 12　第五阶段的共词分析结果

第一象限中的两个类团是"国际贸易"及"地区经济和差异"。

由于中国经济持续增长，中国长期保持出口的强劲增长势头和外汇储备不断升高，再加上受到中国加入世界贸易组织的影响，这一时期研究中国国际贸易的文献很多，形成所有类团中向心度最高的一个类团。应当看到，从这一时期开始，中国经济开始较大程度地影响世界。

但中国国内存在的一些问题由于始终没有很好的解决方案，因而更加凸显。其中，地区经济发展不均衡就是突出的代表，地区发展不均衡不仅具有其自身的经济学研究价值，更由于其对一国政治的影响而为研究者所关注。在本时期，该问题的研究成为仅次于国际贸易的话题。

位于第二象限的国内金融问题研究则继续在发展，尽管向心度不高，但其内部紧密程度很高，这表明相关研究正在走向一个独立领域。

第四象限的两个类团吸引了研究者的目光，但研究体系尚未成熟。

人力资本、社会保障和收入分配问题仍然困扰着中国的决策者们，但国际研究比之上一阶段又有所深化。与上一时期收入分配与社会保障结合的趋势不同，本阶段不同人力资本更多地与收入分配结合在一起进行分析，似乎在从如何影响结果公平转而开始收入差距原因的分析，而作为公平原则的一个基准则在于人力资本。

伴随着中国经济的快速发展，作为经济发展重要单位的企业引发了越来越多的关注，企业研究的向心度也明显提高，这种关注的提高还源于对中国国有企业存在的问题以及未来的走势的研究。

其余类团均落入第三象限中。

随着中国经济体制改革的进行，一些制度问题困扰着决策者和研究者，所以对经济转型的制度经济学研究仍继续占据着一个类团的位置。

由于亚洲金融危机的影响在渐渐消退，国际金融问题不再是一个重要的话题，而外商直接投资和跨国企业则又独立出来成为一个类团，但其内部的紧密程度仍较低。

几十年来，农业问题研究始终是中国经济问题研究中的一个重要领域，但其重要性在不断减弱，表明中国农业在国民经济中的地位和作用在不断消退的现实。经济增长的宏观经济分析也进入了平台，尽管仍作为一个类团存在，但无论是主题的重要性还是内部的紧密程度都不算太高。作为宏观经济分析的一个重要组成部分，财政和货币政策形成了一个新的组团，但无论其影响力还是研究的成熟度都较低，今后是否仍会独立存在仍有待观察。

四　结论

从前面的分析不难看出，对中国经济问题进行研究的国际论文，无论是绝对数量还是相对重要性都在不断提高，这意味着全球经济学界对中国问题的关注程度增加，这种增加同时也是中国经济转型与发展进程所决定的，一方面是中国快速的经济增长引致，另一方面是中国的开放政策带来的，即世界越来越了解中国。

我们从各时期的类团形成及其变化的过程发现，尽管是国际研究，但其研究领域一样紧扣了中国经济发展的脉搏。在不同时期形成的各个研究主题的变化恰恰表现出该时期中国经济增长的主要特征。以下使用几个有代表性类团的发展变化对这一结论进行进一步的说明。

一个是国际贸易研究及其变化。不可否认，国际贸易之所以成为中国经济问题国际研究中长久不衰的话题是有着其自身的优越性的，即国际研究者往往首先关注一国经济对本国的影响，换言之，国外学者研究中国的国际贸易，更重要的是了解中国对世界特别是学者所在国家经济的影响。但在不同时期，这一主题重要性的原因各不相同。在开始阶段，中国经济相对封闭，对世界经济的影响力也很弱，所以在第一和第二阶段国际贸易研究成为重要研究内容，主要是国外学者受到资料所限导致的。从第三阶段开始，中国的对外开放程度不断加强，对世界的影响越来越大，国际贸易问题的相对重要性也在不断提高，从一个一般重要的主题发展为最重要的主题。

另一个是农业问题及其研究，这同样是一个贯穿中国经济问题研究各个阶段的主题，但与国际贸易主题不同的是，该主题的相对地位在不断下降，从第一、第二阶段中最为重要的主题之一，到第三阶段之后落在第三象限中，成为相对不重要主题。这一变化的背后恰恰是中国经济体制改革成就的体现，通过20多年的经济改革，中国经济已经摆脱了落后农业国的形象，以一个迅速崛起的转型和发展的大国形象出现在世界上。这才是农业问题变得相对不重要的根本原因。

伴随着中国经济的快速发展，一些新的事物和问题开始出现，由此造成一些新类团的产生，而随着相关研究的深入，这些类团还在不断变化。这方面一个典型的案例是人力资本和收入分配，前者在第三阶段开始形成一个位于第三象限的独立的类团，用于在微观层面解释中国经济的增长。而后在第四阶段同时出现了人力资本、社会福利与收入分配两个类团，此时的人力资本向心度增加，进入第四象限，主要研究中国经济发展中的经验和问题，而收入差距的扩大更多地与社会保障制度建设的滞后联系在一起，即通过社会保障制度建设来缩小收入差距。到了第五阶段，两个类团又合二为一，表明此时的研究更多地在于探讨收入差距产生和扩大的原因，以便制定相应的收入分配调整政策。另一个典型案例是国内金融类团，计划经济时期银行并不独立发挥作用，所以其重要性不够大，因而也没有得到研究者的青睐。进入20世纪90年代以后，随着中国资本市场的出现，金融在国内经济中扮演着越来越重要的角色，但这一研究主题仍然未能够成为最重要的研究主题。从类团紧密程度来看，金融研究始终保持一个相对独立和超然的地位。国外直接投资、转型的制度分析以及地区经济发展和差异等也都属于20多年经济改革和开放过程中出现的新现象和新问题，因而也基本属于此种情形。

另外，纵观各阶段的发展过程，既有新出现的类团，同时也有消失的类团。这可以用两种原因来解释，一种是随着研究的深入和细化，一些原本较为概括的主题消失，代之以各个专题的深入研究，如社会主义计划经济体制和经济发展主题。另外一种情形则是时代变化的结果，比如国际金融不再成为第五阶段的类团，是因为此时中国经济的国际金融方面的问题已经过多年的研究，没有新的主题出现，从而未能吸引足够关注的目光。再如市场经济相关的类团，在第五阶段也消失了，这主要是因为在中国提出社会主义市场经济理论之前，国外学者已经认识到中国经济改革的目标所在，而在社会主义市场经济理论提出以后，一时之间市场经济体制与经济增长关系成为研究的一个主题类团。但进入第五阶段，社会主义市场经济已初具规模，在体制方面已不具有很高的研究价值。此外，中国经济问题研究中的意识形态淡化也是市场经济不再成为主题类团的原因之一。

最后一个发现并非使用共词分析方法获得的，而是基于对数据库有关资料的观察，但这个结论与本论文的研究主题相关，所以作为一个发现提出，这就是——中国国内经济学研究者以及海外的华裔经济学研究者在国际期刊发表论文的数量在增长。第一和第二阶段，几乎所有的研究文献都出自国外研究者之手。但从第三阶段开始，中国学者在中国经济问题的国际研究中参与程度不断增强。一方面，国内的学者采取"请进来，走出去"的方式，虚心学习国际研究规范和方法，大大提高了中国经济研究的水准；另一方面，改革开放以后大量出现的中国海外留学生也积极投身到中国经济问题的研究中来，由于受到良好的训练，他们在国际期刊发表的论文比例在迅速提高。这两个群体的加入，使得中国经济问题的国际研究更加能够紧扣中国经济的发展脉搏，体现经济发展的阶段特征。

从中国经济问题国际研究的几十年历程来看，除了一般人能够认识到的这些研究的规范性以外，更值得关注和思考的一点在于它对中国经济发展阶段特征的把握以及研究的前瞻性。由于国际研究者大多具有或了解一些经济发展的国际经验，所以他们关注的很多问题都走在了国内研究者对此给予足够关注之前，因此他们在经济发展的前瞻性方面确实有值得我们学习之处。而其研究中的这些前瞻性认识则构成了我们特别关注这些国际研究的一个重要原因。

第三节 "中国问题研究"的文献计量学分析①

一 研究背景

国际上对中国的研究主要分为两类，一类是传统的汉学研究，另一类是当代中国研究。有学者认为："当代中国研究与传统的汉学（Sinology）研究迥然有别。它们之间的区别不仅表现在研究对象上（后者侧重于中国的历史、传统文化典籍和文学作品的研究），而且也表现在研究方法上。如果说汉学是

---

① 本节的合作者为中国社会科学院经济研究所魏众研究员。

一门以中国传统文化为研究对象的人文学科的话，那么，当代中国研究则是一门建立在现代社会科学及其方法论基础之上的社会科学。"①

中国作为联合国常任理事国，在国际政治舞台上的地位和作用一直以来都受到重视。但作为第三世界代表，中国很长一段时间对外开放度不足且长期徘徊在低收入国家行列，造成其社会科学研究始终未能引起国际学术界的广泛关注。1978 年以来，随着中国改革开放的不断深入，中国经济的快速增长越来越引起了国际社会的关注，"中国崛起"、"中国热"等词语充斥欧美的媒体，欧美主流媒体对中国的报道频率也远超以往，中国问题研究在国际学术界也变得热闹非凡。

因此，分析社会科学领域当代中国问题研究的状况有助于更好地了解当今世界对中国经济、政治、社会状况的分析及态度，有助于有针对性地增强中国的国际话语权，也有助于解决中国发展过程中的各种问题。

这一"中国热"现象早已被相关领域的研究者所注意，已经有一些学者对此做出种种判断。但以往的研究大多属于定性分析，缺少定量的分析和解释。本节试图将视野放在国际社会科学学术社区中，利用文献计量学方法，对包括中国作者在内的全球学术研究者在国际期刊发表的有关中国问题研究论文情况进行统计，从国际视角对中国问题国际研究的基本情况、主要特征及其演变做一个简要分析。本节研究的主要问题包括：在全球社会科学学术研究领域，谁在关注中国问题研究？谁是研究中国问题的主力军？研究的主题是什么？有什么发展趋势？中国学者在其中起到什么作用？有关中国问题研究的话语权掌握在谁的手中？

二 数据与方法

本节着力于分析国际学术社区中社会科学领域中国问题研究的状况，因此利用汤森路透公司的社会科学引文索引（SSCI）数据库作为数据来源。

本书作者于 2010 年 12 月 15 ~ 17 日，在 SSCI 数据库中，以 "China or Chinese" 为检索式，检索文献类型为 "article" （论文），数据的时间范围

---

① 周晓虹：《当代中国研究的历史与现状》，《南京大学学报》2002 年第 3 期。

设定为 1996～2010 年。根据中国对社会科学的划分标准，我们将其中的心理学、精神病学等学科的数据剔除。最后，共得到 20913 篇论文及其引文的数据。

数据处理过程中，我们根据论文作者所在机构的国家（地区）来进行国家（地区）论文数量的统计。对于跨国合作论文，不论每个国家（地区）有几位作者，不论是第几作者，分别为每个国家（地区）计为一篇论文，未做加权处理。

为表现中国问题研究的变化趋势，我们将数据划分为如下四个阶段：

第一阶段：1996～1999 年。中国研究的文献已有一定规模，中国学者参与发表的论文数量较多，美国学者的中国研究文献数量高居榜首。

第二阶段：2000～2005 年。中国加入 WTO，在全球化浪潮下与国际社会经济产生互动，中国学者国际论文发表数量逐渐接近美国。

第三阶段：2006～2008 年。中国成为中等收入国家，对国际经济开始产生一定的影响，中国学者研究文献的数量开始超越美国，但被引数量仍稍稍滞后。

第四阶段：2009～2010 年。在此期间，中国 GDP 总量超过德、法，接近并超过了日本，居世界第二位。中国学者国际学术交流进一步加强，其发表中国问题研究的论文数量和被引数量居于全球首位。

其中，后三个阶段的数据量大体在每阶段 6000 条左右，1996～1999 年数据相对较少，为 2960 条。此外，由于数据统计时间为 2010 年 12 月，而 SSCI 数据滞后于期刊发表的时间，所以 2010 年数据不是完整的全年数据。

本节利用汤森路透的 TDA 软件进行数据的规范化及基本统计处理，并使用 ArcGIS 软件绘制国家分布图。

三　逐步升温的中国问题研究——从发文量看中国问题研究的发展变化

中国问题越来越受到关注的情况可以从发文量的角度得到佐证。从图 8 - 13 中可以看出，20 世纪 90 年代中期以来，中国问题研究的论文数量经历了一个较为稳定而快速的增长过程，年发文量从 1996 年的 664 篇上升到 2009 年的

3043 篇，提高了约 3.6 倍。特别是 2004～2009 年，发文量增长得更为迅速，年平均增长率超过了 20%。

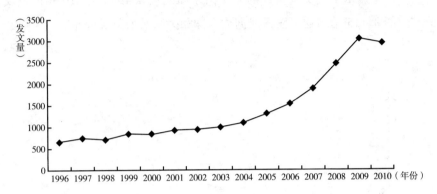

图 8 - 13　1996～2010 年中国问题研究国际期刊发文量的变化

注：数据统计时间为 2010 年 12 月，由于 SSCI 数据稍稍滞后于期刊发表，所以 2010 年数据不是全年数据。

从各阶段发文情况看，1996～1999 年，发文数量相对较少且不够稳定，在个别年份总发文量还会出现略有下降的情况。2000～2005 年，年度发文量呈稳定上升态势，但年均发文量的增长率仍不算很高。2006 年以后，年度发文量进入了高速增长期。2009～2010 年，继续按照上一阶段的速度快速增长[①]。

这期间，随着中国经济总量的不断快速提高，中国不仅对相关贸易国家产生影响，同时也开始对全球经济产生影响。中国经济发展的一些重要事件也影响着国际社会对中国的关注。2000～2005 年期间中国加入 WTO，2006～2008 年，中国进入中等收入国家行列，这两个对中国经济社会产生深远影响的变化引起了中外学者的共同关注，并进一步升温了已经初具规模的"中国热"。另一方面，作为一个转型和发展中国家，中国的社会发展及其相关领域的发展也还相对滞后，从而也给予了研究者更多的研究主题和空间。

---

① 由于进行数据统计的时间为 2010 年 12 月，所以 2010 年数据不是全年数据。但是按照之前的趋势推算，2010 年应当超过 2009 年。

四 谁在关注中国？——论文的国家（地区）分布

图 8-14 显示了发文量较高的 8 个国家和地区在 1996～2010 年的发文数量分布。图 8-15 给出这一阶段时间内全球相关论文的数量分布。

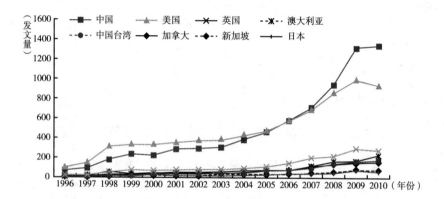

图 8-14 1996～2010 年发文量较多的国家和地区发文量变化趋势图

注：本节中除非特别说明，中国的统计数据中含中国香港，不含中国台湾。

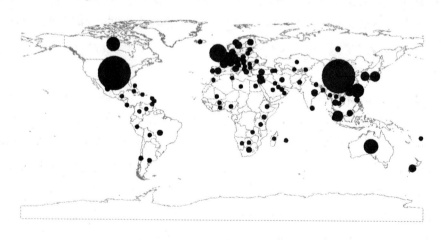

图 8-15 1996～2010 年全球国家和地区的发文量分布图

注：圆形的大小表示一个国家（地区）发文量的多少。发文量多的国家（地区）圆圈较大，反之则小。

在整个研究阶段，中、美两国一直是中国问题研究的超级大国，两国发表的相关研究论文数量占这期间总发文量的 61%。两国发文量的变化也颇为耐人寻味。在 1996～2005 年，美国发文量一直高于中国，但在 2006 年中国发文量首次超过美国，此后中国一直领先。中国学者论文数量的增长速度也远远快于美国，造成中美之间发文量的差距不断增大。2010 年的不完全统计显示，中国发文量已达到美国的 1.4 倍。这表明，中国问题研究的中心已经从美国逐渐转向中国。

中美之外，英国、澳大利亚、加拿大、中国台湾等发文量较大的 4 个国家和地区是第二梯队。第三梯队是新加坡、日本、德国、荷兰、韩国、法国。此后是发文量相对较少的一些国家和地区，其中，发文量相对较高的是另外一些欧洲国家以及印度。中国的一些周边国家也在关注中国，而同为金砖国家的巴西、南非对中国的关注度上升很快。上述这些国家的发文量都经历了不同程度的增长。

值得关注的是俄罗斯的相关论文一直保持较低水平。俄罗斯作为世界上的大国和中国邻国，从理论上来讲应当是研究中国问题的重镇之一。究其原因，首先应当是语言因素，由于 SSCI 收录的国际期刊多为英文期刊，以俄语撰写的论文基本没有被收录进来；其次，俄罗斯的英文论文发文量很低。日、韩实际上也存在语言的问题，但是这两个国家在英语学术社区中的参与程度要比俄罗斯深，与中国的学术交流也非常多，因此发文量虽与前几名有较大差异，但是在所有相关国家（地区）中还算比较高的。

另一个值得一提的国家是印度。作为中国的邻国，印度学者在国际期刊发表论文几乎没有语言障碍，且国际期刊中印度作者发文量一般也不低，但在中国问题研究中，印度的相关论文竟然很少。我们认为这可能是双边学术交流不足造成的。

比较一下本研究的开始阶段和最后一个阶段的变化有助于我们更为深入地理解中国问题研究的走势。从 1996～1999 年、2009～2010 年前后两个阶段的发文量分布图（图 8-16、图 8-17）可以看出中美发文量的对比及变化，以及关注中国问题的国家在不断增多。

1996～1999 年，中国大陆的社会科学研究与国际交流和合作都相对较少，

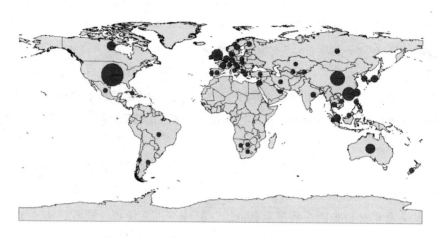

图 8-16　1996~1999 年发文量的国家和地区分布

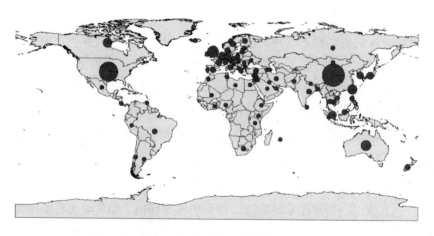

图 8-17　2009~2010 年发文量的国家和地区分布

中国经济的国际影响更多地体现在对主要贸易国家经济的影响，因而其主要研究者分布在欧美等发达国家，而在国际学术社区，中国问题研究也不是一个非常热门的话题。在这种背景下形成了以美国为中心的中国问题研究格局，中国反而处在次一级的地位上，即便中国大陆加上中国香港学者的论文数，仍比美国学者发表的论文数量少。而随着中国经济发展和国际地位的进一步提升，中国开始对全球经济产生影响，这种影响不仅表现在主要贸易伙伴国家，同时也对发展中国家的经济产生了一定的影响，全球对中国问题的关注度迅速提高。另一方面，随着国际交流的逐步深化，中国学者与国外学者的交流与合作也全面展开，更不用说大量海外留学人员的归国进一步推动了中国社会科学论文国际发表的热潮。2000～2005 年，中国学者国际论文数量有了较快增长，与美国学者国际论文数量逐渐接近。2006～2008 年，中国学者国际发表数量接近并超过美国，但两者相差不多。2009 年以后，中国学者国际论文发表数量明显高于美国。

如果以发表国际论文作为全球中国问题研究的主要指标来看，中国学者通过努力，已逐渐地将中国问题研究的话语权向中方转移。

从这两张图中还可以看到论文作者来源国的发展变化。1996～1999 年对中国问题进行研究的国家和地区主要分布在欧美发达国家和临近中国的东亚和东南亚地区，拉丁美洲、非洲以及西亚等地区只有很少的国家有中国研究的论文发表。而到了 2009～2010 年，上述所有地区都有更多的国家参与到对中国问题的研究中来。这从一个侧面反映了中国问题的全球化影响。

总结国际论文发文量的影响因素，我们认为这一趋势的变化与以下几个因素有关：

（1）与国家（地区）的经济、政治关系和地理位置有关。作为世界大国，美国对中国的关注程度非常高。此外，在政治、经济、地理上与中国相关的地区发文量相对较高。

（2）与国家和地区社会科学学术水平有关。SSCI 收录的期刊都是国际上重要的学术期刊，社科研究水平高的国家（地区）发表论文的可能性大于研究水平较低的国家（地区）。

（3）还受到数据库收录范围的限制。SSCI 数据库对中文、俄文、日文、韩文等的收录不足，导致有些内容没有揭示出来。

因此，我们可以说，数据揭示出来的是英语社会中对中国问题研究的关注程度，但各国论文数量的多少还是或多或少体现了话语权掌握的程度。

五　谁的研究更受重视——论文影响力分析

论文的被引情况反映了一个国家（地区）论文的影响力。表 8－3 列出了

1996～2010 年被引次数较高的国家和地区及被引情况。

作为中国问题研究的两个最主要的国家，中美两国的比较特别值得关注。首先看绝对的被引量比较。从表中可以看出，1996～1999 年美国总被引量达到 1.3 万次，远远高于其他国家和地区，占该阶段论文总被引量的 43.3%。中国论文同期总被引量仅为美国论文的 1/3 左右，占该阶段论文总被引量的 14.3%。在 2000～2005 年，中国论文总被引量占美国的 2/3 强，美、中论文被引量分别占该阶段总被引量的 52.4% 和 37.0%。在第三阶段，中国被引量已基本接近了美国被引量的水平，两者均达到该阶段总被引量的 43% 左右。最后，在 2009～2010 年，中国被引总量比美国高出了近 30%，中、美论文被引量分别占该阶段总被引量的 51.1% 和 39.7%。从整体分布来看，中、美两国是论文影响力最高的国家。

由于发文时间较短的论文被引用的机会低于发文时间长的论文，因此各阶段呈现出不同的被引水平，近期发表的论文被引量总体看来明显低于早期论文的被引量。为了消除不同阶段的差异，进行各阶段不同国家（地区）论文被引状况的横向比较，我们使用了相对被引率指标。某国（地区）在某阶段相对被引率的计算方法是：

$$相对被引率 = \frac{某国（地区）某阶段篇均被引量}{该阶段总体篇均被引量} \quad (8.2)$$

相对被引率衡量的是一个国家（地区）的篇均被引量与全球平均被引量的相对位置。如果相对被引率大于 1，则说明该国（地区）论文的影响力高于全球平均水平，如果小于 1，则说明该国（地区）论文的影响力低于平均水平。

从相对被引率来看，中国发表的国际期刊论文被引情况一直高于国际平均水准，虽然和美国论文相比，我们还存在一定的差距，但两者的差距正在逐步缩小，美国的相对被引率呈下降趋势，中国则保持平稳。

我们可以将发文较多的国家按照被引情况分为这样几个群组：核心群组、欧洲的 OECD 国家、亚洲的日韩、华语国家（地区）以及其他中国的邻国（地区）。

核心群组主要包括被引总量在 1000 次以上的国家，即美国、中国、英国、加拿大、澳大利亚。几个国家各有特点，除去前面分析过的中、美以外，英国是老牌的中国研究中心之一，且论文质量较高，相对被引率也基本上一直高于中国。加拿大的中国问题研究情况也较好，但被引率有波动，总体上和全部论文的平均被引率持平。澳大利亚的中国问题研究论文和被引量也较多，但相对被引率长期处于平均水平以下。

表 8 - 3　1996 ~ 2010 年被引次数较高的国家和地区

国家（地区）	各阶段被引量				各阶段相对被引率			
	1996 ~ 1999 年	2000 ~ 2005 年	2006 ~ 2008 年	2009 ~ 2010 年	1996 ~ 1999 年	2000 ~ 2005 年	2006 ~ 2008 年	2009 ~ 2010 年
美　　国	13140	28802	9144	1321	1.43	1.37	1.22	1.23
中　　国	4342	20356	9096	1700	1.28	1.15	1.14	1.15
英　　国	2561	5322	2688	390	1.39	1.13	1.34	1.23
加 拿 大	974	3826	1170	136	1.06	1.21	1.01	0.78
澳大利亚	1147	2293	1242	179	0.99	0.84	0.97	0.80
中国台湾	610	2098	884	99	1.10	0.87	0.78	0.52
中国香港	3040	—	—	—	1.13	—	—	—
新 加 坡	506	1726	528	73	0.97	1.12	1.08	0.82
荷　　兰	581	1034	599	90	2.46	1.47	1.52	1.29
日　　本	301	1173	479	93	0.72	0.94	1.03	1.20
德　　国	124	857	467	84	0.93	0.90	1.09	1.16
法　　国	352	496	212	23	1.37	0.76	0.81	0.50
韩　　国	170	488	278	42	0.92	0.70	0.80	0.62

　　注：表格按各国（地区）被引总量降序排列。中国香港被引量在回归前单独统计，1997 年之后计入中国被引量中。

　　欧洲的西欧和北欧国家尽管发文量不是很大，但社会科学研究水平较高，在国际学术舞台上有较多话语权，被引率多高于平均水平。而亚洲的指标普遍比欧洲低一些，只有日本近年的平均被引率呈上升趋势，在 2009 ~ 2010 年达到 1.2 的较高水平；新加坡在平均水平线左右波动；中国台湾论文的平均影响力明显下降，从第一阶段的 1.10 下降到第四阶段的 0.52；韩国论文的相对被引率一直低于国际平均水平。

　　受到语言、研究主题、学术水平等多方面因素的影响，多数情况下，欧美国家在汤森路透引文索引收录的期刊中影响力更大。以中国自然科学为例，据中国科技信息研究所统计，2010 年，中国（不含港澳地区）科技人员发表国际论文数量位于世界第 2 位，2001 ~ 2011 年（截至 2011 年 11 月 1 日）发表论文的被引次数位于世界第 7 位，论文的平均被引次数为 6.21 次，低于 10.71 次的世界平均值。发表论文中只有 19.7% 的论文的被引用次数高于学科平均值。由此看来，中国科技界虽然在国际期刊上发表论文数增长很快，但是论文的影响力与世界平均水平还有不小的差距①。相比较而言，中国社会科学学者要想在 SSCI 中引领研究方向则更加困难。

但仅就中国问题研究这个主题而言，中国在这里既作为研究主体也作为被研究者，具有特殊的地位和影响，中国学者的观点和研究成果被世界学术界所承认，并且影响力越来越大，这充分说明在中国问题研究中，中国学者的重要性和权威性。

六 独立还是合作？——国家（地区）合作情况研究

跨国（地区）合作是中国问题研究的一个突出特征。从表 8-4 中可以看出，1996~2010 年，尽管来自同一国家学者的研究论文数量一直占主导地位，但相对于其他社科研究领域，中国问题研究的跨国合作占较大比例，且不断增大，跨国合作论文占本阶段全部论文的比例从 1996~1999 年的不足 20% 上升到 2009~2010 年的近 1/3。而且无论是两国学者合作，还是三国、四国乃至五国及以上学者合作论文的比例都在上升。其中，参与国家（地区）最多的一篇论文是由 11 个国家（地区）的学者共同完成的。

表 8-4 1996~2010 年跨国（地区）合作百分比

合作国家（地区）数	1996~1999 年	2000~2005 年	2006~2008 年	2009~2010 年
一国（地区）独立完成	80.76	76.51	71.14	67.53
两国（地区）合作	16.59	19.88	23.94	26.64
三国（地区）合作	2.07	2.81	3.99	4.72
四国（地区）合作	0.35	0.54	0.63	0.80
五国（地区）及以上	0.24	0.25	0.29	0.31
合　计	100.01	100.00	100.00	100.00
合作论文百分比	19.24	23.49	28.86	32.47

① 中国科技信息研究所：《2011 年度中国科技论文统计结果》，http：//www.istic.ac.cn/tabid/640/default.aspx ［2012-6-8］。

　　各个国家（地区）主要合作对象的选择也大多有一定之规。绝大多数国家（地区）在研究中首选来自中国的学者作为合作对象，而中国学者参与的研究也占了全部合作研究中相当大的比例。但也有一些国家（地区）选择了美国作为主要合作对象，较为典型的代表是亚洲的几个国家（地区），如中国台湾、韩国、印度等，他们在各个时期的合作研究发表论文均以与美国的合作为主。这不仅是学术合作关系的反映，同时也是国家之间政治关系的反映。

　　在对各国（地区）合作情况进行的统计中，我们选取其中最为重要的中、美、英、澳、加五个国家作为研究对象。

　　作为被研究对象，中国一直是几个中国问题研究核心国家的最大合作伙伴。第一阶段，美、英、澳、加四大核心研究国与中国合作的论文数量占该国论文总数之比在15%～23%之间。随着中国经济发展在全球影响的不断增大，以及中国学者与海外学术合作的不断深化，各国与中国进行合作研究的程度不断提高，到第四阶段，美、英、澳、加四大核心研究国与中国合作的论文数量占该国论文总数之比都接近或超过30%（澳大利亚为29.53%，其余三国都超过30%）。由此可以看出，中国学者在中国问题研究方面的作用越来越显著。

　　下面具体分析一下这些国家学者与中国学者的合作状态。

　　首先来看中国问题研究的两大巨头——中国和美国的合作情况。中美之间的合作论文数量在不断提高，从1996～1999年的100多篇发展到2009～2010年的600多篇。如果仔细观察一下中美两国合作论文占各自国家发表论文比例（见表8－6）就会发现：中美合作论文占中国全部发表论文比例基本上保持不变，始终在24%左右①，而中美合作论文占美国全部发表论文的比例则不断扩大，从1996～1999年的15%，上升到2009～2010年的34%。两相比较不难发现，在中美合作的中国问题研究方面，早期中方更依赖于美方，而后期则是倒过来，美方更加依赖中方。

---

①　1996～1999年为经过技术处理后的中国大陆和中国香港合计数占比情况。

表 8 - 5　1996 ~ 2010 年五个国家合作论文的分布

单位：篇

年　间	国　家	美　国	中　国	英　国	澳大利亚	加拿大
1996 ~ 1999	美　国	893	135	9	9	9
	中　国	135	593	36	17	21
	英　国	9	36	180	7	3
	澳大利亚	9	17	7	113	5
	加拿大	9	21	3	5	90
2000 ~ 2005	美　国	2334	463	39	23	72
	中　国	463	1948	95	52	81
	英　国	39	95	523	11	3
	澳大利亚	23	52	11	301	3
	加拿大	72	81	3	3	349
2006 ~ 2008	美　国	2115	541	48	19	74
	中　国	541	2241	156	100	85
	英　国	48	156	565	27	12
	澳大利亚	19	100	27	362	11
	加拿大	74	85	12	11	327
2009 ~ 2010	美　国	1925	649	44	31	62
	中　国	649	2664	172	119	97
	英　国	44	172	569	19	9
	澳大利亚	31	119	19	403	9
	加拿大	62	97	9	9	312

注：各国和本国的合作数量也就是各国作者发文总量；1996 ~ 1999 年中国的数据为经过技术处理后的中国大陆和中国香港合计数。

英国是中国的第二大合作伙伴，对于英国学者来说，中国学者是其最重要的合作对象。中英合作论文数量也在迅速增长，但中英合作论文占比则在 2000 ~ 2005 年出现了一个低谷，此时，无论是占英国论文比例还是占中国论文的比例均有明显下降。之后的两个阶段中，中英合作论文占中国论文比例与 1996 ~ 1999 年基本持平，而占英国论文比例则迅速回升，中英合作论文量占英国论文总量的百分比从第一阶段的 20% 上升到第四阶段的 30%。2000 ~ 2005 年的下降可能与中国香港回归的效应有关，而之后的回升则是受到全球对中国关注度提高的影响所致。与中美合作一样，在中英合作中，呈现出的趋势是英国对与中国合作需求的不断提升。

表 8 - 6　1996 ~ 2010 年五个国家合作论文的百分比分布

单位：%

年　间	国　家	美　国	中　国	英　国	澳大利亚	加拿大
1996 ~ 1999	美　国	100.00	15.12	1.01	1.01	1.01
	中　国	22.77	100.00	6.07	2.87	3.54
	英　国	5.00	20.00	100.00	3.89	1.67
	澳大利亚	7.96	15.04	6.19	100.00	4.42
	加 拿 大	10.00	23.33	3.33	5.56	100.00
2000 ~ 2005	美　国	100.00	19.84	1.67	0.99	3.08
	中　国	23.77	100.00	4.88	2.67	4.16
	英　国	7.46	18.16	100.00	2.10	0.57
	澳大利亚	7.64	17.28	3.65	100.00	1.00
	加 拿 大	20.63	23.21	0.86	0.86	100.00
2006 ~ 2008	美　国	100.00	25.58	2.27	0.90	3.50
	中　国	24.14	100.00	6.96	4.46	3.79
	英　国	8.50	27.61	100.00	4.78	2.12
	澳大利亚	5.25	27.62	7.46	100.00	3.04
	加 拿 大	22.63	25.99	3.67	3.36	100.00
2009 ~ 2010	美　国	100.00	33.71	2.29	1.61	3.22
	中　国	24.36	100.00	6.46	4.47	3.64
	英　国	7.73	30.23	100.00	3.34	1.58
	澳大利亚	7.69	29.53	4.71	100.00	2.23
	加 拿 大	19.87	31.09	2.88	2.88	100.00

注：表中每一行为该国同其他国家合作的论文占该国论文总数的百分比；1996 ~ 1999 年中国的数据为经过技术处理后的中国大陆和中国香港合计数。

中澳合作论文则无论是占澳大利亚论文的比例还是占中国论文比例，在本节研究的各阶段中均有所提高。其中中澳合作论文占澳大利亚论文比例从 15% 上升到近 30%。而中澳合作论文占中国发表论文比例则从 2.9% 上升到 4.5%，其中在 2006 ~ 2010 年中澳合作研究对中国而言保持了相对稳定的状态。

中加合作论文占加拿大有关论文的比例在早期相对稳定，但在 2005 年以后这一比例也出现了大幅度提高。

除上述四个国家和中国的合作以外，其他几个国家和地区的合作情况也呈现出一些特色。部分国家（地区）的主要合作伙伴是美国，如西班牙、中国台湾、韩国和印度，但中国台湾、日本、新西兰与美国的合作比例在下降；英国、澳大利亚与中国合作力度在不断上升的同时，与美国合作占该国论文比例保持稳定；韩国与中国合作论文占该国论文百分比存在一定的波动，有趣的是，韩国与美国合作比例一下降，与中国合作比例就上升了，反之亦然。此外，由于地域的因素，美加两国间合作研究的中国研究论文占比一直比较高。

从各国的合作趋势中我们不难发现中国在这个领域中的重要性在不断上升。换言之，中国可以借助这种国际合作关系，扩大自己的影响，并增强国际学术领域的话语权。

七 关注什么问题？——论文研究领域分析

（一）研究领域的分布及其变化

中国问题国际研究的学科领域随着时间的推移也在发生着变化：一些领域的重要性迅速上升，而另一些领域的重要性则渐渐下降。在本项研究的起始时期，中国的政治和经济问题是该领域研究的热点，而到了第四阶段，研究热点已经转化为经济管理问题以及环境与卫生等社会领域。

按照 SSCI 给出的学科领域分类，从总体来看，经济学研究一直处于非常重要的地位，1996～1999 年位于第二位，此后一直处于首位，显然其重要性仍在加强，这也表明国际社会对中国经济快速增长这一事实的普遍关注。另外两个不断升温的领域是公共卫生、环境卫生和职业健康，以及环境研究。从表 8-7 中可以看到，在 1996～1999 年，这两个领域重要性较低，而在 2000 年后受到越来越多的关注，特别在第四阶段分别占据了第二位和第四位，对环境和健康领域的关注度提高表现出国际社会对中国环境问题的重视，以及对中国劳动力素质和劳动关系的关注。

表 8－7 1996～2010 年中国问题研究领域分阶段变化趋势

序号	1996～1999 年	2000～2005 年	2006～2008 年	2009～2010 年
1	国际关系	经济学	经济学	经济学
2	经济学	国际关系	公共卫生、环境卫生和职业健康	公共卫生、环境卫生和职业健康
3	政治学	区域研究	区域研究	管理
4	区域研究	政治学	管理	环境研究
5	计划与发展	公共卫生、环境卫生和职业健康	环境研究	区域研究
6	管理	商业	国际关系	商业
7	社会学	管理	商业	环境科学
8	人类学	教育与教育研究	政治学	国际关系
9	商业	环境研究	教育与教育研究	语言学
10	社会心理学	社会学	计划与发展	教育与教育研究
11	教育与教育研究	计划与发展	语言学	地理学
12	公共卫生、环境卫生和职业健康	社会心理学	环境科学	计划与发展
13	环境研究	人类学	社会学	语言与语言学
14	语言学	地理学	地理学	社会学
15	地理学	语言学	社会心理学	社会心理学

与之相反的是国际关系领域以及政治学研究。国际关系研究曾经是第一阶段的最热门话题，但 2000 年以来，其相对重要性不断下降，到第四阶段，它已下降至第八位。政治学的情况也类似，从第一阶段的第三位下降至第四阶段的第 16 位。但从发文数量来看，国际关系研究论文在 1996～2006 年，年均发文量大体在 100 篇左右，2008～2010 年增长到年均 170 篇。政治学的总体年均发文量为 89 篇，通常都在 80～100 篇之间，只有个别年份或多或少（1998、2007 年多于 100 篇，2003、2004 年低于 80 篇），总体分布较为稳定。与中国经济、社会和环境等问题相比较，这两个领域的国际关注度下降较快，而且中外学术合作与交流程度也有待提高。

以上情况说明在中国问题研究中，与全球化密切相关的中国经济问题始终是学者们最关心的内容。随着中国工业化进程的发展，环境问题受到越来越多的关注，因为它同样属于全球化带来的问题。健康问题，特别是其中的社会医疗保险制度和职业健康背后的劳动关系渐渐也成为国际社会研究的热点问题，因而我们经常能看到在近些年中外经贸关系的争执中，或多或少都有对环境问题和劳动力成本问题的影子。而与之相反，政治学领域的有关专题渐渐落入相对次要的位置。这在一定程度上说明，中国的制度转型在一定程度上获得了国际社会的认可，此外，中国和周边国家的国际关系也基本保持了较为稳定的状态。

（二）中美研究领先国际潮流

中美两国在研究领域方面的变化与整体趋势既有重合点，也存在差异。在分析两国研究领域的过程中，我们使用了简单加总中美两国发文量的方法对两国共同的研究领域进行排名以衡量中美两国的整体情况，该排名在本节被称为中美混合排名。但因在中美两国各自的发文量中均包含了和另一方合作的文章，所以该排名只是一个替代性指标，在此特别说明。

表8-8　各研究领域的发文量排名

领域 \ 排名	国际排名				中国排名				美国排名				中美混合排名			
	一	二	三	四	一	二	三	四	一	二	三	四	一	二	三	四
国际关系	1	2	6	7	10	12	14	14	4	3	6	8	5	6	8	14
经济学	2	1	1	1	2	1	1	1	1	1	1	1	1	1	1	1
政治学	3	4	8	14	12	15	16	15	3	6	8	14	5	9	15	15
区域研究	4	3	3	5	6	8	8	9	2	2	3	2	2	3	6	6
计划与发展	5	11	10	11	7	13	12	11	9	15	13	13	9	14	13	11
管理	6	7	4	3	2	3	3	4	7	7	5	3	4	5	3	3
社会学	7	10	12	12	9	11	15	13	9	9	9	9	10	11	11	12
人类学	8	13	15	—	14	10	11	—	8	12	16	—	12	12	14	—
商业	9	6	7	6	4	4	5	5	5	5	4	4	3	4	5	5
社会心理学	10	12	14	13	1	7	7	7	12	10	10	10	8	10	9	9
教育与教育研究	11	8	9	9	10	5	6	6	11	11	11	10	11	8	7	7
公共卫生、环境卫生和职业健康	12	5	2	2	5	2	2	2	6	4	2	2	7	2	2	2
环境研究	13	9	5	4	8	6	4	3	14	9	7	6	13	7	4	4
语言学	14	15	11	8	16	16	13	8	13	14	14	7	15	16	16	8
地理学	15	14	13	10	15	9	9	10	14	13	12	12	16	12	10	10
社会科学交叉学科	16	16	16	15	13	14	10	12	16	16	14	15	14	15	12	13

注：本表格按照第一阶段的国际论文总排名的顺序排列。

经济学在中美两国研究中都始终处于非常重要的地位，在1996～1999年经济学相关论文在中国各学科领域中名列第二位，在美国则排在首位。此后，经济学无论在中国还是美国均处于所有学科领域的第一位。这和国际期刊论文总体学科领域的变化趋势是一致的。

公共卫生、环境卫生和职业健康专题以及环境问题专题都是横跨社会科学和自然科学两大学科的专题研究。在全部论文的领域排名中，两个专题都是在相应的研究阶段迅速蹿升的领域。但和国际学术界的总体走势不同，卫生专题即便在 1996～1999 年的中国和美国的研究中已经处于较为重要的位置，当时该领域在中国排第五位、在美国排第六位，而该领域在当时全球发文量中仅处于第 12 位。随着时间的推移，该领域发文量增长速度很快，到 2009～2010 年，该领域在中美两国学者各研究领域中都处于第二位，与此同时，它在国际论文总体分布中也处于第二位。

环境研究同样属于跨学科的专题研究。中美两国在该专题的研究方面基本与整体趋势同步，但具体情况有所不同。在第一阶段，中国相对更加重视环境问题的研究，但中美两国混合排名和国际排名是一致的。到了第四阶段，中国环境问题研究在各专题中排名仍相对较高，而美国相对较低，但同样地，中美混合排名与国际排名一致。

中美和国际趋势不一致的专题主要是在两个重要性降低的专题方面：国际关系和政治学。这两个专题在中国学者的研究中一直处于不那么重要的位置。在 1996～1999 年，它们在中国学科排名中分别列第 10 位和第 12 位。而在 2009～2010 年，更是掉到了第 14 位和第 15 位。相对而言，这两个专题在美国学科排名中基本上保持了与国际趋势相对一致的趋势。但总体而言，这两个专题的中美两国混合排名在研究起点的 1996～1999 年均低于当时的整体排名。

根据上述分析我们不难看出，在中国问题的国际研究中，中美两国的研究兴趣在一定程度上起到了风向标的作用。一般而言，当某专题的中美两国混合排名高于国际排名时，往往预示着该专题的重要性和关注程度在今后几年会有一定程度的提升；而当某专题中美两国混合排名低于国际排名时，则意味着该专题的重要性和受关注程度将在未来几年有所降低甚至大幅度降低。

如果上述假说成立，那么比较一下 2009～2010 年几个专题的中美两国混合排名和国际排名就可以粗略地估计出未来十年乃至十几年间中国问题国际研究的新热点问题和明日黄花的专题。基于 2009～2010 年的统计我们不难发现，在未来一段时间里潜在的热点问题可能会是与社会学有关的社会心理学、社会科学跨学科研究以及教育问题研究，而国际关系问题研究专题的重要性可能会进一步下降。

（三）结论和政策建议

从前面的分析不难看出，随着中国加入 WTO 以及经济的快速成长，以往只有少数国家因贸易问题受到中国影响的局面已经发生了一些改变，现在的中国在越来越大的范围内越来越深刻地影响世界。这样一个变化也体现在了国际学术社区的中国问题研究方面。

从中国问题研究这 15 年的情况看来，相关国际论文的数量经历了一个快速的增长过程，年发文量从 1996 年的 664 篇上升到 2009 年的 3043 篇，提高了约 3.6 倍。与此同时，全球范围内的更多国家加入到中国问题研究中来。

这其中中国的角色发生了很大变化。中国学者发表的研究论文无论是绝对数量还是相对比例都增长迅速。发表论文数从 1996 年的 73 篇增长到 2010 年的 1343 篇，增长了 17 倍。从发文量位居第二、数量远少于美国，到追上乃至明显超过美国，占全部论文的百分比也从 1996～1999 年的 12% 增长到 2009～2010 年的 45%，发文量增长速度之快令人赞叹。同时，中国论文的总体影响力也越来越高，在 2009～2010 年，中国被引总量比美国高出近 30%，同时，相对被引率虽不及美、英，但也高于平均水平。由此可以看出中国学者在中国问题研究方面渐渐掌握了话语权。

美国作为中国问题研究的另一个核心国家，一直高度关注中国的发展。其年度发文量从 103 篇增长到近千篇，占全部论文的百分比从 19% 增长到 32%，增长了 8 倍。在 2006 年被中国超过之前，美国的发文量是全球最高的。

从合作情况来看，中国和其他国家的合作也在不断增强。作为被研究对象，中国一直是几个中国问题研究核心国家的最大合作伙伴，2009～2010 年，美、英、澳、加四大核心研究国与中国合作的论文数量占四国论文总数之比均接近或超过 30%。中国学者在这个领域研究方面的作用越来越显著，国外与我们合作的需求也越来越强。只有西班牙、中国台湾、韩国和印度等几个国家（地区）与美国的合作程度高于中国。

从研究领域来看，经济、社会和环境等领域的发文量上升很快，成为近年来的重点研究领域，国际关系、政治学等学科在早期是发文量最多的，但是随着其他学科论文量的急剧增加，这两个学科的发文量排名不断下降。

在国际学术社区，作为中国问题研究的两个重镇，中国和美国学者的研究兴趣基本上引领着中国问题研究的潮流，因而这两个国家的研究具有某种学术研究风向标的作用。由此推论，未来一定阶段的中国问题研究新热点可能是社会科学跨学科研究、社会心理学以及教育问题。

从中国社会科学发展的国际视角来看，国际论文发表的总体状况不容乐观。2010 年 SSCI 数据库收录论文 21.97 万篇，其中中国大陆作者参与的论文为 5287 篇，仅占全球论文总数的 2.41%。按论文数量排序，中国位居世界第八，之前的国家分别为：美国、英国、加拿大、澳大利亚、德国、荷兰和西班牙①。和自然科学发文量全球第二位的情况相比，我们应当看到，中国社会科学研究的国际影响力有待进一步提高。当前的现状一方面是因为社会科学研究更多地受到语言文化以及社会经济背景等因素的影响，另一方面，也正说明中国社会科学的研究亟待繁荣发展。

基于前面的研究，我们认为中国在中国社会科学研究领域的国际论文发表和国际合作方面应首先立足于中国问题研究领域，并逐步向更为广阔的社会科学研究领域拓展。而在中国问题研究领域则应在这样几个方面有意识地进行调整：

1. 充分认识利用学术期刊发表论文制造话语权的重要性

与中国在自然科学研究方面发文量快速增长与被引量相对较低的情况不同，中国问题的社会科学研究因为中国经济的快速增长而受到了全球的瞩目，中国问题研究文献中，中国学者发表的文章很多也被国外学者引证，这意味着国际期刊发表论文可以对其他国家的学术研究产生一定的影响，因而国际学术期刊发表论文在某种程度上体现了话语权的功能。另外，中国作为中国问题研究的中心，其研究兴趣和研究取向明显地影响了国际学术界的中国问题研究趋势。为此，中国还应继续重视国际学术期刊的论文发表，鼓励中国学者向国际期刊投稿。

---

① 中国科技信息研究所：《2011 年度中国科技论文统计结果》，http：//www. istic. ac. cn/tabid/640/default. aspx ［2012－6－8］。

应该承认，高校和一些科研机构的成果评价导向起到重要作用。在本节统计的中国作者的机构分布中，发文量一直较高的是北京大学和中国科学院。一些传统的理工科学校在设立文科以后也快速地赶了上来，如清华大学和西安交通大学等。相比之下，中国社会科学院没有鼓励学者向国外投稿的政策，其国际论文尽管也有所增长，但增速较为缓慢。

所以，中国社会科学院应在这方面树立危机意识，尽快推出有关政策，鼓励国际学术期刊发表。这也应当是当前哲学社会科学理论创新中应该引起关注的一个问题。

2. 积极拓展和鼓励跨学科研究

从本节的研究领域分析可以看出，跨学科研究已经成为社会科学研究的热点问题，如环境研究，以及公共卫生、环境卫生和职业健康等。在未来的阶段，其他一些跨学科研究领域，如社会心理学等，其重要性仍有进一步提升的可能。因而，中国的社会科学界应与自然科学领域有关学者积极展开合作，以求在跨学科研究领域方面取得突破，从而继续引领中国问题国际研究的潮流。

3. 加强对传统社会科学学科的国际化改造并鼓励国际合作

在传统的社会科学学科中，只有中国经济学研究的国际化程度相对较高，这一方面受到中国经济增长现实的影响，另一方面则是中国经济学家和其他国家学者交流合作较多决定的。而另外两个曾经的重要研究领域——国际关系和政治学，则因受到各种因素的影响，其受重视程度明显地下降了，这些领域重要性的下降很明显地与中国研究者国际论文发表较少有关。而如果国际合作与交流不够，我们的研究很难和国际学者进行对话，因而也就可能失去该领域的话语权。此外，在未来的几年，社会学和教育学研究有可能成为新的研究热点，为此，我们需要对其进行国际化改造，并鼓励该领域的研究者秉承"请进来，走出去"的思想，积极开展国际合作研究。

本节试图基于定量数据从国际视角对全球学术社区进行中国问题研究的状况做一个全景揭示，虽然得到了一些有价值的结论，但是也有一些问题不容忽视：

（1）鉴于 SSCI 数据库收录的期刊侧重于英文期刊，因此本节的分析中未能包含非英语世界的统计数据，了解其他国家的情况还需要搜集专门的资料进行分析。但是，尽管有此不足，中国问题研究毕竟也是越来越国际化的一个主题，本节的分析反映出国际学术舞台上最重要的一部分内容，因而我们认为结果是有参考价值的。

（2）本节对合作论文的处理方式为简单计算，对于跨国合作论文，不论每个国家（地区）有几位作者，不论是第几作者，均分别为每个国家（地区）计为一篇论文。这是由于社会科学各学科署名习惯存在差异，有些学科按姓氏排列作者顺序，有些按研究的贡献大小排列，因此不能按第一作者进行统计。这导致我们无法分析在中国与国外合作时谁是主导的问题，不清楚在国际合作论文中，中国作者到底发挥了多大的作用。

这些限制将在今后的研究中逐步用其他方式解决。

第九章
人文社会科学领域文献计量学的
发展趋势及挑战

在可以预见的未来，技术与评价依然是文献计量学发展的两大推动力，文献计量学将在数据来源、技术方法、实际应用等方面得到迅速发展，而如何保持本学科的理论发展与学科特色成为学科发展的首要问题。

一 数据源的拓展和整合

作为文献计量学研究的基础，数据源将获得更大的发展空间。传统引文数据库的调整、优化和创新将使引文库焕发新的生机和活力，书目数据的整合与关联使得图书数据的可用性大大增强，此外，各种新型的数据来源不断发展，丰富了数据源的类型。

1. 引文数据库的调整、优化和创新

长期以来，以期刊为基础的引文数据库得到了广泛的应用，引文数据库的建设方兴未艾，中国大陆和台湾地区开发引文库的热情不减，引文库的应用越来越广泛。但是在人文社会科学领域，对引文库的应用也存在很多争议，主要问题在于其收录范围的局限性。随着越来越多的数据源的出现，引文库的生存受到了一定的挑战，但是由于它的独特性，这种重要的数据源类型仍将存在下去。同时，引文库也在不断地进行调整、优化和创新。

（1）收录范围的扩大。限于加工成本，引文数据库规模不可能无限度地增加。但是，近年来引文数据库的一个发展趋势是稳定中缓慢增加来源期刊。WoS引文数据库的来源期刊收录数量在逐渐上升，增加了开放获取期刊，同时一直保持对中国人文社会科学期刊的调研和关注，一旦条件成熟，将会增加

中国期刊的收录数量，改变中国期刊收录过少的现状。Scopus 也大幅增加了人文社会科学的来源期刊，特别是收录了很多非英文期刊。这些调整将会在一定程度上改善人文社会科学领域的来源期刊收录数量过少、覆盖面不足的问题。

（2）引文库功能的不断优化，在检索、可视化等方面的功能不断提升，使用的方便程度越来越高。毋庸置疑，引文库会随着技术发展而不断增加新的功能，例如，将来有可能会加入基于语义的检索，以及与其他多种数据的关联。

（3）最具有吸引力的变化是一些新型引文数据库的出现。汤森路透分别在 2011 年和 2012 年推出图书引文索引和数据引文索引，这意味着引文索引进入了一个新的时代。

虽然图书引文索引还在发展初期阶段，数据规模不够大，真正的应用也不多，但是对于人文社会科学文献计量学而言，它的发布是一个具有重要历史意义的事件。未来的引文数据源中，将不再缺少图书这一重要文献类型，这填补了引文数据用于人文社会科学计量分析的致命缺陷。汤森路透的探索也将掀起建设图书引文索引的浪潮。目前，超星公司的读秀平台上已经提供了图书的引证数据，2012 年，南京大学发布了《中文图书引文索引·人文社会科学》（CBkCI·H&SS）示范数据库。随着时间的推移，受到人文社会科学文献计量学研究及学术评价需求的推动，图书引文数据库将会得到快速的发展和应用。

如果说图书引文索引与期刊引文索引还有很多相似之处，那么数据引文索引则是一种完全的创新。2012 年 10 月 16 日，汤森路透宣布推出数据引文索引。数据引文索引作为 WoS 平台上一个新的研究资源，将推动对数据集和数据研究的发现、使用及归属，并把这些数据与同行评议文献连接起来。数据引文索引对于引文数据库体系而言是一个全新的事物，它开拓了一片以前从未涉足的新的领域，延伸了文献计量学的触角。

图书引文索引和数据引文索引的开发，都属于对引文索引的创新，标志着引文索引在新时代的继续发展。沿着这个思路，未来可能还会有其他新型引文索引出现。

2. 书目数据的可用性大大增强

书目数据是由图书馆专业人员建设的高质量的数据来源。以前，由于书目数据大都由各图书馆分散建设，使用也不够方便，因此在文献计量学研究中用得不多。但是，随着技术发展，书目数据的可用性不断增强。

过去几年，书目数据在以下几个方面有很大发展：

（1）书目数据的整合。随着目录加工方式的变化，以及图书馆联盟的发展，各种区域性、全国性乃至国际联合目录迅速发展。OCLC WorldCat 作为全球最大的联合目录近些年也发展迅速，截至 2013 年 2 月，已拥有 170 个国家和地区、7.2 万个图书馆的近 2.9 亿条书目数据，涉及 470 种语言[1]。除了与图书馆的合作，OCLC 还在统一资源发现系统中与出版商合作，2012 年，OCLC WorldCat Local 中集成了全球主要的出版商的书目数据，可提供超过9.69 亿条资料的集成访问服务。

（2）纸本图书与电子图书目录的融合。越来越多的图书馆将电子图书目录与纸质书目录整合在一起，成为面向内容而不是面向介质的完整的资源体系。

（3）书目数据的深入挖掘和发展。FRBR 的书目模型通过对实体、属性、关系的研究，揭示了书目记录的功能需求，为探讨书目记录的结构和关系提供了一种新的理念，改变了传统书目记录的扁平化结构。

（4）流通数据的共享。借阅数据反映了本地图书馆的读者需求情况。一般情况下，借阅数据并不公开。随着开放获取观念的深入，已经有些图书馆共享读者借阅数据。例如英国哈德斯菲尔德大学（University of Huddersfield）在开放数据共享许可协议支持下共享了跨越 13 年的读者流通数据和读者荐购数据，涉及 8 万册图书和 300 多万次流通借阅，可以下载 XML 格式的数据进行分析[2]。相信未来会有很多图书馆共享读者借阅数据，那么读者借阅数据将不仅仅局限于本机构范围，对不同地域、不同类型读者的借阅分析将成为可能。

（5）商业化图书目录的发展。电子图书集成商的平台上集合了大量的电子图书，网络书店的目录收录广泛。但同图书馆的书目数据相比，这些数据的

---

[1] OCLC：WorldCat 概况与统计信息，http：//www.oclc.org/asiapacific/zhcn/worldcat/statistics/default.htm［2013 - 2 - 18］

[2] Dave Pattern. Free Book Usage Data from the University of Huddersfield. http：//www.daveyp.com/blog/archives/528［2012 - 7 - 17］.

质量还有待提高。

（6）书目数据的关联与互动。很多书目数据并不是孤立的，而是同其他数据之间进行了关联，如网络书店中同类读者关注内容的提示，超星的读秀平台上链接的图书被引情况。随着 Web2.0 技术的应用，书目中也有各类互动应用，例如网络书店的购书评论，很多新型 OPAC 平台也提供了读者评论的功能。

以上这些变化使得书目数据的完整性、系统性大大增强。从数据生产和利用的环节看，出版商——图书馆——读者利用，不仅仅是图书馆的书目数据，而且也包括了图书馆的上游（图书生产发行者）和图书馆下游（利用者）的相关内容，形成完整的数据链；从横向看，联合目录从一个入口揭示了多个图书馆的藏书情况；从资源类型上看，纸质、电子的媒介都包括在内，因而形成了一个完整的数据体系，便于进行各类分析比较。

当前在整个产业链的数据整合方面还有很多欠缺，但在不远的未来，随着书目数据及相关技术、政策、理念的进步，逐步完善各种数据之间的联系，可以实现图书出版发行信息、图书馆馆藏信息、图书引文索引、读者评论、借阅和下载统计等全流程的数据分析。

总之，随着书目数据库的建设和关联数据技术的发展，书目数据作为一种规范的、相互关联的、有读者使用数据做基础的，甚至链接到电子书原文的资源，将在人文社会科学领域文献计量学中有更多的应用。这将大大改善因图书数据缺失而带来的制约，将促进人文社会科学领域文献计量学的应用和发展。虽然当前利用书目数据进行的文献计量分析还不多，但是对于人文社会科学文献计量学研究来说，这是一片有待开发的、富饶的矿产资源。

3. 新型的数据来源不断发展

当前的很多数据源由于存在各种问题，还没有得到广泛使用。随着技术的发展，这些数据源将逐步进入实用阶段。新型的数据源大量集中于研究成果的全文内容以及网络资源等方面，主要包括以下几种类型：

（1）全文数据库

伴随着原生数字资源的大量生产以及全文内容的数字化，对全文内容进行的深度分析将会越来越多。以往由于受到数据源和分析技术的制约，文献计量学主要以二次文献作为分析对象，而对全文内容的分析可以挖掘到大量富含语义的深层内容。全文资源将随着文本分析技术的进步而得到更加广泛而深入的应用。

（2）统一资源发现系统

统一资源发现系统的开发和应用使得全球学术资源的整合成为可能。

这类系统的最强大之处在于它用元数据的方式集成了图书馆、出版商的优质资源，包括纸本文献、商业化数据库、图书馆自建资源、网络免费资源等，具有很高的学术质量，较为全面的覆盖度，是一座巨大的资源宝库。统一资源发现系统的出现使得较为全面地收录和分析全球各种学术资源成为一种可能。目前，国际市场上存在多种统一资源发现系统。2012年是统一资源发现系统迅速发展的一年，根据《图书馆杂志》（Library Journal）发布的市场调查报告显示，全球采用各类资源发现系统的图书馆及其他信息机构的数量已超过4000家[①]。

当前，统一资源发现系统在元数据收集方面还存在一些问题，例如，国外系统对于国外出版商的资源收录齐全，但是对中文资源收录较为欠缺，国内系统对中文资源收录较为完整，但是外文资源却很少得到出版商的许可。但我们相信随着时间的推移，这些问题会逐渐解决。

（3）网络搜索引擎

同引文索引及书目数据库相比，搜索引擎的优势在于综合性、广泛性和开放性。当前的网络搜索引擎在文献计量学研究方面已经得到了一些应用，但是还存在很多问题。

未来学术网络搜索引擎的发展方向，一个是与图书馆、出版商、数据库商合作，覆盖越来越多的优质元数据及图书的全文数据，另一方面是对开放获取资源的搜索，这两方面的资源将大大提高搜索引擎的学术质量，为搜索引擎的发展打下良好的数据基础。与此同时，随着技术的发展，专业化的搜索引擎和自动标引引文的工具会不断优化，实用性会更强。

---

① Breeding, Marshall. "Automation Marketplace 2012: Agents of Change". *Library Journal*. Vol. 137 Issue 6（2012）: 30–36.

（4）开放获取资源

随着开放获取运动的不断深入，开放获取期刊和开放获取论文均呈现强劲增长趋势。2012 年 2 月，开放获取期刊目录 DOAJ 收录了 7522 种期刊，开放机构知识库目录 OpenDOAR 中登记的机构知识库有 2150 个，到 2012 年 11 月，这一数量就分别增长到 8354 种和 2230 个，开放获取论文数量的增长保持了较快的步伐。有专家认为，开放学术资源正逐步成为学术研究的主流资源[①]。

目前开放获取资源以科技类内容为主，但是也有一定数量的人文社会科学内容。可以预计，随着开放获取运动的不断深入，各种全文数字化资源将广泛涵盖人文社会科学的相关内容。除了开放获取期刊之外，机构知识库收录内容全面，对机构和人员的标识准确度高，将适合用于进行面向机构和学科的文献计量学研究。

（5）数据库使用统计

有些文献计量学分析利用了数据库使用统计数据，但是这类数据由于标准化程度不高而使其应用范围受到限制。随着相关标准的不断发展和普及应用，数据的标准化程度越来越高，可比性越来越强。COUNTER、SUSHI 等标准的普遍使用提高了统计数据的标准化程度和整合数据的可能性。一些统计平台的开发，如 ScholarlyStats，将真正实现可比较的使用统计数据的方便获得。

目前，多数中文数据库还没有遵循相关的标准，不同数据库之间的使用统计可比性差。如果未来能够推动统计标准的使用，开发或使用已有的统计平台，并且能够公开使用数据，将使得对多个图书馆或读者群的数据库使用情况的整合与比较成为可能。

总之，数据来源的极大丰富将解决当前在人文社会科学领域文献计量学研究中存在的各种数据支持不力的问题，将会对文献计量学的发展起到重大推进作用。随着数据源的充分发展，对科学研究全流程的数据搜集成为可能，我们有希望将图书推荐——书目数据（来自于图书馆、书商、网络书店）——阅读（借阅量、下载量、评论）——科学数据搜集和处理——讨论——引

---

① 张晓林等：《开放获取学术信息资源：逼近"主流化"转折点》，《图书情报工作》2012 年第 9 期。

用——发表系列流程中的各种数据整合为一个相对完整的体系进行分析，以全面了解科学信息流动和利用的机制，以及信息生产者、传播者和利用者在其中的行为规律。

二　技术和方法的发展

在各种类型的数据日益丰富的同时，数据处理、计算和展示的技术手段也越来越先进，主要表现为：各种软件应运而生，自动化和智能化水平越来越高，技术工具几乎可以为数据清理、规范、统计、可视化全过程提供服务。

在不远的未来，随着语义网、大数据等技术的发展，将会对文献计量学的分析能力和内容揭示能力产生更为重要的、革命性影响。

1. 语义网及其相关技术的发展进入实用阶段

语义网是万维网的延伸。1998 年蒂姆·伯纳斯－李提出"语义网"概念[①]。他将万维网的发展分为两个阶段：第一个阶段，万维网以 html 页面的形式向人们提供大量的信息；第二个阶段，万维网上的机器能够自动分析和理解万维网上的数据。第二个阶段就是语义网阶段。

第一阶段的万维网技术，其核心是超文本系统，其主要思想是通过统一资源标识符（Uniform Resource Identifier，URI）对万维网信息进行标注，以便人们迅速对互联网信息资源进行定位。但第一代万维网技术并没有对信息的含义进行描述，计算机不关心信息内容，也不能够理解信息内容。而语义网的基本思想是提供基于机器可处理的数据语义，这样就把面向人类的万维网变成了面向机器的语义网，使机器可以"看懂"网络信息内容，从而实现知识组织和发现的自动化。

由于技术、制度、观念和资源的限制，目前的语义网还没有达到普遍使用阶段，但是近些年语义网技术有了较大的发展。2010 年，皮尤公司（PewInternet）就"预测 2020 年语义网目标可能实现程度"访问了 895 位专家。专家中的 47% 同意以下观点："到 2020 年，蒂姆·伯纳斯－李所设想的

·① 蒂姆·伯纳斯－李、马克·菲谢蒂：《编制万维网》，张宇宏、萧风译，上海译文出版社，1999。

语义网不会完全地像创建者期望的那样实用，普通用户不会注意到其中的差别"。但也有41%的专家认为："到2020年，蒂姆·伯纳斯－李设想的语义网取得显著成果，普通用户明白其中的差别。"①

从目前发展状况来看，许多关键技术已经开始从研究阶段向社会化应用过渡，对于网络计量学领域的研究者而言，利用语义网进行深入分析已经为期不远。

在语义网发展过程中，本体具有很重要的地位。本体层将为语义网提供语义级的共享，是语义网的关键所在。本体原本是一个哲学词汇，含义是指"事物的存在"，在计算机相关的学科中，则是指术语学上的核心词汇、概念及它们之间的关系和应用情境等，具有很强的语义特性，有助于实现资源的语义互换和领域应用。在这些概念和技术的基础上，可以实现智能信息检索和机器自动推理。

近年来，国内外许多学者致力于叙词表向本体的转换方法研究，已有几十种叙词表被转换成本体，从小规模、实验性的本体逐步发展为较大规模、可实际应用的本体。特别是国家科技文献中心组织的国家"十二五"科技支撑计划项目《面向外文科技文献信息的知识组织体系建设与应用示范》，其中的一项重要工作就是建设科技知识组织体系（STKOS）素材库、具有一定规模的统一的超级科技词表（包括基础词库、规范概念和范畴）、领域本体和科研本体，在此基础上构建以领域本体为目标的外文科技知识组织体系，最终面向科研创新与科技决策开展深层次知识服务应用研究与示范。

随着本体建设的不断深入，一些基于本体的应用也逐步出现。例如，南京大学在CSSCI数据库基础上，建立了基于本体的知识检索服务平台，并进行了学术期刊关联分析②③④。

---

① Janna Anderson, Lee Rainie, The Fate of the Semantic Web, Pew Internet & American Life Project, May 4, 2010, http://www.pewinternet.org/Reports/2010/Semantic－Web.aspx［2013－1－27］.

② 王昊、苏新宁：《基于CSSCI本体的学科关联分析》，《现代图书情报技术》2010年第10期，第10~16页。

③ 王昊、苏新宁：《CSSCI本体概念模型的构建和描述》，《中国图书馆学报》2009年第3期，第43~51页。

④ 邓三鸿、王昊、苏新宁：《基于CSSCI本体的学术期刊关联分析》，《现代图书情报技术》2011年第3期，第30~37页。

美国的 VIVO 项目也是对科研网络的语义探索。该项目由美国国家卫生研究院资助，康奈尔大学和其他六家机构实施，目标是建设一个脸谱网（Facebook）风格的专业社交系统。VIVO 利用本体和关联数据技术解决科学家在相互联系方面存在问题，科学家通过 VIVO 可以看到网络中研究人员正在进行的其他科学研究，更便捷地找到同行并进行合作。当前，VIVO 项目已经在一些领域有了探索和应用，有些应用可以解决文献计量学长期以来的数据和分析问题。例如，可以使用 ORCID 在 VIVO 系统中辨别人员身份，以区分和确认参与机构特定研究人员与特定作品的作者的关系。ORCID 为研究者与贡献者开放身份标识项目，其目标在于解决全球学术领域长期以来人名的模糊性问题，所标识的人不仅包括了学术机构的研究人员，也包括了参与各项学术过程的人员。还有，通过多语言一体化语言系统，可以提供多个知识组织体系之间的映射结构，使不同术语系统能够依靠表示的概念进行相互转换①。这就有可能在未来将中外文的引文数据库通过分类体系相互连接，进行综合分析和国内外比较。

我们有理由相信，在未来不远的时间，语义网也将为文献计量学提供更大的发展空间。在语义网基础上，内容分析、文本分析技术将发挥更大作用，将会有助于推出更加智能化、有推理能力的分析成果。

2. 关联数据揭示出更丰富的数据关系

2006 年，蒂姆·伯纳斯－李提出关联数据的概念和规范。关联数据是一种在网络中发布、分享、互相联接结构化数据的方法，它将来自于不同领域的数据相互关联，可促使网络信息有序化，并建立虚拟和现实事物之间的联系。文献引用在关联数据中也是一种重要的关系。

近年来，关联数据得到了很多领域的关注，图书馆关联数据也受到重视和推动。2010 年 5 月，W3C 成立了"图书馆关联数据孵化小组"，目的是推动关联数据技术的应用。一些国家已经发布了图书馆关联数据集，并出现成功使用的范例②。

值得关注的是关联数据中有相当一部分是开放数据，这些关联开放数据将

---

① 刘峥：《VIVO 2011 年会议侧记》，2011. ［http：//ir. las. ac. cn/handle/12502/3886］。
② 娄秀明、危红、毛笑菲：《图书馆关联数据孵化小组使命、活动及成果分析》，《图书情报工作》2012 年第 56 卷第 7 期。

科研数据、政府数据、企业数据等进行关联，并建立"可信网络"，即信息资源的来源可追踪或可通过一定算法计算其信度的网络①。

对于文献计量学分析而言，关联数据不但包含文献的引用关系，同时也能够反映出其他更为丰富的相关关系，可以在现有引文基础上，使用关联数据方法来扩展出版物的表征形式，引导潜在参引关联链的形成，构建科学数据集以及对学术争论过程中的观点进行映射等。

目前，关联数据的技术虽然还有发展空间，但是关联数据的未来发展主要制约点在于管理政策、版权和人们对关联数据的接受程度等方面的问题，随着时间的推移，这些问题会逐步解决，未来将会产生更多的关联数据，提供更为广泛的使用。

3. 大数据技术将改变现有的分析能力

"如何收集、保存、维护、管理、分析、共享正在呈指数级增长的数据是我们必须面对的一个重要挑战。从网络摄像头、博客、天文望远镜到超级计算机的仿真，来自于不同渠道的数据以不同的形式如潮水一般向我们涌来。"②

随着数据搜集工具的普遍应用，大数据时代正在来临。

2010 年 12 月，美国总统科学技术顾问委员会和信息技术顾问委员会向奥巴马和国会提交了《规划数据未来》的专门报告，该报告把数据收集和使用的工作，提到了战略的高度。

2011 年 9 月，全球知名咨询公司麦肯锡发布研究报告认为，"大数据"时代到来了，数据已经渗透到每一个行业和业务职能领域，成为一个重要的生产因素。2012 年 3 月，奥巴马政府又进一步推进了其"大数据战略"。政府将投入 2 亿多美元立即启动"大数据研究和发展倡议"（Big Data Research and Development Initiative），以推动大数据的提取、存储、分析、共享和可视化。

同传统数据相比，大数据最有价值的地方在于数据测量的粒度越来越细，收集范围越来越广，使得对社会现象的细节化测量成为可能。有学者认为，大数据将成为我们下一个观察人类自身社会行为的"显微镜"和检测大自然的

---

① 刘炜：《关联数据：概念、技术及应用展望》，《大学图书馆学报》2011 年第 2 期。
② 涂子沛：《大数据》，广西师范大学出版社，2012，第 56 页。

"仪表盘"①。从这个意义上讲，大数据对于社会科学研究具有重要意义。以往各种基于经验和直觉的判断，将有可能基于数据和分析作出，使得社会科学更加科学化和定量化。

同以往的文献计量学数据相比，大数据的数据体量巨大、数据类型繁多、价值密度低，因此从基础设施到分析应用，大数据的处理方式和工具都与传统数据库不同。随着大数据技术的发展，未来对非结构化数据的分析能力以及对大数据的快速处理能力将迅速增强。

对信息搜索、网络浏览和阅读行为进行分析，可能是未来大数据在文献计量学领域中的重要应用。

三　文献计量学应用越来越普遍，研究领域不断拓展

有了数据和技术的强大支持，文献计量学的应用范围不断拓展，影响越来越大，文献计量方法将作为文献分析的一种普及而基本的方法和工具被广泛使用。

文献计量学方法的应用主要有三个方面：一是文献计量学学者进行的理论研究和文献计量分析，经常需要建立复杂模型；二是作为图书情报及科研管理领域实际工作的分析工具，方法相对简单；三是作为一些信息系统的后台支持工具，来揭示文献之间的关联，优化检索效果。

1. 在学科内部的深入研究方面，未来的技术和数据源将为学者提供前所未有的发展空间

除了传统的分析领域，文献计量学在未来还特别适合于以下方面的研究和应用。

（1）用户行为研究。用户行为研究将更为深入，基于用户在互联网上各种信息活动的大数据集合，挖掘出用户进行信息查找、发布、交流的规律和动机，更加深入地揭示信息生产、传播、交流、利用的机制和过程。

（2）对学术研究全流程的分析。以往的文献计量学研究是从学术研究的成果及其引用的角度，分析科学交流的历史和现状。进入数字时代，人们使用的大部分信息都利用网络传播，并通过关联数据对这些内容进行互联，因此，

---

①　涂子沛：《大数据》，广西师范大学出版社，2012，第 57 页。

学术研究的所有行为过程几乎全部在网络环境下进行，我们有可能对学术研究全流程开展分析研究，描绘科学研究的全景。多角度、全方位展示科学信息的产生、传播、交流和利用的机制，这将是与以往完全不同的大视角。

2. 作为文献分析的基本工具，文献计量方法已经得到了广泛的应用

2012 年 9 月 7 日，本书作者以"文献计量学"作为检索词在 CNKI 中检索，除了图书情报领域，还有 74 个领域都有相关的论文，几乎涉及自然科学、工程技术及人文社会科学等各个学科。74 个领域所发表的论文大部分内容是利用文献计量学方法进行文献综述，以及相关的核心期刊研究等，其中发文最多的是医学领域。这说明文献计量方法已经被广泛应用到各学科文献分析和核心期刊研究之中。

在未来，各种应用将更加广泛和普及，尤其在人文社会科学方面。由于以往的定量分析并不多，也不够深入，随着文献计量工具的发展和数据的丰富，文献计量学方法将会应用到各学科的文献热点分析、科研管理及核心期刊评价等多个方面。

3. 文献计量方法作为信息检索的后台应用，将更加普遍

将统计分析结果作为检索系统的一部分，揭示文献之间的联系，以可视化形式展现检索结果，优化检索过程，提供关联功能，文献计量学方法可称为信息检索方面的"无名英雄"。现在有些系统已经提供一些应用，如 Web of Knowledge 和 CNKI，但是还属于个别系统的功能，后台计算也相对比较简单。将来类似的应用会更多，甚至成为检索系统的必备部分。

随着数据的拓展和技术方法的不断进步，以及各种需求的增强，文献计量学研究的内涵和外延都会得到扩展。

四　文献计量学也将迎来更大的挑战

从前面的分析中可以看出，文献计量学作为数据密集型学科，随着数据的增长和技术的进步，将会赢得更大的发展和应用空间。数据源得到空前的拓展，分析手段和方法将有巨大改善，研究结果表现形式将更加丰富，应用范围进一步扩大，从专业化走向普遍使用，人文社会科学领域的研究和应用得到重视。但是与此同时，这个学科也将面临各种新的问题和挑战。

1. 学科的理论发展

文献计量学的理论、方法、应用三个方面中，方法和应用都将有较大发展，但该学科的生命力不但取决于数据、方法、工具，更取决于学科的理论发展。在这个数据驱动的时代，当全社会都在使用数据进行各种分析和决策时，我们既要从其他学科学习新的方法和工具，同时，也要注意到本学科与其他学科之间的界限日益模糊，如何保持本学科的理论发展与学科特色成为学科发展的首要问题。

学科的理论发展方向是一个非常值得重视的问题。传统的文献计量学是以"文献"作为核心的研究对象，奠基于三大经典定律，有引文分析这种专门的分析方法。信息计量学则以"信息单元"作为研究对象，虽然增加了数字资源的相关内容，但实际上当前的研究仍然以传统意义上的期刊文献为主。随着数据引文索引的研制、大数据方法的应用，我们将有可能针对"数据"、"消息"、"事件"等基本的信息单元进行定量研究，因而真正达到"信息"计量学的要求。这是一种质的变化。不管怎样，寻找在信息生产、利用和交流过程中的特点，探索信息生命周期的运行规律，是文献计量学及相关学科永恒的任务。

2. 数据质量控制变得更加重要

虽然大数据时代数据来源更加丰富，但是这也同时意味着数据质量的参差不齐，因此特别需要注意数据质量控制问题。虽然有各种数据处理工具可以进行数据的自动加工和处理，但是每种数据都有不同的特点，也存在不同的问题，这些工具多数只能对一些通用的问题进行规范化，无法解决数据中存在的所有问题，因而数据质量的控制难度越来越大。

（1）大量未经处理的原始数据成为分析对象。搜索引擎、网络原生信息及各种灰色文献等缺乏质量控制，使用前必须对其可用性进行详细分析，并采用多种方式进行数据清洗，使之达到计量分析的基本要求。

（2）复合数据来源的使用增加了数据整合的难度，需要解决不同数据来源之间的对接问题，以及不同数据来源的标准问题等。

（3）各类新型文献也带来的新问题。如机构知识库文献包含大量预印本，如何确定不同版本之间的关系，如何与正式版本进行对接等都是直接影响到分析结果的重要问题。

在这种情况下，认真分析数据结构及存在问题，重视数据的质量控制，防止由于数据质量问题而得出不科学的结论成为文献计量分析的重要工作。

3. 防止文献计量学数据和方法的滥用

当文献计量方法从专业分析工具变成一种普遍使用的工具，数据分析报告从专家的研究成果变成流水线产品时，我们务必要注意对数据和方法的科学使用，防止滥用和误用。

为了方便管理，把复杂的学术评价简化为若干定量指标，在学术评价中的滥用和误用是导致学术界对文献计量学激烈抨击的根本原因。这方面的内容已经在本书第四章进行过详细论述，此处不再赘述。

除了数据样本较少、使用方法不得当等问题之外，还有大量论文仅仅为了使用计量方法而进行计量分析，缺乏深度分析，得到的结论没有新意。与此相似，可视化图像的滥用已经成为期刊投稿中存在的重要问题，少数论文使用过多的可视化图像，但是缺乏相关分析，使得可视化图像成为论文的修饰。

因此，分析者需要认识文献计量学分析的目的和分析环境、数据的代表性和缺陷，防止错误使用和以偏概全，充分注意数据的使用前提条件，利用合适的数据和正确的方法，方能得到科学的结论。否则不但不能揭示事物的本质，反而会在科学的招牌下，得出伪科学的结论。

参考文献

中文文献

THCI:「台湾人文学引文索引核心期刊」收录实施方案, http://www.hrc.ntu.edu.tw/thcicore_ attachments.htm. [2011-8-9]。

艾尔·巴比:《社会研究方法 (上)》, 邱泽奇译, 华夏出版社, 2000。

J. D. 贝尔纳:《科学的社会功能》, 陈体芳译, 广西师范大学出版社, 2003。

蒂姆·伯纳斯-李、马克·菲谢蒂:《编制万维网》, 张宇宏、萧风译, 上海译文出版社, 1999。

布劳温:《科学计量学指标 32 国自然科学文献与引文影响的比较分析》, 赵红州、蒋国华译, 科学出版社, 1989。

蔡蓉华、史复洋:《〈中文核心期刊要目总览〉研究综述》,《大学图书馆学报》2002 年第 5 期。

曹学艳、胡文静:《我国文献计量学进展研究》,《情报杂志》2004 年第 2 期。

陈超美著《CiteSpace Ⅱ: 科学文献中新趋势与新动态的识别与可视化》, 陈悦等译,《情报学报》2009 年第 28 卷第 3 期。

陈定权:《同引分析与可视化技术》,《情报科学》2005 年第 23 卷第 4 期。

陈定权：《自动主题搜索的应用研究》，博士论文，中国科学院研究生院（文献情报中心），2003。

陈光祚：《布拉福德定律在测定核心期刊中的局限性》，《情报科学》1981年第1期。

陈其荣、曹志平：《科学基础方法论——自然科学与人文、社会科学方法论比较研究》，复旦大学出版社，2005。

陈光华、陈雅琦：《台湾人文学引用文献资料库之建置》，［2009-4-7］http：//www. lis. ntu. edu. tw / ~ khchen/ writtings/pdf/blac2000. pdf。

陈光华、刘书砚：《台湾人文学引文索引与其核心期刊》，http：//www. docin. com/p –55061361. html.［2011-9-6］。

褚俊海：《CSSCI：学术界的窃国大盗》，学术批评网首发2010年1月2日，http：//www. acriticism. com/ article. asp？ Newsid = 11839&type = 1000.［2011-12-5］。

邓林、黄德生：《基于SSCI数据库的环境经济学学术研究趋势分析》，《安徽农业科学》2010年第12期。

邓三鸿、王昊、苏新宁：《基于CSSCI本体的学术期刊关联分析》，《现代图书情报技术》2011年第3期。

丁国栋、王斌、白硕：《Web超链挖掘：中国境内Web图结构研究》，《计算机工程》2005年第31卷第14期。

丁学东：《文献计量学基础》，北京大学出版社，1993。

窦曦骞、祁延莉：《特征因子与论文影响力指标初探》，《大学图书馆学报》2009年第6期。

段宇峰：《网络链接分析与网站评价研究》，北京图书馆出版社，2005。

范并思：《中国社会科学的发展与变革——文献统计与分析》，《浙江学刊》1999年第3期。

冯艺东、汪国平、董士海：《信息可视化》，《工程图学学报》2001年增刊。http：//www. graphics. pku. edu. cn/ papers/download/17 综述2. pdf.［2009-5-21］。

格伦策尔（Glänzel）：《也谈h指数的机会和局限性》，《科学观察》2006

年第 1 期。

郭碧坚:《科技管理中的同行评议:本质、作用、局限、替代》,《科技管理研究》1995 年第 4 期。

郭明政:《以 SSCI 及 TSSCI 为名的学术大屠杀》,http://www.docin.com/p-233245.html.〔2011-8-9〕。

亨克·F·莫德:《科研评价中的引文分析》,佟核丰等译,科学技术文献出版社,2010。

胡海波、王林:《幂律分布研究简史》,《物理》2005 年 34 卷第 12 期。

胡利勇、陈定权:《引文分析可视化研究》,《情报技术》2004 年第 11 期。

黄国彬、孟连生:《1989~2005 年中国期刊评价发展述评》,《数字图书馆论坛》2007 年第 3 期。

黄厚铭:《SSCI TSSCI 与台湾社会科学学术评鉴制度》,《图书馆学与资讯科学》2005 年第 31 卷第 4 期。

姜晓辉主编《中国人文社会科学核心期刊要览》,社会科学文献出版社,2004。

姜晓辉主编《中国人文社会科学核心期刊要览》,社会科学文献出版社,2008。

蒋颖:《1995~2004 年文献计量学研究的共词分析》,《情报学报》,2006 年第 4 期。

蒋颖:《因特网学术资源评价:标准和方法》,《图书情报工作》1998 年第 11 期。

蒋颖:《中文化学期刊文献的引文分析(1985-1989)》,硕士论文,北京大学,1991。

蒋颖、金碧辉、刘筱敏等:《期刊论文的作者合作度与合作作者的自引分析》,《图书情报工作》2000 年第 12 期。

教育部:《关于进一步改进高等学校哲学社会科学研究评价的意见》,教社科〔2011〕4 号,2011。

金碧辉、Loet Leydesdorff、孙海荣等:《中国科技期刊引文网络:国际影响和国内影响分析》,《中国科技期刊研究》2005 年第 2 期。

金碧辉、Rousseau Ronald:《R 指数 AR 指数——指数功能扩展的补充指标》,《科学观察》2007 年第 3 期。

金碧辉等:《SCI 期刊定量指标的国际比较》,《中国科技期刊研究》2002 年第 2 期。

金碧辉等:《中国科技期刊引文网络:国际影响和国内影响分析》,《中国科技期刊研究》2005 年第 2 期。

靖钦恕、线家秀:《中国自然科学核心期刊》,《世界图书》1988 年第 1 期。

科学技术部等:《关于改进科学技术评价工作的决定》,国科发基字〔2003〕142 号,2003。

匡兴华:《布氏定律的维氏推论 维氏公式的布氏近似》,《情报科学》1983 年第 1 期。

李秋实、王智琦、李媛:《基于 CSSCI 的中国社会科学文献引文实证研究》,《情报资料工作》2008 年第 1 期。

李文、管美凤:《〈全国报刊索引〉50 周年纪念——回忆与期望》,《中国索引》2005 年第 3 期。

李运景、侯汉清、薛春香等:《可视化同被引分析技术综述》,《图书情报工作》2008 年第 11 期。

李运景、侯汉清:《引文分析可视化研究》,《情报学报》2007 年第 26 卷第 2 期。

李运景、侯汉清、裴新涌:《引文编年可视化软件 HistCite 介绍与评价》,《图书情报工作》2006 年第 50 卷第 12 期。

李运景等:《可视化同被引分析技术综述》,《图书情报工作》2008 年第 11 期。

梁春阳:《民族研究核心期刊初探》,《图书理论与实践》1990 年第 1 期。

林菡密、孙绍荣:《2001～2010 年基于 CSSCI 的行为经济学文献计量分析》,《现代情报》2011 年第 31 卷第 5 期。

林聚任:《社会网络分析:理论、方法与应用》,北京师范大学出版社,

2009。

林夏著《信息可视化与内容描述（上）》，张学福译，《图书情报工作动态》2005年第8期。

林夏著《信息可视化与内容描述（下）》，张学福译，《图书情报工作动态》2005年第9期。

刘大椿等：《人文社会科学研究成果评价体系研究》，经济科学出版社，2009。

刘明：《学术评价制度批判》，长江文艺出版社，2006。

刘雁书、方平：《利用链接关系评价网络信息的可行性研究》，《情报学报》2002年第21卷第4期。

刘炜：《关联数据：概念、技术及应用展望》，《大学图书馆学报》2011年第2期。

刘友华等：《学术网站评价指标体系的构建与应用》，《情报科学》2008年第26卷第1期。

刘则渊、陈悦、侯海燕等：《科技哲学与科技管理丛书．科学知识图谱：方法与应用》，人民出版社，2008。

娄秀明、危红、毛笑菲：图书馆关联数据孵化小组使命、活动及成果分析，《图书情报工作》2012年第56卷第7期。

鲁索（Ronald Rousseau）：《评价科研机构的文献计量学和经济计量学指标》，载蒋国华主编《科研评价与指标》，红旗出版社，2000。

陆伯华：《用文摘法确定核心期刊及其局限性》，《情报科学》1983年第3期。

陆伯华主编《国外科技核心期刊手册》，世界图书出版公司，1991。

吕本富：《中国化学期刊评价研究——引文法评价期刊》，硕士论文，北京大学，1991。

罗式胜：《核心期刊综合鉴定法探讨》，《图书与情报》1987增刊第1期。

马费成、陈锐：《科学信息离散分布的机理分析》，《中国图书馆学报》2000年第5期。

马费成、陈锐：《科学信息离散分布规律研究——从文献单元到内容单元的实证分析（Ⅱ）：文献离散分布的布氏区域分析》，《情报学报》1999 年第 2 期。

马费成、陈锐、袁红：《科学信息离散分布规律的研究——从文献单元到内容单元的实证分析（Ⅰ）：总体研究框架》，《情报学报》1999 年第 1 期。

孟连生：《中文科学引文分析》，《情报科学》1983 年第 1 期。

摩尔斯（Robert J. Morse）：《〈美国新闻与世界报道〉大学排名经验及美国高等教育政策》，《评价与管理》2010 年第 4 期。

莫德（Henk F Moed）：《h 指数构建有创意 用于评价要慎重》，《科学观察》2006 年第 1 期。

南京大学：《首个〈中文图书引文索引 - 人文社会科学〉示范数据库研制成功》，2012 年 10 月 1 日，http：//skch. nju. edu. cn/iwms/show. aspx？id = 1200&cid = 37.［2013 - 1 - 7］。

南开大学中国图书馆网站评价研究组：《图书馆网站评价的基本理论问题》，《国家图书馆学刊》2009 年第 3 期。

南开大学中国图书馆网站评价研究组：《我国 "211" 高校图书馆网站评价》，《国家图书馆学刊》2009 年第 3 期。

南开大学中国图书馆网站评价研究组：《我国省级公共图书馆网站评价》，《国家图书馆学刊》2009 年第 3 期。

庞景安：《网络环境中的文献计量学经典定律》，《图书情报工作》2009 年第 53 卷第 2 期。

庞景安、武夷山执笔《中国科技界应当如何对待 SCI》，《光明日报》2002 年 1 月 18 日 B01 版。

钱荣贵：《核心期刊与期刊评价》，中国传媒大学出版社，2006。

秦长江：《人文社会科学引文数据在不同引文数据库中的差异及其原因分析》，《新世纪图书馆》2010 年第 6 期。

清华大学中国学术期刊电子杂志社：《中国学术期刊综合引证报告（2004 版）》，2004。

邱均平：《信息计量学（一）信息计量学的兴起和发展》，《情报理论与实践》2000 年第 1 期。

邱均平、陈敬全、段宇锋：《中国大学网站链接分析及网络影响因子探讨》，《中国软科学》2003 年第 6 期。

邱均平等：《中国学术期刊评价的特色、做法与结果分析》，《重庆大学学报（社会科学版）2008 年第 14 卷第 4 期。

邱均平等编著《中国学术期刊评价研究报告——权威期刊和核心期刊排行榜》，科学出版社，2009。

屈宝强、王建芳、齐向华：《近十年我国文献计量学研究述评》，《情报理论与实践》2003 年第 5 期。

塞沃尔，M.：《链接分析：信息科学的研究方法》，孙建军等译，东南大学出版社，2009。

石玉华、邓汝邦：《社会科学核心网站的评价标准与方法》，《情报资料工作》2005 年第 6 期。

宋歌：《引文搜索引擎 CiteSeerx 设计原理及检索》，《中国索引》2008 第 3 期。

苏新宁：《入选 CSSCI 来源期刊应关注的问题》，《中国社会科学院报》2008 年 10 月 16 日第 6 版。

苏新宁主编《中国人文社会科学期刊学术影响力报告（2009 版）》，中国社会科学出版社，2009。

苏新宁主编《中国人文社会科学学术影响力报告（2000 - 2004）》，中国社会科学出版社，2007。

孙亦樑、徐克敏：《勿轻视 SCI，勿滥用 SCI》，《中国科技期刊研究》2002 年第 1 期。

唐磊：《国外人文社会科学评价体系及其最新发展》，载黄长著、黄育馥主编《国外人文社会科学政策与管理研究》，社会科学文献出版社，2008。

涂子沛：《大数据》，广西师范大学出版社，2012。

万良春：《我对"核心期刊"的看法》，《图书馆工作与研究》1983 年第 1 期。

汪继南：《CSSCI 与中国期刊网引文评价比较》，《上饶师范学院学报》2004 年第 5 期。

王崇德:《布拉德福定律及其近似计算》,《图书馆情报工作》1995 年第 4 期。

王崇德:《布拉德福定律两种形式的一致性》,《情报杂志》1985 年第 2 期。

王昊、苏新宁:《CSSCI 本体概念模型的构建和描述》,《中国图书馆学报》2009 年第 3 期。

王昊、苏新宁:《基于 CSSCI 本体的学科关联分析》,《现代图书情报技术》2010 年第 10 期。

王津生:《浅谈布拉德福分散定律及其应用》,《情报科学》1980 年第 2 期。

王婧、华薇娜:《国内外文科引文索引数据库检索功能比较》,《新世纪图书馆》2011 年第 1 期。

王恺荣:《刍论网络引文文献对评价核心期刊的影响》,《情报科学》2003 年第 3 期。

王丽伟:《基于链接的网络计量指标与科学评价》,硕士论文,吉林大学,2006。

王伟:《Dhawan 期刊筛选模型的确立》,《情报学刊》1987 年第 2 期。

王秀成:《利用引文分析法测定核心期刊的局限性及综合测定核心期刊的新模型》,《情报理论与实践》1989 年第 6 期。

王知津、姚广宽:《三大中文数据库引文功能比较——CNKI、Vip 和 CSSCI 实证研究》,《图书情报知识》,2005 年第 3 期。

王知津、郑红军、张收棉:《网络计量学的理论、方法及应用》,《中国图书馆学报》2005 年第 4 期。

威尔特曼（Niels Weertman）:《利用文献计量学统计方法进行科研评价》,http：//china. elsevier. com/htmlmailings /NielsCN. pdf. ［2009 - 4 - 9］。

吴尔中:《核心期刊的意义及其鉴定法》,《世界图书 B 辑》1981 年第 6 期。

武书连、吕嘉、郭石林:《中国大学研究与发展成果评价（节录）》,《科学学与科学技术管理》1997 年第 7 期。

新闻出版总署:《2009 年全国新闻出版业基本情况》, http://www.gapp.gov.cn/cms/html/21/1392/201009/702850.html.[2011-9-14]。

熊滨:《我国文献计量学论文的主题分布研究》,《江西图书馆学刊》2003 年第 4 期。

杨殿梅:《最佳期刊订阅方案的数学模型》,《情报学报》1989 年第 2 期。

杨思洛:《国外网络引文研究的现状及展望》,《中国图书馆学报》2010 年第 36 卷第 4 期。

杨思洛、仇壮丽:《网络引文研究现状及展望》,《图书情报工作》2009 年第 53 卷第 10 期。

杨廷郊、马费城:《布拉德福定律的理论发展》,《技术与市场》1981 年第 4 期。

杨廷郊:《论核心期刊的科学选择(上)——科技期刊引用的调查与分析》,《图书情报知识》1984 年第 5 期。

杨廷郊、马费城:《布拉德福定律的基本原理及应用》,《技术与市场》1981 年第 3 期。

杨学山:《布赖特福定律原理浅析》,《情报科学》1981 年第 5 期。

杨玉圣:《炮轰 CSSCI(论纲)——兼论学术腐败》,学术批评网转发首发 2010 年 1 月 14 日, http://www.acriticism.com/article.asp?Newsid=11344.[2012-4-5]。

姚虹霞、张华:《我国核心期刊评价体系的研究现状、问题及解决途径》,《情报科学》2009 年第 10 期。

叶鹰、唐健辉、赵星:《h 指数与 h 型指数研究》,科学出版社,2011。

易克信、赵国琦主编《社会科学情报理论与方法》,社会科学文献出版社,1992。

尤金·加菲尔德:《引文索引法的理论及应用》,侯汉清等译,北京图书馆出版社,2004。

于澄洁:《SCI(E)、SSCI 和 A&HC 收录中国期刊的新变化》,《科技文献信息管理》2010 年第 1 期。

于澄洁:《SCI、SSCI 和 A&HCI 2008 年收录的中国期刊》,《科技文献信息管理》2009 年第 1 期。

于鸣镝：《三论引文选刊的局限性》，《图书情报工作》1990 年第 6 期。

于鸣镝：《引文选刊的局限性》，《图书情报工作》1983 年第 3 期。

于鸣镝：《再论引文选刊的局限性》，《图书情报工作》1989 年第 6 期。

余三定：《岂能"只认衣裳不认人"——"CSSCI 风波"引发的思考》，《人民日报》2010 年 7 月 30 日。

俞培果、邱均平：《Web 页面链接动机及链接测度研究》，《情报科学》2003 年第 21 卷第 3 期。

袁曦临：《人文社会科学学科分类体系研究》，博士学位论文，南京大学，2011。

袁毅：《核心期刊网站评选的理论与方法》，北京图书馆出版社，2005。

袁毅：《网络结构单元中学术信息分布规律研究》，《现代情报》2006 年第 2 期。

曾建勋主编《2006 年版中国期刊引证报告（扩刊版）》，科学技术文献出版社，2006。

曾建勋主编《2009 年版中国期刊引证报告（扩刊版）》，科学技术文献出版社，2009。

张世怡、刘春茂：《中文网站社会网络分析方法的实证研究》，《情报科学》2011 年第 29 卷第 2 期。

张文彤主编《Spss 11 统计分析教程》，北京希望电子出版社，2002。

张晓林等：《开放获取学术信息资源：逼近"主流化"转折点》，《图书情报工作》2012 年第 9 期。

张洋：《期刊 Web 下载总频次的布拉德福分布研究》，《图书情报知识》2006 年第 11 期。

张洋：《网络影响因子研究综述》，《中国图书馆学报》2010 年第 1 期。

张洋、张洁：《近年来图书情报期刊引用网络文献的计量分析》，《图书情报工作》2010 年第 54 卷第 2 期。

张玥、朱庆华：《Web 210 环境下学术交流的社会网络分析——以博客为例》，《情报理论与实践》2009 年第 8 期。

赵丹群：《中文地震学期刊文献的引文分析（1985－1988）》，硕士论文，北京大学，1989。

赵党志：《1987年中文农业科学期刊文献的引文分析》，硕士论文，北京大学，1989。

赵党志：《信息计量学与网络计量学》，载储荷婷、张茵主编《图书馆信息学》，中国人民大学出版社，2007。

赵蓉英等：《我国五大数据库引文功能的比较研究》，《情报理论与实践》2008年第4期。

赵星、高小强、唐宇：《SJR与影响因子、h指数的比较及SJR的扩展设想》，《大学图书馆学报》2009年第2期。

中国科技信息研究所：《2011年度中国科技论文统计结果》，http：//www. istic. ac. cn/tabid/640/default. aspx. ［2012－6－8］。

周萍、Loet Leydesdorff、武夷山：《中国科技期刊引文环境的可视化》，《中国科技期刊研究》2005年第6期。

周涛等：《复杂网络研究概述》，《物理》2005年第34卷第1期。

周晓虹：《当代中国研究的历史与现状》，《南京大学学报》2002年第3期。

朱强、戴龙基、蔡蓉华主编《中文核心期刊要目总览（2008年版）》，北京大学出版社，2008。

邹志仁：《〈中文社会科学引文索引〉（CSSCI）的新进展》，《南京大学学报（哲学·人文科学·社会科学）》2002年第39卷第5期。

英文文献

Abbott, A. et al. , "Do Metrics Matter? ", *Nature* Vol. 465 （2010）: 860 - 862.

Abraham, Ralph H. , Webometry: Chronotopography of the World Wide Web, http: //www. cindoc. csic. es/cybermetrics/pdf/3. pdf. ［2006 - 5 - 25］.

Abraham, Ralph H. , Webometry: Measuring the Complexity of the World

Wide Web, http：//www. ralph － abraham. org/articles/MS% 2385. Web1/.
[2006 － 5 － 25].

Abraham, Ralph H. , Webometry：Measuring the Synergy of the World Wide
Web, http：//www. pacweb. com/ ~ rha/ralph － abraham/articles/MS% 2388. Web2/.
[2006 － 5 － 25].

Adamic, L. A. , and Huberman, B. A. , "Power － law Distribution of the
World － Wide Web", *Science* Vol. 287, No. 5461 (2000)：2115.

Almind, T. C. , and Ingwersen, P. "Informetric Analyses on the World Wide
Web：Methodological Approaches to 'Webometrics' ", *Journal of Documentation*,
Vol. 53, No. 4 (1997)：404 － 426.

Anderson, J. , and Rainie, L. , The Fate of the Semantic Web, Pew Internet &
American Life Project, May 4, 2010, http：//www. pewinternet. org/Reports/
2010/Semantic － Web. aspx. [2013 － 1 － 27].

Archambault, É. , and Gagné, É. V. , The Use of Bibliometrics in the Social
Sciences and Humanities, Science － Metrix Final Report, P repared the Social
Sciences and Humanities Research Council of Canada, 2004, http：//www.
science － metrix. com/pdf/SM _ 2004 _ 008 _ SSHRC _ Bibliometrics _ Social _
Science. pdf. [2012 － 8 － 8].

Archambault, É. et al. , " Benchmarking Scientific Output in the Social Sciences
and Humanities：the Limits of Existing Databases", *Scienctometrics* Vol. 68, No. 3
(2006)：329 － 342.

Bakkalbasi, Nisa et al. , " Three Options for Citation Tracking：Google
Scholar, Scopus and Web of Science", *Biomedical Digital Libraries* 3 (2006)：7,
http：//eprints. rclis. org/archive/00006080/. [2011 － 9 － 9].

Bar － Ilan, Judit, "Data Collection Methods on the Web for Infometric
Purposes — A Review and Analysis", *Scientometrics* Vol. 50, No. 1 (2001)：7 － 32.

Barabási, Albert － László, and Albert, Réka, "Emergence of Scaling in
Random Networks", *Science* Vol. 286, No. 5439 (1999)：509 － 512.

Bauin, S. et al. , "Using Bibliometrics in Strategic Analysis："Understanding

Chemical Reactions" at the CNRS", *Scientometrics* Vol. 22, No. 1 (1991): 113 – 137.

Björneborn, Lennart, and Ingwersen, Peter, "Toward a Basic Framework for Webometrics", *Journal of the American Society for Information Science and Technology* Vol. 55 No. 14 (2004): 1216 – 1227.

Björneborn, Lennart, Small – World Link Structures across an Academic Web Space: A Library and Information Science Approach (Ph. D. thesis, the Department of Information Studies, Royal School of Library and Information Science, Denmark, 2004).

Bollen, Johan, and Van de Sompel, Herbert, "Usage Impact Factor: The Effects of Sample Characteristics on Usage – based Impact Metrics", *Journal of the American Society for Information Science and Technology* Vol. 55, No. 1 (2008): 136 – 149.

Bollen, Johan et al., "A Principal Component Analysis of 39 Scientific Impact Measures", *PLoS ONE* Vol. 4, No. 6 (2009): e6022. doi: 10.1371/journal. pone. 0006022. [2011 – 11 – 16].

Borner, K., Chen, C., and Boyack, K. W., "Visualizing Knowledge Domains", *Annual Review of Information Science & Technology* 2003: 179 – 255.

Bossy, M. J., "The Last of the Litter: 'Netometrics'", *Solaris Information Communication* No. 2 (1995): 245 – 250. http://biblio – fr. info. unicaen. fr/ bnum/jelec/Solaris/d02/2bossy. html. [2011 – 4 – 2].

Bradford, S. C., "Sources of Information on Specific Subjects", *Engineering* Vol. 137 (1934): 85 – 86, Reprinted in *Journal of Information Science* Vol. 10 (1985): 176 – 180.

Braun, T., Glänzel, W., and Schubert, A., "A Hirsch – type Index for Journals", *Scientometrics* Vol. 69, No. 1 (2006): 169 – 173.

Breeding, Marshall, "Automation Marketplace 2012: Agents of Change". *Library Journal.* Vol. 137 Issue 6 (2012): 30 – 36

Brin, S., and Page, L., The Anatomy of a Large – Scale Hypertextual Web

Search Engine, http: //infolab. stanford. edu/pub/papers/google. pdf. [2011 – 4 – 1].

Broder, A. et al. , "Graph Structure in the Web", *Computer Networks* Vol. 33, No. 1 – 6 (2000): 309 – 320.

Brooks, T. A. , "The Nature of Meaning in the Age of Google", *Information Research* Vol. 9, No. 3 (2004). http: //InformationR. net/ir/9 – 3/paper180. html. [2011 – 4 – 2].

Callon, M. , Courtial, J. P. , and Laville, F. , "Co – word Analysis as a Tool for Describing the Network of Interactions between Basic and Technological Research: The Case of Polymer Chemistry", *Scientometrics* Vol. 22, No. 1 (1991): 155 – 205.

Callon, M. , Law, J. , and Rip, A. , ed. , Mapping the Dynamics of Science and Technology: Sociology of Science in the Real World (Macmillan, 1986).

Chakrabarti, S. et al. , The Structure of Broad Topics on the Web (Proceedings of the WWW2002 Conference, 2002) http: //www2002. org/ CDROM/refereed/338/. [2006 – 5 – 25].

Chen, Chaomei et al. , Identifying Thematic Variations in SDSS Research (The 9th International Conference on the Statistical Analysis of Textual Data. March 12 – 14, 2008, Lyon, France), pp. 319 – 330.

Chen, Chaomei et al. , "Towards an Explanatory and Computational Theory of Scientific Discovery", *Journal of Informetrics*, Vol. 3, No. 3 (2009): 191 – 209.

Chen, Chaomei, and Paul, Ray J. "Visualizing a Knowledge Domain's Intellectual Structure", *Computer March* (2001): 65 – 71.

Chen, Chaomei, "CiteSpace II: Detecting and Visualizing Emerging Trends and Transient Patterns in Scientific Literature", *Journal of the American Society for Information Science and Technology* Vol. 57, No. 3 (2006): 359 – 377.

Chen, Chaomei. , Lin, Xia, and Zhu, Weizhong, Trailblazing through a Knowledge Space of Science: Forward Citation Expansion in CiteSeer", In Grove, Andrew, Eds. , Proceedings of the 69th Annual Meeting of the American Society for

Information Science and Technology (ASIS&T, Austin, TX. November 3 – 8, 2006), http: //eprints. rclis. org/archive /00008019/01/chen _ traiblazing. pdf. [2009 – 4 – 8].

Chu, Heting , "Taxonomy of Inlinked Web Entities: What Does It Imply for Webometric Research? ", *Library & Information Science Research* Vol. 27, No. 1 (2005): 8 – 27.

Clemens, Elisabeth S. et al. , " Careers in Print: Books, Journals, and Scholarly Reputations", *The American Journal of Sociology* Vol. 101, No. 2 (1995): 433 – 494.

Courtial, J. P. , " A Coword Analysis of Scientometrics", *Scientometrics* Vol. 31, No. 3 (1994): 251 – 60.

Di Cesare, R. , Luzi, D. , and Ruggieri, R. , The Impact of Grey Literature in the Web Environment: A Citation Analysis Using Google Scholar (Ninth International Conference on Grey Literature : Grey Foundations in Information Landscape, 10 – 11 December 2007) http: //opensigle. inist. fr/bitstream/10068/ 697876/2/GL9% 2c _ Di _ Cesare _ et _ al% 2c _ 2008% 2c _ Conference _ Preprint. pdf. [2011 – 3 – 10].

Ding, Y. , Chowdhury, G. . C. , and Foo, S. , "Bibliography of Information Retrieval Research by Using Co – word Analysis", *Information Processing and Management* Vol. 37, No. 6 (2000): 817 – 842.

Donato, Debora, et al. , "Mining the Inner Structure of the Web Graph", *Journal of Physics A: Mathematical and Theoretical* , Vol. 41, No. 22 (2008): 224017.

Egghe, Leo, and Rousseau, Ronald, "A General Framework for Relative Impact Indicators", *Canadian Journal of Information and Library Science* Vol. 27, No. 1 (2003): 29 – 48.

Egghe, Leo, "Theory and Practise of the g – index", *Scientometrics* Vol. 69, No. 1 (2006): 131 – 152.

Egghe, Leo, " The Dual of Bradford's Law", *Journal of the American Society for Information Science* Vol. 37, No. 4 (1986): 246 – 255.

ERIH, ERIH Objectives, http://www.esf.org/index.php? eID = tx _ nawsecuredl&u = 0&file = fileadmin/ be_ user/research_ areas/HUM/Documents/ ERIH/Info_ Days/erih _ launch _ pt. 1 _ v. 2. ppt&t = 1238816310&hash = 3b12e93400a1b206d41f402139ad1ccc. [2011 – 7 – 29].

ERIH, European Reference Index for the Humanities (ERIH) Report 2008 – 2009, http://www.esf.org/index.php? eID = tx_ nawsecuredl&u = 0&file = fileadmin/ be_ user/research_ areas/HUM/Documents/NETWORKS/ERIH_ Report_ 2008_ 2009. pdf&t = 1311997766&hash = bfd592c44c5cb1f2d9cb1563100d25ac. [2011 – 7 – 29].

European Commission, Mapping of Excellence in Economics, Luxembourg: Office for Official Publications of the European Communities, 2004.

Excellence in Research for Australia 2010 Report, 2010, http:// www. arc. gov. au/era/era_ 2010/outcomes_ 2010. htm. [2012 – 6 – 13].

Faba – Perez, C., and Guerrero – Bote, V. P., "Sitation Distributions and Bradford's Law in a Closed Web Space", *Journal of Documentation* Vol. 59, No. 5 (2003): 558 – 580.

Glänzel W., and Schoepflin U., "A Bibliometric Study of Reference Literature in the Sciences and Social Sciences", *Information Processing and Management* Vol. 35 (1999): 31 – 44.

Glänzel, W., and Schoepflin, U., "A Bibliometric Study of Reference Literature in the Sciences and Social Sciences", *Information Processing and Management*, Vol. 35 (1999): 31 – 44.

Gogolin, Ingrid et al., "European Social Science Citation Index: A Chance for Promoting European Research?", *European Educational Research Journal* Vol. 2, No. 4 (2003): 574 – 593.

Goodrum, A. A. et al., "Scholarly Publishing in the Internet Age: A Citation Analysis of Computer Science Literature", *Information processing and management* 37 (2001): 661 – 675.

Harries, Gareth et al., "Hyperlinks as a Data Source for Science Mapping", *Journal of Information Science* Vol. 30, No. 5 (2004): 436 – 447.

HEFCE, Analysis of Data from the Pilot Exercise to Develop Bibliometric Indicators for the REF——The Effect of Using Normalised Citation Scores for Particular Staff Characteristics, HEFCE Issues paper, February 2011, http: // www. hefce. ac. uk/pubs/hefce/2011/11_ 03/. [2011 – 11 –17].

HEFCE, Report on the Pilot Exercise to Develop Bibliometric Indicators for the Research Excellence Framework, HEFCE Issues Paper, September 2009, http: //www. hefce. ac. uk/pubs/hefce/2009/09_ 39/. [2011 – 11 –17].

Hicks, D. , and Wang, J. , Towards a Bibliometric Database for the Social Sciences and Humanities, 2009, http: //works. bepress. com/diana _ hicks/18. [2011 – 12 –7].

Hicks, D. , "Coverage and Overlap of the New Social Science and Humanities Journal Lists", *Journal of the American Society for Information Science and Technology*, Vol. 62, No. 2 (2011): 283 – 294, 201.

Hicks, D. , "The Difficulty of Achieving Full Coverage of International Social Science Literature and the Bibliometric Consequences", *Scientometrics* Vol. 44, No. 2 (1999): 193 – 215.

Hicks, D. , " The Four Literatures of Social Science ", Handbook of Quantitative Science and Technology Research, ed. H. F. Moed. (Kluwer Academic, 2005), 473 – 496.

Hirsch, J. E. , "An Index to Quantify an Individual's Scientific Output", *PNAS Vol.* 102, *No.* 46 (2005): 16569 – 16572.

Ingwersen, Peter, " The Calculation of Web Impact Factors ", *Journal of Documentation* Vol. 54, No. 2 (1998): 236 – 243.

Jepsen, Erik Thorlund et al. , "Characteristics of Scientific Web Publications: Preliminary Data Gathering and Analysis", *Journal of the American Society for Information Science and Technology*, Vol. 55, No. 14 (2004): 1239 – 1249.

Katz, J. Sylvan, Bibliometric Indicators and the Social Sciences, Report for ESRC, 1999. http: //www. google. com. hk/url? q = http: //citeseerx. ist. psu. edu/viewdoc/ download% 3Fdoi% 3D10. 1. 1. 33. 1640% 26rep% 3Drep1% 26type% 3Dpdf&sa = U&ei =

uKCWTr2WEImSiAeTwJSfBQ&ved = 0CBUQFjAA&usg = AFQjCNHCC _
n7EHTiVsjOwZg0EoktPw03JA. [2011 – 10 – 13].

Kim, H. J. , "Motivations for Hyperlinking in Scholarly Electronic Articles: A Sualitative Study", *Journal of the American Society for Information Sciences* Vol. 51 , No. 10 (2000) : 887 – 899.

Kousha, K. , and Thewall, M. , "Sources of Google Scholar Citations outside the Science Citation Index: A Comparison between Four Science Disciplines", *Scientometrics* Vol. 74 , No. 2 (2008) : 273 – 294.

Lamont, Michèle, and Mallard, Gregoire, Peer Evaluation in the Social Sciences and Humanities Compared: The United States, the United Kingdom and France, Report prepared for the Social Sciences and Humanities Research Council of Canada, 2005 , http: //www. wjh. harvard. edu/ ~ mlamont/SSHRC – peer. pdf . [2011 – 12 – 7].

Law, J. et al. , " Policy and the Mapping of Scientific Change: A Co – word Analysis of Research into Environmental Acidfication", *Scientometrics* Vol. 14 , No. 3 – 4 (1988) : 251 – 264.

Mayr, Philipp, "Applying Bradford's Law of Scattering in Digital Libraries", http: //www. ib. hu – berlin. de/ ~ mayr /arbeiten/mayr – ISSI07.pdf. [2011 – 8 – 9].

Moed, H. F. , "Bibliometric Indicators Reflect Publication and Management Strategies", *Scientometrics* Vol. 47 , No. 2 (2000) : 323 – 346.

Narin, F. , Evaluative Bibliometrics: The Use of Publication and Citation Analysis in the Evaluation of Scientific Activity, Computer Horizons Inc. , 1976. http: //yunus. hacettepe. edu. tr/ ~ tonta/ courses/ spring2011/ bby704/ narin _ 1975_ eval – bibliometrics_ images. pdf. [2011 – 12 – 19].

Nederhof, A. J. , Van Leeuwen, T. N. , and Tijssen, R. J. W. , International Benchmarking and Bibliometric Monitoring of UK Research Performance in the Social Sciences: A CWTS Report for the ESRC Leiden, University of Leiden: Centre for Science and Technology Studies, 2006.

Norris, Michael, and Oppenheim, Charles, Bibliometric Databases——Scoping Project, ESRC report 25, http://www. esrc. ac. uk/_ images/ Bibliometric_ Databases_ Scoping_ Project_ tcm8 – 4862. pdf. [2011 – 12 – 12].

Norris, Michael, and Oppenheim, Charles, "Comparing Alternatives to the Web of Science for Coverage of the Social Sciences' Literature", *Journal of Informetrics* Vol. 1, No. 2 (2007): 161 – 169.

Noruzi, A., "Google Scholar: The New Generation of Citation Indexes", *LIBRI* Vol. 55, No. 4 (2005): 170 – 180.

Noruzi, A., "The Web Impact Factor: A Critical Review", *The Electronic Library* Vol. 24, No. 4 (2006): 490 – 500.

Noyons, E. C. M., Moed, H. F., and Luwel, M., "Combining Mapping and Citation Analysis for Evaluative Bibliometric Purposes", *Journal of the American Society for Information Science* Vol. 50, No. 2 (1999): 115 – 131.

Page, Lawrence et al., The PageRank Citation Ranking: Bringing Order to the Web, 1998, http://www – db. stanford. edu/ ~ backrub/pageranksub. ps. [2012 – 2 – 28].

Park, H. W., "Examining the Determinants of Who is Hyperlinked to Whom: A Survey of Webmasters in Korea", *First Monday*, Vol. 7, No. 11 (2002). http://firstmonday. org/htbin/ cgiwrap/bin/ojs/index. php/fm/ article/view/1005/ 926. [2011 – 4 – 2].

Park, H. W., Barnett, G. A., and Nam, I., "Hyperlink – affiliation Network Structure of Top Web Sites: Examing Affiliates with Hyperlink in Korea", *Journal of the American Society for Information Science and Technology* Vol. 53, No. 7 (2002): 592 – 601.

Pattern, Dave, Free Book Usage Data from the University of Huddersfield. http://www. daveyp. com/blog/archives/528. [2012 – 7 – 17].

Pennock, D. et al., "Winners Don't Take All: Characterizing the Competition for Links on the Web", *Proceedings of the National Academy of Sciences*, Vol. 99, No. 8 (2002): 5207 – 5211.

368

Ramírez, A. M. , García, E. O. , and Delrío, J. A. , "Renomailized Impact Factor", *Scientometrics* Vol. 47, No. 1 (2000): 3 –9.

Reid, E. F. , and Chen, Hsinchun, "Mapping the Contemporary Terrorism Research Domain", *International Journal of Human – Computer Studies* Vol. 65 (2007): 42 –56.

RIHA, ERIH and Art History – A Joint Resolution of RIHA, http: //www. riha – institutes. org/. [2011 –7 –29].

Rousseau, R. , "Sitations: An Exploratory Study", *Cybermetrics*, Vol. 1 (1997), http: //www. cindoc. csic. es/ cybermetrics/articles/v1i1p1. html. [2010 – 5 –10].

Royal Netherlands Academy of Arts and Sciences, Judging research on its Merits——An Advisory Report by the Council for the Humanities and the Social Sciences Council, 2005. http: //www. knaw. nl/Content/ Internet _ KNAW / publicaties/pdf/20051029. pdf . [2012 –6 –19].

Small, H. G. , "Visualizing Science by Citation Mapping", *Journal of the American Society for Information Science* Vol. 50, No. 9 (1999): 799 –813.

Small, H. G. , and Griffith, B. C. , "The Structure of Scientific Literature, I: Identifying and Graphing Specialties", *Science Studies* Vol. 4 (1974): 17 –40.

Small, H. G. , and Griffith, B. C. , "The Structure of Scientific Literature, II: Toward a Macro – and Micro – structure for Science", *Science Studies* Vol. 4 (1974): 339 –365.

Testa, James, The Book Selection Process for the Book Citation Index in Web of Science, http: //wokinfo. com /media/pdf/BKCI – SelectionEssay _ web. pdf [2011 –12 –16]

The Research Council of Norway, The Research Council of Norway, Economic Research in Norway——Bibliometric Analysis, The Research Council of Norway. 2007.

Thelwall, M. , Vaughan, L. , and Björneborn, L. , "Webometrics", *Annual Review of Information Science & Technology* Vol. 39 (2005): 81 –135.

Thelwall, M. , "Interpreting Social Science Link Analysis Research: A Theoretical Framework", *Journal of the American Society for Information Science* Vol. 57, No. 1 (2006): 60 – 68.

Thelwall, M. , "What Is This Link Doing Here? Beginning a Fine – grained Process of Identifying Reasons for Academic Hyperlink Creation ", *Information Research* Vol. 8, No. 3 (2003) , http: //informationr. net/ir/8 – 3/ paper151. html [2011 – 12 – 24]

Thewall, M. , and Wilkinson, D. , "Graph Structure in Three National Academic Webs: Power Laws with Anomalies", *Journal of the American Society for Information Science and Technology* Vol. 54, No. 8 (2003): 706 – 712.

Thomson Reuters, Successful Predictions, http: //science. thomsonreuters. com/ nobel/successful – predictions/. [2011 – 12 – 7].

Thomson Reuters, The Thomson Reuters Journal Selection Process, http: // thomsonreuters. com/products_ services/ science/free/essays/journal_ selection_ process/. [2011 – 7 – 28].

Van Impe, S. , and Rousseau, R. , "Web – to – Print Citations and the Humanities", *Information – Wissenschaft und Praxis* Vol. 57, No. 8 (2006): 422 – 426.

Van Noorden, Richard, "A Profusion of Measures", *Nature* (2010) : 864 – 866.

Van Raan, A. F. J. , Measuring Quality and Impact of the Social Sciences Concepts, Opportunities and Drawbacks (Pre – Conference of the 10th International Conference on Science and Technology Indicators University of Vienna, September 17, 2008).

Vaughan, Liwen, and Shaw, Debora, "Bibliographic and Web Citations: What is the Difference? ", *Journal of the American Society for Information Science and Technology* Vol. 54, No. 14 (2003): 1313 – 1322.

Vaughan, Liwen, and Shaw, Debora, "Web Citation Data for Impact Assessment: A Comparison of Four Science Disciplines", *Journal of the American*

Society for Information Science and Technology Vol. 56, No. 10 (2005): 1075 – 1087.

Vaughan, Liwen, and Shaw, Debora, "A New Look at Evidence of Scholarly Citation in Citation Indexes and from Web Sources", *Scientometrics*, Vol. 74, No. 2 (2008): 317 – 330.

VSNU, NOW, and KNAW, Standard Evaluation Protocol 2003 – 2009 For Public Research Organizations, 2003.

Webster, B. M., "Polish Sociology Citation Index as an Example of Usage of National Citation Indexes in Scientometric Analysis of Social Sciences", *Journal of information science* Vol. 24, No. 1 (1998): 19 – 32.

Wilkinson, D. et al., "Motivations for Academic Web Site Interlinking: Evidence for the Web as a Novel Source of Information on Informal Scholarly Communication", *Journal of Information Science* Vol. 29, No. 1 (2003): 49 – 56.

Wu, Qiang, The w – index: A Significant Improvement of the h – index, http: //arxiv. org/abs/0805. 4650v3. [2009 – 2 – 11].

Zhao, Dangzhi, and Logan, Elisabeth, "Citation Analysis Using Scientific Publications on the Web as Data Source: A Case Study in the XML Research Area", *Scientometrics* Vol. 54, No. 3 (2002): 449 – 472.

Zhao, Dangzhi, "Andreas Strotmann. Can Citation Analysis of Web Publications Better Detect Research Fronts?", *Journal of the American Society for Information Science and Technology* Vol. 58, No. 9 (2007): 1285 – 1302.

Zhou, P., Su, X., and Leydesdorff, L., "A Comparative Study on Communication Structures of Chinese Journals in the Social Sciences", *Journal of the American Society for Information Science & Technology*, Vol. 61, No. 7 (2010): 1360 – 1376.

Zhu, B., and Chen, H., "Information Visualization", *Annual Review of Information Science and Techonology* (2005): 139 – 177.

Zhu, Jonathan et al., A Teapot Graph and Its Hierarchical Structure of the Chinese Web, Poster paper, (Proceedings of the 2008 World Wide Web Conference, Beijing, China, April 21 – 25, 2008) http: //www. conference. org/www2008/papers/pdf/p1133 – Zhu. pdf. [2012 – 4 – 3].

图书在版编目(CIP)数据

人文社会科学领域文献计量学研究/蒋颖著. —北京：社会科学
文献出版社，2013.10
ISBN 978 - 7 - 5097 - 4553 - 3

Ⅰ.①人…　Ⅱ.①蒋…　Ⅲ.①人文科学 – 文献计量学 – 研究
②社会科学 – 文献计量学 – 研究　Ⅳ.①G350

中国版本图书馆 CIP 数据核字（2013）第 080338 号

人文社会科学领域文献计量学研究

著　　者／蒋　颖

出 版 人／谢寿光
出 版 者／社会科学文献出版社
地　　址／北京市西城区北三环中路甲 29 号院 3 号楼华龙大厦
邮政编码／100029

责任部门／皮书出版中心　(010) 59367127　　责任编辑／杨　云　王　颉
电子信箱／pishubu@ ssap. cn　　　　　　　　责任校对／张　羨
项目统筹／杨　云　　　　　　　　　　　　　责任印制／岳　阳
经　　销／社会科学文献出版社市场营销中心　(010) 59367081　59367089
读者服务／读者服务中心 (010) 59367028

印　　装／三河市尚艺印装有限公司
开　　本／787mm×1092mm　1/16　　　印　　张／24.25
版　　次／2013 年 10 月第 1 版　　　　　字　　数／394 千字
印　　次／2013 年 10 月第 1 次印刷
书　　号／ISBN 978 - 7 - 5097 - 4553 - 3
定　　价／79.00 元